# 食品微生物检验技术

主　编　王玲娜
副主编　邢少峰　乌日罕　张　烨
参　编　王雅丽　白鹤飞　麻剑南
　　　　武治国

北京理工大学出版社
BEIJING INSTITUTE OF TECHNOLOGY PRESS

## 内容简介

本书是食品及相关专业的核心教材，旨在培养学生在食品安全领域的专业素养。本书以“双高”专业群项目为背景讲解知识，可分为食品微生物检验必备基础知识、食品微生物检验基础技术、食品微生物检验基础必做项目和保障农畜产品安全助力高质量发展四大模块，深入介绍了食品微生物检验知识。本书内容基于企业真实项目，强调从农田到餐桌的全链条质量安全追溯，着重培养学生“规范、无菌、责任和安全”的岗位意识。本书旨在通过系统的理论学习和实践操作来提升学生的食品微生物检测水平，增强其对国家食品安全责任的认知，培养拥有“躬身求真懂原理、严谨求实精操作、检验求准敢担当”的专业素养的食品微生物检验人才。

本书可供食品生物技术、食品质量与安全、食品营养与检验等相关专业学生使用，也可供食品安全质量控制、食品微生物检验与食品微生物研究等领域的工作人员使用。



**图书在版编目（CIP）数据**

食品微生物检验技术 / 王玲娜主编 . -- 北京 : 北京理工大学出版社，2023.11

ISBN 978-7-5763-3238-4

Ⅰ . ①食… Ⅱ . ①王… Ⅲ . ①食品微生物—食品检验—高等学校—教材 Ⅳ . ① TS207.4

中国国家版本馆 CIP 数据核字（2023）第 244040 号

**责任编辑：** 江　立　　　**文案编辑：** 江　立
**责任校对：** 刘亚男　　　**责任印制：** 王美丽

**出版发行** / 北京理工大学出版社有限责任公司
**社　　址** / 北京市丰台区四合庄路 6 号
**邮　　编** / 100070
**电　　话** / (010) 68914026（教材售后服务热线）
(010) 63726648（课件资源服务热线）
**网　　址** / http：//www.bitpress.com.cn

**版 印 次** / 2023 年 11 月第 1 版第 1 次印刷
**印　　刷** / 河北鑫彩博图印刷有限公司
**开　　本** / 787 mm × 1092 mm　1/16
**印　　张** / 14.5
**字　　数** / 323 千字
**定　　价** / 85.00 元

# 前言

食品是人们赖以生存的物质基础，食品安全受到大家的高度关注。在食品安全危害中，微生物引起的危害是十分重要的因素，因此，食品微生物检验是食品安全检测必不可少的重要组成部分。本书系统地介绍了食品微生物检验必备基础知识、试验试剂的安全使用、微生物的分离培养、微生物的检验鉴定、食品微生物的质量控制等基础理论和操作技能，力求将理论、技术、方法和素养融为一体，以企业人才岗位技能需求为依托，按工学结合的要求设计教学内容，引入国家标准、企业标准操作规程，注重对学生实践能力和全面素质的培养，以使他们符合经济社会对高素质技术技能人才的需求。

本书贯彻落实《习近平新时代中国特色社会主义思想进课程教材指南》文件要求和党的二十大精神，旨在通过高质量的教材编写，为食品专业人才的培养提供坚实的理论基础和实践指导。本书的编者除从事多年微生物教学工作的教师外，还包括微生物检验行业的从业人员，他们有丰富的教学、实践和科研经验。本书由呼和浩特职业学院王玲娜担任主编，由呼和浩特职业学院邢少峰、乌日罕、张烨担任副主编，赤峰学院王雅丽、内蒙古产品质量检验院白鹤飞、内蒙古医科大学麻剑南、内蒙古大唐药业股份有限公司武治国参与本书编写。全书由王玲娜、邢少峰统稿，具体编写分工为：模块 1 由王玲娜、王雅丽、白鹤飞和武治国编写，模块 2 由邢少峰编写，模块 3 由乌日罕、邢少峰编写，模块 4 由王玲娜、张烨编写，附录由麻剑南编写。

本书是校企双元教材，让教师可以在教学工作中根据培养目标和试验实训条件有针对性地进行模块选择，每个模块均设有知识点与任务点，使学生在学习理论知识的同时，也能掌握相关的检验操作技能，从而构建和完善自己的知识体系。另外，每个模块中还有案例引入，这可以提高学生的学习兴趣。

由于时间仓促，编者水平有限，书中的疏漏之处在所难免，恳请广大读者批评指正。

# 目录

# 模块1　食品微生物检验必备基础知识

## 案例引入

请大家猜一猜，以下哪些食品中含有微生物呢？

馒头

生鸡蛋

腐乳

答案是它们中都含有微生物。其中，馒头和腐乳中含有霉菌（曲霉），生鸡蛋中含有沙门氏菌。那么，对于无处不在的微生物，我们应该怎样做才能为食品安全保驾护航呢？

## 学习目标

**知识目标**

1. 了解食品微生物检验工作的职业道德规范。
2. 熟悉食品微生物检验人员的岗位职责。
3. 掌握食品微生物检验实验室的基本要求。
4. 掌握食品微生物检验的工作任务。
5. 掌握食品微生物检验的一般流程。

**能力目标**

1. 能够判断不同种类食品微生物检验的类别。
2. 能够正确使用食品微生物检验国家标准并规范操作。
3. 能够遵守食品微生物检验人员的职业道德规范。

**素质目标**

1. 具备遵守法规、爱岗敬业、乐于奉献、吃苦耐劳的职业素养。
2. 具备诚实守信、实事求是、团结协作的道德情操。
3. 培养爱国情怀，增强专业自信，树立质量意识、安全意识、无菌意识和责任意识。

## 模块导学

- 食品微生物检验必备基础知识
  - 食品微生物检验实验室基本要求
    - 管理要求
    - 技术要求
    - 过程控制要求
    - 结果控制要求
    - 检测报告要求
  - 实验室生物安全通用要求
    - 组织管理
    - 人员与操作
    - 设备与设施
  - 生物安全实验室良好工作行为
    - 管理方面
    - 试验操作方面
    - 动物试验
    - 废弃物处置
  - 试剂与培养基的质量控制
    - 商品化即用型培养基的质量控制
    - 实验室自制培养基的质量控制
    - 培养基储存的质量控制
    - 培养基灭菌过程中的质量控制
  - 食品微生物检验的基本程序
    - 样品采集前的准备
    - 样品采集的方案与方法
    - 样品的检验
    - 检验结果的报告和检验后样品的处理
  - 食品微生物检验人员的职业道德规范及其岗位工作内容
    - 食品微生物检验人员的职业道德规范
    - 食品微生物检验人员的岗位工作内容
    - 食品微生物检验的意义和重要性
  - 任务演练
    - 任务1-1　常用玻璃器皿的清洗与包扎技术
    - 任务1-2　食品微生物检验人员职业道德案例分析

# 知识点1　食品微生物检验实验室基本要求

食品微生物检验实验室基本要求包括管理要求、技术要求、过程控制要求、结果控制要求及检测报告要求等。

## 一、管理要求

### 1. 目标与任务

根据国际通用标准规范，结合实际情况，严格食品微生物检验实验室质量控制规范，科学化和规范化管理实验室，提高整体质量管理水平和检验技术能力，提供食品安全检验的技术保证。

### 2. 组织结构

食品微生物检验实验室或其母体组织应具有明确的法律地位和从事相关活动的资格。实验室所在的机构应设立生物安全委员会，负责咨询、指导、评估、监督实验室的生物安全事宜。实验室负责人至少由所在机构生物安全委员会中有职权的成员担任。实验室应有政策或制度以避免管理层和实验室人员受到任何不利于其工作质量的压力或影响（如财务、人事或其他方面的）或卷入任何可能降低其公正性、判断力和能力的活动。

### 3. 管理体系

食品微生物检验实验室有义务完成职责范围内的食品微生物检测工作，如检测出客户要求以外的食源性致病微生物，应将结果报告给客户，必要时通知相关部门，并由实验室管理层负责对实验室质量管理体系、安全管理体系及全部的食品微生物检测活动进行监督和评审。为保证实验室工作质量，要规定所有人员的职责、权力和相互关系，还应设有对技术工作和所需资源供应全面负责的技术管理者。

### 4. 文件控制

食品微生物检验实验室的检验工作应遵循国际或国家制定的法规、标准或检验程序等，并应将相关政策、计划、程序和指导书等制成易于理解且可以实施的文件，传达给所有相关人员。建立并实施完整的程序记录识别、收集、索引、访问、存放、维护及安全处置等内容，所有记录均应清晰明确，便于检索。制定保护机密信息的政策和程序，由专人负责具有程序保护和备份的、以电子形式储存的记录，以防止未经授权的侵入和修改。

## 二、技术要求

### 1. 试验人员

（1）食品微生物检验实验室所有人员应进行胜任工作所必需的设备操作、微生物检测技能和实验室生物安全等方面的培训，具有相应的微生物学或相近专业教育，且具备相应的资质，并应按要求根据相应的教育、培训、经验和可证明的技能进行资格确认。能够理解并正确实施检验工作。要有针对所有级别人员的继续教育计划。

（2）试验人员应由具有一定资质的微生物学或相近专业的人员操作或指导微生物检测。要求检验人员受过微生物方面的专门培训，且具有一定的理论基础和检验经历。

（3）试验人员应由具有相关的工作经验和专业知识，包括有关法规和技术要求等的专门人员进行特殊类型的取样、检测、发布检测报告、提出意见和解释及操作特殊类型的设备。

### 2. 试验设施

（1）食品微生物检验实验室应具有进行微生物检测所需的基本设施条件，包括检测设施及辅助设施。某些检测设备可能需要在特殊的环境中工作。

（2）食品微生物检验实验室的工作面积和总体布局应能满足从事检验工作的需要，实验室布局宜采用单方向工作流程，避免交叉污染。试验区域应与办公区域明显分开。

（3）根据所检测微生物的危害等级不同，应对试验人员采取严格措施限制进入，并应制定科学合理的环境监测程序。实验室的设计应能将意外伤害和职业病的风险降到最低，并能保证所有工作人员和来访者免受某些已知危险的伤害，且应准备足够数量的洗手设施和急救材料。有独立的洗手池，非手动控制效果更好，且最好安装在实验室的门附近，并有发生泄漏时的处理方案。

（4）试验设施应根据具体检测活动，有效分隔不相容的业务活动，并采取措施将交叉污染的风险降到最低。应保证工作区洁净无尘，空间应与微生物检测需要及实验室内部整体布局相符合。通过自然条件或换气装置或使用空调，保持良好的通风和适当的温度，换气系统中应有空气过滤装置。使用空调时，应根据不同工作类别检查、维护和更换合适的过滤设备。

（5）食品样品检验应在洁净区域进行，洁净区域应有明显标示。病原微生物分离鉴定工作应在二级或二级以上生物安全实验室进行。

### 3. 试验设备

（1）食品微生物检验实验室应配备满足检验工作需要的相关设备。试验设备应放置在适宜的环境条件下，设备的安装和布局应便于操作，易于维护、清洁、消毒和校准，且应定期检查和检定（加贴标识）、维护和保养，使其保持整洁且处于良好工作状态，以确保工作性能和操作安全。

（2）如果发现设备故障，应立即停止使用，必要时还应检查对以前结果的影响。保留好相关验证、维护、维修记录。

（3）试验设备应配备使用记录本，监测这些设备的运行情况，并应保存记录，还应定期清洁和消毒设备。

（4）每次设备的操作应由受过培训的检验人员（至少 2 人）在场，以防止事故的发生。

### 4. 检验用品

（1）检验用品应满足微生物检验工作的需求。常用的检验用品包括接种环（针）、酒精灯、镊子、剪刀、药匙、消毒棉球、硅胶（棉）塞、吸管、吸球、试管、平皿、三角烧瓶、微孔板、广口瓶、量筒、玻璃棒及 L 形玻璃棒、pH 试纸、记号笔、均质袋等。现场采样的检验用品包括无菌采样容器、棉签、涂抹棒、采样规格板、转运管等。

（2）检验用品在使用前应保持清洁和无菌。

（3）需要灭菌的检验用品应放置在特定容器内或用合适的材料（如专用包装纸、铝箔纸等）包裹或加塞，并应保证灭菌效果。

（4）检验用品的储存环境应保持干燥和清洁，已灭菌与未灭菌的用品应分开存放并明确标识。

（5）对于灭菌检验用品，应记录其灭菌温度与持续时间及有效使用期限。

### 5. 试剂和培养基

（1）试剂和培养基供应商应提供相关的证明文件，包括成分、产品编号、批号、最终 pH 值（适用于培养基）、储存信息和有效期、标准要求及质控报告、必要的安全和 / 或危害数据。实验室应有对试剂进行交货、验收和储存的程序，对每批产品应记录接收日期，并应检查产品合格证明、包装完整性、产品有效期和是否提供相关文件，且应严格按照要求的储存条件、有效期与使用方法进行试剂和培养基的保存及使用。

（2）实验室自制培养基的原料应在适当的条件下储存。培养基制备完成后，应在保证其成分不会改变的条件下保存，即避光、干燥保存，必要时置于（5±3）℃的冰箱中保存。在一般情况下，平板保存时间不超过 4 周，瓶装、试管装培养基保存时间不超过 6 个月。

（3）自制培养基中如需要添加不稳定添加剂或成分或含有活性化学物质时，应即配即用，不可二次融化使用。

（4）培养基使用或再次加热前，应先取出平衡至室温，且要观察培养基是否有颜色变化、结块、蒸发或脱水、微生物生长等情况，一旦发现此类变化，应禁止使用。

（5）除非试验方法有特殊要求，培养基、试剂及稀释剂配制用水应经蒸馏、去离子或反转渗透处理并无菌、无干扰剂和抑制剂。

（6）食品微生物检验实验室必须对自配或购买的培养基的可靠性采用一定的方法进行鉴定，以确保培养基的有效性。对于自配的培养基，必须保存配制记录。

### 6. 质控菌株

（1）食品微生物检验实验室应保存能满足试验需要的标准菌株。

（2）实验室应使用微生物菌种保藏专门机构或专业权威机构保存的、可溯源的标准菌株，或使用与标准菌株所有相关特性等效的商业派生菌株。

（3）将标准菌株继代培养一次，制得标准储存菌株，应同时进行纯度和生化检查。建议将标准储存菌株制备多份，并超低温（–70 ℃）或冻干保存。标准储存菌株继代培养便是日常微生物检测所需的工作菌株。标准储存菌株一旦解冻，最好不要重新冷冻和再次使用。所有的标准培养物从储存菌株继代培养的次数不得超过 5 次。

（4）在试验中分离出的菌株（野生菌株）经过鉴定后，可作为实验室内部质量控制的菌株。

## 三、过程控制要求

过程控制要求应制定相应的技术能力评审办法，并设立监督管理员，定期考核实验室相关工作人员具有相应的专业技能与经验，以证实食品微生物检验实验室具备必要的人力、物力和信息资源可满足所从事检测项目的要求。

## 四、结果控制要求

结果控制要求应制定覆盖实验室的所有检测项目的定期检查程序，以证实检测可变性和差异性处于控制之下。实验室应尽可能参加与其检测范围相关的外部质量评估计划（如能力验证）和实验室对比试验。

## 五、检测报告要求

实验室应准确、清晰、明确和客观地报告检测结果，试验结果应具有一定的权威性。对于定量检测，结果应报告为“在规定的单位样品中检测到多少菌落形成单位或最大可能值（MPN）/ 小于目标微生物检测限”。对于定性检测，结果应报告为“在规定的单位样品

检出 / 未检出目标微生物”。另外，还应制定政策及程序，确保检测结果只能送达被授权的接收者。

## 知识点 2　实验室生物安全通用要求

对于食品微生物检验实验室所涉及的生物安全要求，应符合国家与相关部门的规定和要求，如《实验室 生物安全通用要求》（GB 19489—2008）。

### 一、组织管理

（1）实验室负责人负责实验室生物安全的全面管理，检查、督促生物安全监督员的工作，每季度进行实验室生物安全工作检查，检查内容包括生物安全监督员工作记录、菌株和样品的运输保存和使用销毁情况，实验室消毒和灭菌情况，感染性废弃物的处理情况，生物安全设备的运行、维护情况，防护物资的储备情况等。

（2）应建立生物安全管理责任制，设立生物安全监督员并明确监督职责，赋予其监督所有活动的职责和权力，包括制定、维持、监督实验室生物安全计划的责任，阻止不安全行为或活动的权力，直接向决定实验室政策和资源的管理层报告的权力。

（3）应建立并维持风险评估和风险控制程序，并应由具有经验的专业人员（不限于本机构内部的人员）进行评估或操作，以持续进行危险识别、风险评估和实施必要的控制措施。

（4）菌（毒）种及样品保存应指定专人负责。

### 二、人员与操作

（1）应明确实验室人员的资格要求，避免不符合要求的人员进出实验室或承担相关工作造成生物安全事故。

（2）实验室人员均应经生物安全考核合格持证上岗，了解所从事工作的生物安全风险，接受与所承担职责或所做试验有关的生物安全知识和技术、个体防护方法等内容的培训，熟悉岗位或试验所需的消毒知识和技术，了解意外事件和生物安全事故的应急处置原则与上报程序。

（3）在试验过程中，对于试验环境、感染性废弃物及时规范处理。医疗废弃物应分置于符合规定的包装物或容器内，在按要求灭菌处理后应交由当地有资质的医疗废物处置中心回收。

### 三、设备与设施

（1）实验室生物安全防护水平等级建设应根据实际情况和需要而定，并应符合国家与相关部门的规定。

（2）实验室应配备急救箱（包括常用的特殊的消毒剂、解毒剂等）、泡沫式灭火器和灭火毯、全套个人防护装备、全面罩式防毒面具、房间消毒设备（喷雾器、甲醛熏蒸器等）和各种常用消毒剂、常用工具、警告标志等。

（3）实验室主入口应安装进入控制装置，并且在遇紧急情况时应能快速打开；实验室门上贴有醒目的国际通用的生物危害警告标志；实验室门有透视窗。需要时（如正当操作危险材料时），房间的入口处应有警示和进入限制，并应设计紧急撤离路线，紧急出口应有明显标识。

（4）实验室内应配备洗手池、洗眼装置和紧急喷淋装置。洗手池宜设置在靠近实验室出口处。

（5）超净工作台不可替代生物安全柜。

## 知识点 3 生物安全实验室良好工作行为

为规范实验室人员的行为规范、操作习惯，使实验室相关制度、措施落实到位，避免发生事故，对所有生物安全实验室的工作人员、管理人员及试验操作人员进行良好工作行为要求。

### 一、管理方面

#### 1. 建立并执行准入制度

（1）所有实验室人员要提前经过实验室安全培训并通过测试，确保了解实验室的潜在危险。

（2）正式上岗前，实验室人员需要熟练掌握标准的和特殊的良好工作行为及微生物操作技术与操作规程。

（3）若有需要（如长期未工作、操作规程或有关政策发生变化等），则实验室人员要接受再培训。

（4）消毒人员要接受专业的消毒灭菌培训，并可熟练使用专用个体防护装备和消毒灭菌设备。

（5）应在实验室入口处设置醒目的生物危险标识。

（6）经过有控制措施的安全门才能进入实验室，并应记录所有人员进出实验室的日期和时间并保留记录。

（7）如果需要进行动物试验，在开始之前，相关人员（包括清洁人员、动物饲养人员、试验操作人员等）要接受足够的操作训练和演练，应熟练掌握相关的试验动物和微生物操作规程和操作技术，且动物饲养人员和试验操作人员要有试验动物饲养或操作上岗合格证书。

#### 2. 日常管理

（1）试验动物应饲养在可靠的专用笼具或防护装置内，如负压隔离饲养装置（需要时排风要通过过滤器排出）等。

（2）动物饲养室的入口处应设置醒目的标识并实行严格的准入制度，包括物理门禁措施（如个人密码和生物学识别技术等）。

（3）定期采集和保存实验室人员的血清样本，并对实验室人员进行个人健康状况监测，筛查职业禁忌证、易感人群等。必要时，为其提供免疫计划、医学咨询或指导。

（4）应建立良好的内务规程，如需要经常整理以保持清洁有序；定期清洁实验室设备，必要时（如修理、维护或从实验室内移出前）使用消毒灭菌剂清洁设备；不应在工作面放置过多的耗材。

（5）规范个人行为。对个人日常清洁和消毒进行要求，如洗手、淋浴（适用时）等；在实验室内不得饮食、抽烟、处理隐形眼镜、使用化妆品、存放食品等，不得放置任何与试验无关的物品，包括与试验无关的动植物；不得穿个人衣物和佩戴饰物进入实验室防护区，离开实验室前需淋浴；不得在实验室内会客；非工作人员不准进入实验室。

（6）实验室用品（包括工作服）不得另作他用。

（7）定期检查防护设施、防护设备、个体防护装备，特别是带生命支持系统的正压服。

（8）建立实验室人员就医或请假的报告和记录制度，评估是否与实验室工作相关。

（9）建立对怀疑或确认发生实验室获得性感染的人员进行隔离和医学处理的方案并保证必要的条件（如隔离室等）。

（10）只将必需的仪器装备放入实验室。所有运入实验室的仪器装备，在修理、维护或从实验室内移出以前要彻底消毒灭菌，例如，生物安全柜的内外表面及所有被污染的风道、风扇与过滤器等均要采用经确认有效的方式进行消毒灭菌，并监测和评价消毒灭菌效果。

（11）制定应急程序（包括可能的紧急事件和急救计划）并对所有相关人员进行培训和演习。

## 二、试验操作方面

（1）进行试验时，需要关闭实验室的门窗。

（2）进入实验室必须正确穿戴专用个体防护装备，如防护服、手套、护目镜、口罩、帽子、鞋等。需要特别注意以下几项。

1）对于特殊的防护装备或用于呼吸防护的装备，在工作前先做培训、个体适配性测试和检查，包括正压服、面具、呼吸防护装置等。

2）个体防护装备还要考虑方便操作和耐受动物的抓咬与防范分泌物喷射等，要使用专用的手套、面罩、护目镜、防水围裙、防水鞋等。

3）当防护装备被污染时，更换后再继续工作。灭菌处理操作时，手套破损应立即丢弃、洗手并戴上新手套。

4）不要用戴着手套的手触摸暴露的皮肤、眼睛、耳朵和头发等。一次性手套不得清洗后使用，也不可重复使用。

5）如果试验过程中有可能发生微生物或其他有害物质溅出，要佩戴防护眼镜。

6）如需要穿防护服进行试验，在离开试验区域前应按程序脱下防护服，并经过消毒灭菌后再进行清洗，或无害化处理。

7）生物安全柜的手套和正压服的手套有破损的风险，为了防止意外感染事件，需要另戴手套。

（3）在使用锐器时要注意以下几项。

1）不要弯曲、截断、破坏针头等锐器，不要从一次性注射器上取下针头或套上针头护套。必要时，使用专用的工具操作。

2）使用过的锐器要置于专用的锐器盒中且应及时清理。

3）重复利用的锐器要置于专用的锐器盒中，采用适当的方式消毒灭菌和清洁处理后再使用。

4）应尽量避免使用易碎的器具，不直接用手处理破碎的玻璃器具等。

（4）使用容易产生大量气雾的磨碎机、冷冻干燥器、超声波细胞匀浆器及离心机等仪器时，必须按规程小心操作，应尽量避免气溶胶外泄或产生气溶胶，或将这些仪器放置在生物安全柜或相当的安全隔离装置中进行所有可能产生感染性气溶胶或飞溅物的操作。但若机器已经有防止气溶胶外泄的装置，则不受此限。

（5）工作结束或发生危险材料溢洒（撒）后，要及时使用适当的消毒灭菌剂对工作表面和被污染处进行处理。试验操作完毕后及离开实验室前应洗手。

（6）如果试验过程中发生可能引起人员暴露感染性物质的事件，则要立即报告和进行风险评估，并按照实验室安全管理体系的规定采取适当的措施，包括医学评估、监护和治疗。

（7）应利用双扉高压灭菌锅、传递窗、渡槽等传递物品。

（8）被污染的试验器具需先经高压灭菌，再清洗使用或丢弃。

## 三、动物试验

（1）要采用适当的固定方法或装置来限制动物的活动性，不要试图通过人力强行制服动物。

（2）只要可能，限制使用针头、注射器或其他锐器，尽量使用替代的方案，如改变动物染毒途径等。

（3）操作灵长类和大型试验动物时，要求操作人员具备非常熟练的工作经验。

（4）时刻注意是否有逃出笼具的动物，对濒临死亡的动物应及时妥善处理。

（5）不要试图从事风险不可控的动物操作。

（6）在生物安全柜或相当的隔离装置内从事涉及产生气溶胶的操作，包括更换动物的垫料、清理排泄物等。如果不能在生物安全柜或相当的隔离装置内进行操作，要组合使用个体防护装备和其他的物理防护装置。

（7）选择适用于所操作动物的设施、设备、试验用具等，配备专用的设备消毒灭菌和清洗设备，培训专业的消毒灭菌和清洗人员。

（8）从事高致病性生物因子感染的动物试验活动，是极为专业和高风险的活动，试验人员应参加针对特定活动的专门培训和演练（包括完整的感染动物操作过程、清洁和消毒灭菌、处理意外事件等），而且要定期评估试验人员的能力，包括管理层的能力。

（9）只要可能，尽量不使用动物。

## 四、废弃物处置

（1）实验室废弃物处理和处置的管理应符合国家或地方法规和标准的要求，并应征询相关主管部门的意见和建议。

（2）应将操作、收集、运输、处理及处置废弃物的危险降至最低；将其对环境的有害作用减至最小；只可使用被承认的技术和方法处理与处置危险废弃物；排放应符合国家或地方规定和标准的要求。

（3）危险废弃物应弃置于专门设计的、专用的和有标识的用于处置危险废弃物的容器内，装量不能超过建议的装载容量。

（4）所有生物危险废弃物均须在实验室内对其进行消毒灭菌，可使用适当浓度的自配或商业液体消毒剂处理一定时间，或 121 ℃高压灭菌至少 30 min，或用其他有效措施处理后，先将处理物装入具有特殊标志的专用垃圾袋，再进行后续专业处理，记录并保留相应处理记录。

（5）对于包装好的具有活性的生物危险物，除非已采用经确认有效的方法灭活，否则不要在没有防护的条件下打开包装。如果发现包装有破损，则立即报告，由专业人员处理。

（6）需要运出实验室消毒灭菌的材料，要按照国家和地方或主管部门的有关要求进行包装，置于专用的防漏容器中运送，运出实验室前要对容器进行可靠的表面消毒灭菌处理，如采用浸泡、熏蒸等方式。

# 知识点 4　试剂与培养基的质量控制

## 一、商品化即用型培养基的质量控制

除特殊要求外，现在实验室所用的培养基大多选用商品化即用型培养基。此类培养基购买时应该注重质量，选择通过质量管理体系认证、信誉度高、知名度高且质量有保障的产品，这是出具准确检测结果的基础。

### 1. 验收

商品化即用型培养基需经验收合格才可投入使用。培养基购买后应由专业人员验收，要求认真核验并记录培养基是否密封完好、有无泄漏情况，以及其名称、成分、规格、用途、用法、数量、批号、生产日期、有效日期或保质期、储存条件、生产厂家。其中，培养基的名称及成分应与标准要求相符，并应注意培养基的灭菌温度、时间及使用时需要添加的试剂。同时，还应仔细查验厂家提供的相关资料，尤其是培养基的质检报告，这些技术资料应存档，以免丢失。

### 2. 测试

培养基在投入使用之前必须进行测试，保证其各项指标都符合使用标准。其主要包括理化指标测试及微生物性能指标测试。

（1）理化指标测试。理化指标测试主要是指培养基的颜色、状态、测定干燥失重和 pH 值及稳定性等方面。在检测过程中，实验室人员应对这些指标进行具体研究，观察其与商家提供的质检标准是否符合。如果出现问题，实验室人员应及时更换培养基并及时与生产厂家进行沟通。

1）颜色、状态检查：应记录商品化即用型培养基溶解前的颜色状态及溶解后的颜色状态，与经过质量检测合格的培养基进行对比，观察是否相符。

2）干燥失重的检查：按《中华人民共和国药典》中的干燥失重测定法在 60 ℃时压力为 2.67 kPa（20 mmHg）下干燥至恒重，一般培养基的干燥失重应不超过 6.0%。

3）pH 值检测：需要灭菌的培养基应记录培养基灭菌后的 pH 值，不需要灭菌的培养基直接测定 pH 值并记录下来，且测定 pH 值时应在 20 ～ 25 ℃的常温条件下进行，并将测得的结果与检验标准比较是否相符，误差不得超过 ±0.2。

（2）微生物性能指标测试。利用培养基进行微生物性能指标测试必须保证除测试的微生物外没有其他的微生物可以存活，以避免对最终试验结果产生影响。实验室人员应对培养基的生长率、选择性和特异性进行检测，确保试验过程中不会有外在因素对试验结果产生不利影响。生长率是指试验菌种在培养基上的存活率，培养基对该试验菌种的促生长率，确保微生物在该培养基上能够长久地存活，且不断繁殖，方便以后观察与试验。选择性是指培养基对于其他非试验生物的抑制性，避免其对最终的试验结果产生不利影响。而特异性是指培养基的指示能力，试验菌种在培养机制上会形成相应的菌落，该菌落的外部形态必须与试验数据、以往的经验相符合，否则说明该培养基存在质量方面的问题。

经测试检验合格后，培养基方可投入使用，如果实验室人员在试验过程中发现任何问题，则应立即停止该培养基的使用。

### 二、实验室自制培养基的质量控制

对于实验室自制的培养基，要严格按照检测方法标准要求逐项称量培养基各组分的质量，溶于蒸馏水中，需要煮沸后才能溶解的要煮沸溶解，需要调节 pH 值的，要于常温时调节 pH 值至规定值。注意，选用的培养基各基本组分要质量合格，尤其要注意用水质量，不得使用自来水，应使用中性的蒸馏水。

自制的培养基要检测成品的 pH 值，观察其颜色、透明度、可见杂质、凝胶稳定性、湿度等，还要监测其微生物污染情况，如微生物的生长率、选择性、特异性等，还要进行详细记录，待综合质量满足要求后方可使用。

### 三、培养基储存的质量控制

干粉培养基应储存在阴凉干燥处，要避免阳光直射；未开瓶的培养基在室温下的最长保存时间为 2 年，开瓶后的干粉培养基易吸湿，应注意防潮并在 6 个月内使用完毕，并应定期对储存的培养基进行常规检查，如容器密闭性复查、首次开封日期、内容物的感官检查等。如果培养基发生结块、颜色异常和其他变质迹象就不能再使用，不能使用超过保质期的培养基。

### 四、培养基灭菌过程中的质量控制

培养基的灭菌方法可分为干热灭菌法（160 ～ 170 ℃，2 h）和湿热灭菌法两种（121 ℃，15 ～ 20 min）。实验室中一般选择使用湿热灭菌法。灭菌应严格按照培养基的说明进行，且应在配制好后 15 min 内灭菌，避免因微生物繁殖而引起营养成分的消耗和 pH 值的改变，且不可重复灭菌。

每批培养基在初次使用时，都应于灭菌后在 25 ℃的条件下用精密酸度计进行 pH 值的测量并按标准对培养基进行 pH 值的调整。

## 知识点 5　食品微生物检验的基本程序

### 一、样品采集前的准备

（1）准备好需要的各种仪器，如冰箱、恒温水浴箱、显微镜、高压灭菌锅等。

（2）按技术要求将各种玻璃仪器进行清洗、烘干、包扎、灭菌，冷却后送无菌室备用。

（3）准备好所用的各种试剂，做好普通营养琼脂或其他选择性培养基，根据需要分装试管或灭菌后倾注平板或保存在 46 ℃的水浴中或 4 ℃的冰箱中备用。

（4）做好无菌室或超净工作台的灭菌工作，提前 1 h 灭菌 30 ～ 60 min，关灯 0.5 h 后方可进入。

（5）必要时进行无菌室的空气检验，将琼脂平板暴露在空气中 15 min，培养后每个平板上不得超过 15 个菌落。

（6）工作服、鞋、帽、口罩等灭菌后备用。

（7）工作人员进入无菌室后，在试验完成之前不得随便出入无菌室。

## 二、样品采集的方案与方法

### （一）样品的采集

在食品检验过程中，所采集的样品必须具有代表性，要求检验人员不但要掌握正确的采样方法，而且要了解食品加工的批号、原料的来源、加工方法、保藏条件、运输等。

样品可分为大样、中样和小样三种。大样是指一整批；中样是从样品各部分取的混合样，一般为 200 g；小样又称为检样，一般以 25 g 为准，用于检验。样品的种类不同，采样的数量及采样的方法也不同。但是，一切样品的采集必须具有代表性，即所取的样品能够代表食物的所有成分。如果采集的样品没有代表性，即使一系列检验工作非常精密、准确，其结果也毫无价值，甚至会出现错误的结论。如果想要根据一小份样品的检验结果说明一大批食品的质量或一起食物中毒的性质，那么，设计一种科学的取样方案及采取正确的样品制备方法是必不可少的条件。

### （二）采集方案

根据检验目的、食品特点、批量、检验方法、微生物的危害程度等确定取样方案。目前使用的取样方案多种多样，如一批产品采集若干个样品后混合在一起检验，按百分比抽样；按食品的危害程度不同抽样，按数理统计的方法决定抽样个数等。无论采取何种方案，对抽样代表性的要求是一致的，最好对整批产品的单位包装进行编号，实行随机抽样。下面列举较为常见的几种取样方案。

#### 1. 国际食品微生物规范委员会的取样方案

（1）取样原则。国际食品微生物规范委员会（ICMSF）的取样原则如下。

1）各种微生物指标对人的危害程度各不相同。

2）食品经不同条件处理后，根据其危害度变化情况，包括降低危害度、危害度未变和增加危害度，来设定取样方案和取样数。

（2）取样方案。ICMSF 取样是根据食品危害程度的不同确定的，共将食品划分为三种危害度。Ⅰ类危害，是指老人和婴幼儿食品及在食用前可能会增加危害的食品；Ⅱ类危害，是指可立即食用的食品，在食用前危害基本不变；Ⅲ类危害，是指食用前经加热处理，危害减少的食品。

根据以上危害度的分类，又可将取样方案分为二级取样方案和三级取样方案。二级取

样方案设有 *n*、*c* 和 *m* 值；三级取样方案设有 *n*、*c*、*m* 和 *M* 值。其中，*n* 代表同一批次产品应采集的样品件数；*c* 代表最大可允许超出 *m* 值的样品数；*m* 代表微生物指标可接受水平限量值（三级取样方案）或最高安全限量值（二级取样方案）；*M* 代表微生物指标的最高安全限量值。需要注意的是，按照二级取样方案设定的指标，在 *n* 个样品中，允许有≤ *c* 个样品相应微生物指标检验值大于 *m* 值。按照三级取样方案设定的指标，在 *n* 个样品中，允许全部样品中相应微生物指标检验值小于或等于 *m* 值；允许有≤ *c* 个样品相应微生物指标检验值在 *m* 值和 *M* 值之间；不允许样品相应微生物指标检验值大于 *M* 值。

ICMSF 将检验指标对食品卫生的重要程度分为一般、中等和严重三个等级。通过上述可知，ICMSF 是将微生物危害度、食品特性和处理条件三个因素结合起来对食品微生物危害度进行分类的。同时，为了强调抽样与检样之间的关系，ICMSF 阐述了将严格的抽样计划与食品危害程度相联系的概念。二级取样方案适用于中等或严重危害情况；三级取样方案则适用于对健康危害低的情况，见表 1–1。

**表 1–1　ICMSF 按微生物指标的重要性和食品危害程度分类后确定的取样方案**

| 取样方案 | 指标重要性 | 指标菌 | 食品危害程度 | | |
|---|---|---|---|---|---|
| | | | Ⅲ（轻度） | Ⅱ（中度） | Ⅰ（重度） |
| 三级<br>取样方案 | 一般 | 菌落总数<br>大肠菌群<br>大肠杆菌<br>葡萄球菌 | *n*=5<br>*c*=3 | *n*=5<br>*c*=2 | *n*=5<br>*c*=1 |
| | 中等 | 金黄色葡萄球菌<br>蜡样芽孢杆菌<br>产生类膜梭菌 | *n*=5<br>*c*=2 | *n*=5<br>*c*=1 | *n*=5<br>*c*=1 |
| 二级<br>取样方案 | 中等 | 沙门氏菌<br>副溶血性弧菌<br>致病性大肠杆菌 | *n*=5<br>*c*=0 | *n*=10<br>*c*=0 | *n*=20<br>*c*=0 |
| | 严重 | 肉毒梭菌<br>霍乱弧菌<br>伤寒沙门氏菌<br>副伤寒沙门氏菌 | *n*=15<br>*c*=0 | *n*=30<br>*c*=0 | *n*=60<br>*c*=0 |

### 2. 美国食品药品管理局的取样方案

美国食品药品管理局（FDA）的取样方案与 ICMSF 的取样方案基本一致，所不同的是严重指标菌所取的 15、30、60 个样品可以分别混合，混合的样品量不超过 375 g。也就是说所取的样品每个为 100 g，从中取出 25 g，然后将 15 个 25 g 混合成一个 375 g 样品。接下来，从混合均匀的样品中取 25 g 作为试样检验，再将剩余样品妥善保存备用。

### 3. 联合国粮农组织规定的取样方案

1979 年版联合国粮农组织（FAO）食品与营养报告中的食品质量控制手册的微生物学分析中列举了各种食品的微生物限量标准（因为其是按 ICMSF 的取样方案判定的，所以在此引用）见表 1–2。

**表 1-2　FAO 规定的各种食品微生物限量标准**

| 食品 | 检验项目 | 采样数 *n* | 污染样品数 *c* | *m* | *M* |
|---|---|---|---|---|---|
| 液蛋、冰蛋、干蛋 | 嗜中温性需氧菌 | $n$=5 | $c$=2 | $5\times10^4$ | $10^6$ |
| | 大肠杆菌 | $n$=5 | $c$=2 | 10 | $10^3$ |
| | 沙门氏菌 | $n$=10 | $c$=0 | 0 | |
| 干奶 | 嗜中温性需氧菌 | $n$=5 | $c$=2 | $5\times10^4$ | $5\times10^5$ |
| | 大肠杆菌 | $n$=5 | $c$=2 | 10 | $10^2$ |
| | 沙门氏菌 | $n$=10 | $c$=0 | 0 | |
| | 葡萄球菌 | $n$=5 | $c$=1 | 10 | $10^2$ |
| 冰激凌 | 嗜中温性需氧菌 | $n$=5 | $c$=2 | $2.5\times10^4$ | $2.5\times10^5$ |
| | 大肠杆菌 | $n$=5 | $c$=2 | $10^2$ | $10^3$ |
| | 沙门氏菌 | $n$=10 | $c$=0 | 0 | |
| | 葡萄球菌 | $n$=5 | $c$=1 | 10 | $10^2$ |
| 生肉、禽肉 | 嗜中温性需氧菌 | $n$=5 | $c$=3 | $10^6$ | $10^7$ |
| | 沙门氏菌 | $n$=5 | $c$=0 | 0 | |
| 冻鱼、冻虾、冻大红虾尾 | 嗜中温性需氧菌 | $n$=5 | $c$=3 | $10^6$ | $10^7$ |
| | 大肠杆菌 | $n$=5 | $c$=3 | 4 | $4\times10^2$ |
| | 沙门氏菌 | $n$=5 | $c$=0 | 0 | |
| | 葡萄球菌 | $n$=5 | $c$=3 | $10^3$ | $5\times10^3$ |
| 冷熏鱼、冷虾、对虾大红虾尾、蟹肉 | 嗜中温性需氧菌 | $n$=5 | $c$=2 | $10^5$ | $10^6$ |
| | 大肠杆菌 | $n$=5 | $c$=2 | 4 | $10^2$ |
| | 沙门氏菌 | $n$=5 | $c$=0 | 0 | |
| | 葡萄球菌 | $n$=5 | $c$=2 | $5\times10^5$ | $5\times10^5$ |
| | 副溶血性弧菌 | $n$=5 | $c$=0 | $10^2$ | |
| 生、冷蔬菜 | 大肠埃希氏菌 | $n$=5 | $c$=2 | 10 | $10^3$ |
| 干菜、干果 | 副溶血性弧菌 | $n$=5 | $c$=2 | 2 | $10^2$ |
| | 大肠埃希氏菌 | $n$=5 | $c$=2 | 2 | 10 |
| 婴幼儿食品、挂糖衣饼干 | 大肠杆菌 | $n$=5 | $c$=2 | 2 | 20 |
| | 沙门氏菌 | $n$=10 | $c$=0 | 0 | |
| 干、速食食品 | 嗜中温性需氧菌 | $n$=5 | $c$=2 | $10^3$ | $10^4$ |
| | 大肠杆菌 | $n$=5 | $c$=1 | 2 | 20 |
| | 沙门氏菌 | $n$=10 | $c$=0 | 0 | |
| 需要在食用前加热的干食品 | 嗜中温性需氧菌 | $n$=5 | $c$=3 | $10^4$ | $10^5$ |
| | 大肠杆菌 | $n$=5 | $c$=2 | 2 | $10^2$ |
| | 沙门氏菌 | $n$=5 | $c$=0 | 0 | |
| 冷冻食品 | 嗜中温性需氧菌 | $n$=5 | $c$=2 | $10^5$ | $10^5$ |
| | 大肠杆菌 | $n$=5 | $c$=2 | $10^2$ | $10^4$ |
| | 沙门氏菌 | $n$=10 | $c$=0 | 0 | |
| | 葡萄球菌 | $n$=5 | $c$=2 | 10 | $10^3$ |
| | 大肠埃希氏菌 | $n$=5 | $c$=2 | 2 | $10^2$ |

续表

| 食品 | 检验项目 | 采样数 *n* | 污染样品数 *c* | *m* | *M* |
|---|---|---|---|---|---|
| 坚果 | 霉菌<br>大肠杆菌<br>沙门氏菌 | $n$=5<br>$n$=5<br>$n$=10 | $c$=2<br>$c$=2<br>$c$=0 | $10^2$<br>10<br>0 | $10^4$<br>$10^3$ |
| 谷类及产品 | 嗜中温性需氧菌<br>大肠埃希氏菌<br>霉菌 | $n$=5<br>$n$=5<br>$n$=5 | $c$=3<br>$c$=2<br>$c$=2 | $10^4$<br>2<br>$10^2$ | $10^5$<br>10<br>$10^4$ |
| 调味料 | 嗜中温性需氧菌<br>大肠杆菌<br>霉菌<br>大肠埃希氏菌 | $n$=5<br>$n$=5<br>$n$=5<br>$n$=5 | $c$=2<br>$c$=2<br>$c$=2<br>$c$=2 | 10<br>$10^4$<br>$10^2$<br>10 | $10^3$<br>$10^6$<br>$10^4$<br>$10^3$ |

#### 4. 我国食品微生物检验样品的取样方案

在一般情况下，贸易合同对食品抽样量是有明确规定的，故按规定抽样；没有具体规定的，可根据检验目的、产品及样品的性质和分析方法的特点确定取样方案。我国食品取样方案见表 1–3。

**表 1–3 我国食品取样方案**

| 样品种类 | 取样数量 | 备注 |
|---|---|---|
| 进口粮油 | 粮：按三层五点取样法进行（表、中、下 3 层） | 每增加 1 万吨，增加 1 个混样 |
| 肉及肉制品 | 生肉：取屠宰后两腿侧肌或背最长肌 100 g/ 只；<br>脏器：根据检验目的而定；<br>光禽：每份样品 1 只；<br>熟肉：酱卤制品、肴肉及灌肠取样应不少于 200 g，烧烤制品应取样 50 $cm^2$；<br>熟禽：每份样品 1 只；<br>肉松：每份样品 200 g；<br>香肚：每份样品 1 个 | 要在容器的不同部分取样 |
| 乳及乳制品 | 生乳：1 瓶；<br>奶酪：1 个；<br>消毒乳：1 瓶；<br>奶粉：1 袋或 1 瓶，大包装 200 g；<br>奶油：1 包，大包装 200 g；<br>酸奶：1 瓶或 1 罐；<br>炼乳：1 瓶或 1 听；<br>淡炼乳：1 罐 | 每批样品按千分之一取样，不足千件者抽 1 件 |
| 蛋品 | 全蛋粉：每件 200 g；<br>巴氏消毒全蛋粉：每件 200 g；<br>蛋黄粉：每件 200 g；<br>蛋白粉：每件 200 g | 1 日或 1 班生产为 1 批，检验沙门氏菌按 5% 取样，但每批不少于 3 个检样<br>测菌落总数、大肠菌群，每批按听过程前、中、后流动取样 3 次，每次取样 50 g，每批合为 1 个样品 |

续表

| 样品种类 | 取样数量 | 备注 |
| --- | --- | --- |
| 蛋品 | 冰全蛋：每件 200 g；<br>冰蛋黄：每件 200 g；<br>冰蛋白：每件 200 g | 在装听时流动取样，检验沙门氏菌，每 250 kg 取样 1 件 |
|  | 巴氏消毒全蛋：每件 200 g | 检验沙门氏菌，每 500 kg 取样 1 件，测菌落总数、大肠菌群，每批按听过程前、中、后流动取样 3 次，每次取样 50 g |
| 水产品 | 鱼：1 条；<br>虾：200 g；<br>蟹：2 只；<br>贝壳类：按检验目的而定；<br>鱼松：1 袋 | 不足 200 g 者加量 |
| 罐头 | 可采用下列方法之一：<br>1. 按杀菌锅抽样<br>（1）低酸性食品罐头杀菌冷却后抽样 2 罐，3 kg 以上大罐每锅抽样 1 罐；<br>（2）酸性食品罐头每锅抽 1 罐，一般 1 个班的产品组成 1 个检验批，各锅的样罐组成 1 个检验组，每批每个品种取样基数不得少于 3 罐。<br>2. 按生产班（批）次抽样<br>（1）取样数为 1/6 000，尾数超过 2 000 者增取 1 罐，每班（批）每个品种不得少于 3 罐；<br>（2）某些产品班产量较大，则以 30 000 罐为基准，其取样数为 1/6 000；超过 30 000 罐的按 1/20 000；尾数超过 4 000 者增取 1 罐；<br>（3）个别产品量较小，同品种、同规格的可合并批次为 1 批取样，但并班总数不超过 5 000 罐，每个班次取样数不得少于 3 罐 | 产品如按锅堆放，在遇到由于杀菌操作不当而造成问题时，也可以按锅处理 |
| 冰冻饮品 | 冰棍、雪糕：每批不得少于 3 件，每件不得少于 3 只；<br>冰激凌：原装 4 杯为 1 件，散装 200 g；<br>食用冰块：500 g 为 1 件 | 班产量 20 万只以下者，1 班为 1 批；以上者以工作台为 1 批 |
| 软饮料 | 碳酸饮料及果汁饮料：原装 2 瓶为 1 件，散装 500 mL；<br>散装饮料：500 mL 为 1 件；<br>固体饮料：原装 1 袋 | 每批 3 件，每件 2 瓶 |
| 调味品 | 酱油、醋、酱等：原装 1 瓶，散装 500 mL；<br>味精：1 袋；<br>袋装调味料：1 袋 |  |
| 冷食菜<br>豆制品 | 取 200 g | 不足 200 g 者加量 |
| 酒类 | 2 瓶为 1 件，散装 500 mL |  |

### 三、样品的处理与检验

#### 1. 样品的处理

（1）实验室在接到送检样品后应认真核对登记，确保样品的相关信息完整并应符合检验要求。

（2）实验室应按要求尽快检验。若不能及时检验，则应采取必要的措施，防止样品中原有微生物因客观条件的干扰而发生变化。

（3）各类食品样品处理应按相关食品安全标准检验方法的规定执行。

#### 2. 样品的检验

按食品安全相关标准的规定检验。

### 四、检验结果的报告和检验后样品的处理

#### 1. 记录与报告

（1）检验过程中应即时、客观地记录观察到的现象、结果和数据等信息。

（2）实验室应按照检验方法规定的要求，准确、客观地报告检验结果。

#### 2. 检验后样品的处理

（1）检验结果报告出来后，被检测样品方能处理。

（2）对于检测出的致病菌样品，应进行无害化处理。

（3）检验结果报告出来后，剩余样品和同批产品不进行微生物项目的复检。

## 知识点6　食品微生物检验人员的职业道德规范及其岗位工作内容

### 一、食品微生物检验人员的职业道德规范

职业道德是所有从业人员在职业活动中应该遵循的行为准则，涵盖了从业人员与服务对象、职业与职工、职业与职业之间的关系。随着现代社会分工的发展和专业化程度的增强，市场竞争日趋激烈，整个社会对从业人员的职业观念、职业态度、职业技能、职业纪律和职业作风的要求越来越高。

#### 1. 爱岗敬业且工作热情、主动

爱岗敬业是食品微生物检验人员实现自我价值、走向成功必备的首要心态，是食品微生物检验人员应该具备的崇高精神，是做到求真务实、优质服务、勤劳奉献的前提和基础。食品微生物检验人员首先要安心工作、热爱工作、献身所从事的行业，把自己远大的理想和追求落到工作实处，在平凡的工作岗位上做出不平凡的贡献。从业人员有了尊职敬业的精神，就能在实际工作中积极进取，忘我工作，把好工作质量关。对工作认真负责，把工作成果作为自己的职责和荣誉；同时，还要认真总结分析工作中的不足并积

累经验。

敬业奉献是从业人员的职业道德的内在要求。市场经济的发展，对食品微生物检验人员的职业观念、态度、技能、纪律和作风都提出了新的更高的要求。为此，食品微生物检验人员要有高度的责任感和使命感，热爱工作，献身事业，树立崇高的职业荣誉感；要克服任务繁重、条件艰苦、生活清苦等困难，勤勤恳恳、任劳任怨、甘于寂寞、乐于奉献；要适应新形势的变化，刻苦钻研；应加强个人的道德修养，树立正确的世界观、人生观和价值观。

#### 2. 实事求是并一丝不苟地依据标准进行检验和判定

实事求是中的“求”就是深入实际，调查研究；“是”有两层含义，第一层是真不是假，第二层是食品质量安全检验中的必然联系，即规律性。食品微生物检验人员要实事求是、坚持原则、一丝不苟地依据标准进行检验和判定。这就需要有心底无私的职业良心和无私无畏的职业作风与职业态度。如果夹杂着个人私心杂念，为了满足自己的私利或迎合某些人的私欲需要，弄虚作假、虚报浮夸就在所难免，也就会背离实事求是这一基本的职业道德。实事求是、坚持原则的具体要求体现在以下几方面。

（1）坚持真理。坚持实事求是的原则，办事情、处理问题要合乎公理正义，秉公办事。在大是大非面前立场坚定、照章办事、坚持原则、行所当行、止所当止，要敢于说“不”。

（2）公私分明。不能凭借自己手中的职权谋取个人私利，损害社会、集体和他人利益，食品微生物检验人员不能因为一己之私给出不合格的检验报告。

（3）公平公正。按照原则办事，处理事情合情合理，不徇私情。在发展市场经济、重视利益和利益关系多样化的情况下做到公平公正是十分可贵的。若要做到公平公正，就要坚持按照原则办事。

（4）光明磊落。做人做事不能有私心，要胸怀坦荡、行为正派，坚持办事公道的重要准则。

#### 3. 要有扎实的基础理论知识与熟练的操作技能

食品微生物检验的内容十分丰富，涉及的知识领域也十分广泛。分析方法不断更新，新工艺、新技术、新设备不断涌现，没有一定的基础知识是不能适应的。对于一些常规分析方法也包含较深的理论原理，如果没有一定的理论基础，就无法理解它、掌握它，只能是知其然而不知其所以然，很难完成组分多变的、复杂的试样分析，更难独立解决和处理分析中出现的各种复杂情况。认为检验工作只是会摇瓶子、照方抓药的“熟练工”是与时代不相符的陈旧观念。掌握熟练的操作技能和过硬的基本功是分析检验者的基本要求，说起来头头是道而干起来一塌糊涂的“理论家”也是不可取的。

#### 4. 遵纪守法，不谋私利

遵纪守法是指从业人员都要遵守纪律和法律，尤其要遵守职业纪律和与职业活动相关的法律法规。遵纪守法是从业人员的基本要求。要做到遵纪守法，必须做到学法、知法、守法、用法，必须遵守企业各项纪律和规范。

（1）从业人员应有法律观念，知法、守法、护法。严格遵守与自己职业活动有关的各种法律法规（如《中华人民共和国计量法》《中华人民共和国产品质量法》《中华人民共和国标准化法》等）。

（2）从业人员要自觉遵守职业纪律。职业纪律是在特定的职业活动范围内，从业人员必须共同遵守的行为准则。它包括劳动纪律、组织纪律、财经纪律、群众纪律、保密纪律、宣传纪律、外事纪律等基本纪律和各行各业的特殊纪律要求。

### 5. 遵守劳动纪律、操作规程并注意安全

劳动纪律又称为职业纪律，是指劳动者在劳动中所应遵守的劳动规则和劳动秩序。劳动纪律的目的是保证生产、工作的正常运行。劳动纪律的本质是全体员工共同遵守的规则。劳动纪律的作用体现于集体生产、工作、生活的过程。

食品微生物检验人员是与量和数据打交道的，稍有疏忽就会出现差错。因点错小数点而酿成重大质量事故的事例足以说明问题；随意更改数据、谎报结果更是一种严重的犯罪行为。进行食品微生物检验工作时需要十分仔细，这就要求食品微生物检验工作者心细、眼灵，对每步操作必须谨慎，容不得半点马虎和草率，且必须严格遵守各项操作规程。

由于食品微生物检验人员经常接触大肠杆菌、金黄色葡萄球菌等病原微生物，因此在工作过程中要注意安全，满足“三不伤害”原则，即不伤害自己、不伤害他人、不被他人伤害。

### 6. 要有不断创新的开拓精神

科技在发展，时代在前进，食品微生物检验更是日新月异。作为食品微生物检验人员，必须在掌握基础知识的条件下，不断地学习新知识，更新旧观念，研究新问题，及时掌握本专业、本行业的发展动态，关注食品微生物检验操作规范的变化，从实际工作需要出发学习新技术、新方法，以满足食品微生物检验的新要求。

## 二、食品微生物检验人员的岗位工作内容

食品微生物检验岗位是食品行业中非常重要的一环，主要负责对食品样品进行微生物检验，确保食品的卫生安全。

（1）样品处理：食品微生物检验岗位的首要任务是对食品样品进行处理。这包括样品的接收、登记、分装等工作。在样品接收过程中，要仔细核对样品的信息，确保样品的准确性和完整性。接收样品后，需要按照规定对样品进行登记，记录样品的编号、来源、数量等信息。然后，将样品进行分装，确保每个样品都能被准确地检验。

（2）微生物检测方法的选择：针对不同的食品样品，食品微生物检验岗位需要选择合适的检测方法。常见的微生物检测方法包括培养法、快速检测法、PCR（聚合酶链式反应）法等，根据样品的特点和检测要求，选择合适的方法进行微生物检测。

（3）样品的制备和培养：在进行微生物检测之前，需要对样品进行制备和培养。例如，对于液态食品，需要进行预处理，使微生物更易于检测。对于固态食品，需要进行样品的悬浮液制备，以便于后续的培养和检测。

（4）微生物的培养和计数：微生物检验的关键环节是培养和计数。对样品进行培养，

使微生物在适宜的环境条件下进行繁殖。培养时间和培养温度等条件需要根据具体微生物的种类进行调整。培养完成后，需要进行微生物计数，以确定样品中微生物的数量。

（5）结果判定和报告编写：根据微生物检测结果，进行结果判定。如果样品中的微生物数量超过卫生标准规定的限值，即为不合格。合格的样品可以进行下一步的处理。另外，还需要将检测结果编写成报告，供上级部门等参考。

## 三、食品微生物检验的意义和重要性

食品微生物检验的工作内容具有重要的意义和价值。食品微生物检验能够对食品质量进行判定，保障食品的卫生安全。微生物检验能够检测食品中是否存在致病菌、霉菌等有害微生物，及时发现和排除食品安全隐患。

食品微生物检验对于食品行业的合规性和法律法规的遵守具有重要的意义。根据国家相关法律法规的规定，食品企业必须对食品样品进行微生物检验，以确保食品质量符合相关标准。食品微生物检验岗位的工作内容直接关系到企业的合规性和可持续发展。

## 任务演练

# 任务 1-1　常用玻璃器皿的清洗与包扎技术

### 任务描述

某同学在本学期进入某企业的食品微生物检验岗位进行实习，要想成为一名合格的食品微生物检验员，保证样品检测结果的准确性，首先做的就是要树立无菌意识，学会对检验中用到的一切仪器和试剂进行灭菌处理，特别是对于常用的玻璃器皿，使用前后的清洗、干燥、包装和灭菌，是食品微生物检验得到正确结果的先决条件。接下来，请根据玻璃器皿的污染情况，正确配制洗液，然后按照相关规范进行清洗和包扎。

#### 任务小贴士

食品微生物检验的试验中常用的玻璃器皿使用前后的清洗、干燥、包装和灭菌，是食品微生物检验得到正确结果的先决条件。食品微生物检验的试验中常用的玻璃器皿很多，如培养皿、试管、三角烧瓶、吸管、载玻片和烧杯等。如果是新购置的玻璃器皿，因含游离碱，使用前必须洗涤。使用过的玻璃器皿根据其盛装过的物质采取相应的处理方法。而且，试验目的不同，采取的洗涤方法不同，清洗的程度也不同。有的玻璃器皿清洗后要进行干燥，有的需要通过灭菌达到无菌状态，有的甚至需要先包扎再灭菌。

水只能洗去可溶于水的沾污物，对于不溶于水的沾污物，必须用其他方法处理，再用水清洗。例如，肥皂、洗衣粉、去污粉、铬酸洗涤液是常用的洗涤剂。

## 任务实施

### 一、新购置的玻璃器皿的洗涤

新的玻璃器皿常附有游离碱，不能直接使用。处理方法：先用 1% ～ 2% 的盐酸溶液或洗涤液浸泡 24 h，以中和碱质，然后用清水冲洗至中性；或先放在热水中浸泡，用瓶刷或试管刷蘸取洗衣粉或去污粉等刷洗，然后用热水洗刷，再用清水冲洗。

新的载玻片也可先在 1% 洗衣粉水中煮沸 15 ～ 20 min，然后用清水冲洗至中性。注意煮沸液一定要浸没玻片，否则会使玻片钙化变质。新的盖玻片可放在 1% 洗衣粉水中煮沸 1 min，待沸点泡平下后，再煮沸 1 min，如此反复 2 ～ 3 次，冷却后用清水冲洗干净。注意煮沸时间过长会使盖玻片钙化变白而且变脆易碎。新的载玻片和盖玻片也可先浸入肥皂水（或 2% 盐酸）内 1 h，再用水洗净，然后用软布擦干后，浸入滴有少量盐酸的 95% 酒精中，保存备用。

### 二、使用过的玻璃器皿的洗涤

#### 1. 试管、培养皿、烧杯和三角烧瓶的洗涤

使用过的试管、培养皿、烧杯和三角烧瓶，可先用瓶刷或试管刷等蘸取洗衣粉或去污粉等刷洗，然后用清水冲洗干净即可。如玻璃器皿沾有油污，或经清水冲洗后仍有油迹未洗干净，可将玻璃器皿置于 1% ～ 5% 的苏打溶液或 5% 的肥皂水中煮沸 30 min，或用 10% 的氢氧化钠（粗制品）浸泡 30 min，再用洗涤剂及热水刷洗，最后用清水冲洗干净。

#### 2. 吸管和滴管的洗涤

吸管先去掉棉塞，滴管先拔去橡皮头。将吸管和滴管放在 2% 的煤酚皂溶液或 0.5% 的新结尔灭中浸泡数小时，然后用清水冲洗干净。曾吸过琼脂的吸管，使用后立即用热水将琼脂洗净后再进行处理。浸泡吸管时，要在玻璃钢容器底部垫以棉花、纱布或其他软质材料，以防止放入吸管时管尖破裂。

#### 3. 载玻片和盖玻片的洗涤

如果载玻片上有香柏油，则应先用二甲苯溶解油垢。将载玻片和盖玻片置于 5% 的肥皂水中煮沸 10 min，取出用清水冲洗干净，然后放在洗涤液中浸泡 1 ～ 2 h，取出用清水冲洗至无色为止；或在 1% 的洗衣粉水中煮沸 30 min，然后用清水冲洗至中性，最后用蒸馏水淋洗，待玻片干燥后，置于 95% 的酒精中保存，用时将其取出并在火焰上烧去酒精即可。

#### 4. 盛有固体培养基或油脂（如液体石蜡、凡士林）等的玻璃器皿的洗涤

先用小刀或钢丝将器皿中的固体培养基取出，或将此器皿放在水中蒸煮。使固体培养基融化后趁热倒出，然后用温水洗涤（必要时可蘸取肥皂水刷洗），最后用清水冲洗。注意，固体培养基切勿直接倒入下水道，以免堵塞下水道。

#### 5. 污染病原菌的玻璃器皿的洗涤

被病原菌污染过的玻璃器皿，在洗涤前必须进行严格的灭菌。盛装血液或血清的玻璃

器皿，先将血液或血清倒出后再进行灭菌。

（1）一般玻璃器皿（如试管、烧杯、培养皿等）均可在高压蒸汽灭菌器内灭菌，即温度为 121 ℃，压力为 0.103 MPa，时间为 20 ～ 30 min。

（2）载玻片、盖玻片和吸管等器皿可在 5% 的石炭酸或 2% 的来苏尔中浸泡 48 h。

玻璃器皿用清水冲洗后，必要时还需用蒸馏水淋洗。洗涤后的玻璃器皿，要求内壁的水均匀分布成一薄层，表示油垢完全洗净；如果内壁还挂有水珠，则需要用洗涤液浸泡数小时，再用清水冲洗干净。

洗涤后的玻璃器皿，放在 70 ～ 80 ℃烘箱内烘干或晾干。将试管倒置在试管架上，三角烧瓶倒置在洗涤架上，培养皿的皿盖和皿底分开，按顺序压着皿边将其倒扣排列在桌上或钢丝筐内。

## 三、洗涤液的配制

铬酸洗涤液即重铬酸钠（或重铬酸钾）的硫酸溶液，是微生物实验室最常用的洗涤剂，是一种强氧化剂。它由重铬酸钠或重铬酸钾与硫酸作用后形成铬酸，铬酸的氧化能力极强，因而，此液具有极强的去污作用。常用它来洗去玻璃和瓷质器皿上的有机物质，但不能用于洗涤金属器皿和塑料器皿。

铬酸洗涤液可分为浓溶液和稀溶液两种，其配方如下。

（1）浓溶液配方：重铬酸钠或重铬酸钾（工业用）50 g；自来水 150 mL；浓硫酸 800 mL。

（2）稀溶液配方：重铬酸钠或重铬酸钾（工业用）50 g；自来水 850 mL；浓硫酸 100 mL。

配法：将重铬酸钠或重铬酸钾溶解在自来水中并慢慢加热，使其完全溶解，待冷却后，再慢慢加入硫酸（边加边搅拌）。配制好的洗涤液呈棕红色或橘红色，并有均匀的红色小结晶。储存于广口瓶内，盖紧瓶盖备用。

铬酸洗涤液在加热后的去污效果更强，一般加热温度为 45 ～ 50 ℃，稀的铬酸洗涤液可以煮沸使用。铬酸洗涤液可反复使用，每次使用后可倒回原瓶中储存，直到溶液变成青褐色时，才失去效果。使用铬酸洗涤液时的注意事项如下。

（1）使用此洗涤液时，器皿必须干燥，否则会降低洗涤液的浓度。

（2）如果器皿上带有大量有机质，则应先将有机质清除，再使用洗涤液，否则洗涤液会很快失效。

（3）盛装洗涤液的容器应始终加盖，以防止其由于氧化而变质。

（4）用洗涤液洗过的器皿，应立即用水冲洗至无色。洗涤液中的硫酸具有强腐蚀性，若浸泡时间过长，会使器皿变质。

（5）若洗涤液溅到衣服和皮肤上，则应立即用水冲洗，再用苏打水或氨液洗；若洗涤液溅到桌椅上，则应立即用水洗净或用湿布擦掉。

## 四、玻璃器皿的包扎

灭菌前，必须将玻璃器皿妥善包扎，以免其在灭菌后又被环境中的杂菌污染。

### 1. 培养皿的包扎

洗净的培养皿烘干后，可直接放入灭菌专用的铁盒（或铝盒）内，否则需要用报纸或牛皮纸将培养皿单套或数套包成一包，再进行灭菌。一般以 5 ～ 10 套培养皿为一包。

### 2. 移液管的包扎

洗净烘干移液管，包装前先用钢丝或牙签等在移液管上端口处塞少量的棉花，既可防止吸取液体时，液体被吸出造成污染，又可对吹入吸管的空气起过滤作用。塞入棉花的量要适宜，距离管口 0.5 cm 左右，棉花的长度为 1 ～ 1.5 cm。注意要将棉花塞得松紧适度，使其在吹时可以通气，又不会下滑。移液管可用纸分别卷包，也可用多支包成一束或装入金属桶（干热灭菌）进行灭菌。

包扎单支移液管（图 1–1）时，可先将牛皮纸（或报纸）剪成约 5 cm 的长纸条，再将塞好棉花移液管的尖端放在纸的一端，约成 45°，折叠包装纸包住移液管的尖端，一手拿管身；另一手压紧管和纸，在桌上向前搓滚，使纸呈螺旋状把管包起来，上端剩余的纸条折叠后打结即可。灭菌烘干后，使用时才在超净工作台中从纸条抽出。

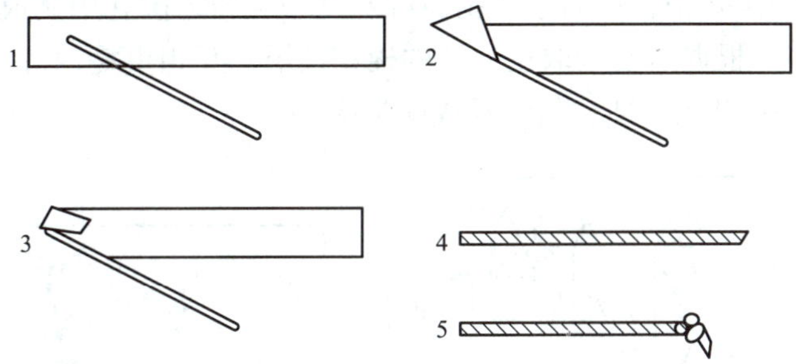


图 1–1　移液管报纸包扎示意

### 3. 三角烧瓶和试管的包扎

三角烧瓶和试管在包扎前要用棉塞将管口或瓶口塞好，棉塞的 2/3 塞入口内，1/3 露在口外。加棉塞后，三角烧瓶单个用牛皮纸或两层报纸及线绳将瓶口包扎好。先用线绳捆扎试管数支，再用牛皮纸或两层报纸及线绳将管口包扎好。试管塞好棉塞后也可一起装在钢丝篓中，用大张报纸将一篓试管口做一次包扎，如图 1–2 所示。

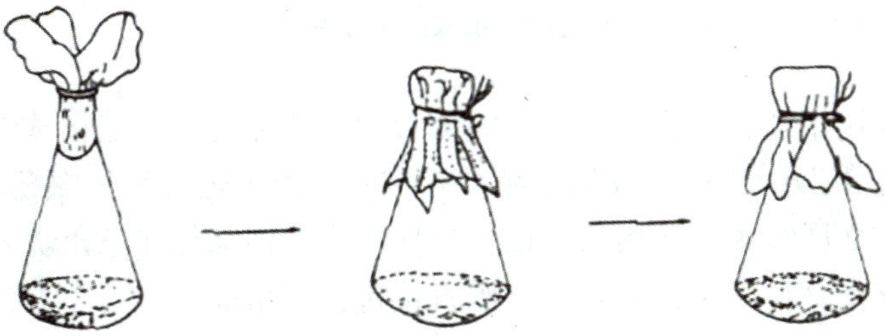

图 1–2　三角烧瓶的包扎

（1）棉塞外包纸的作用：避免由于灰尘进入棉塞而将其污染；避免蒸汽灭菌时蒸汽打

湿棉塞。

（2）棉塞的作用：过滤（防止空气中的微生物进入容器）、通气（保证通气良好）、减缓培养基的水分蒸发。

（3）棉塞的质量要求：棉塞的形状、大小、松紧应与试管口或三角烧瓶口完全适合。棉塞的形状应为锤头型。棉塞的长度以不小于管口直径的 2 倍为宜。棉塞应紧贴玻璃壁，没有褶皱和缝隙，松紧适宜。棉塞过紧会妨碍空气流通，而且操作不便；棉塞过松易掉落，从而引发污染。棉塞的松紧以手提棉塞时试管或三角烧瓶不脱落，棉塞又易转动，拔出棉塞有轻微响声为宜。

（4）棉塞的制作材料：要求选用纤维较长的普通棉花。一般不用脱脂棉制作棉塞。因为普通棉花纤维长，通气性好；脱脂棉纤维间孔隙大，过滤除菌的效果不好，容易吸水变湿，既有碍空气进入，又易招致杂菌污染，而且价格高。

（5）棉塞的种类：一次性棉塞（每个棉塞只能使用一次）和永久性棉塞（每个棉塞外包裹纱布，可反复使用多次）。

（6）棉塞的制作方法（图 1-3）：方法一：选择大小、薄厚适中的棉花一块，铺展于左手拇指和食指扣成的圆孔中，用右手食指将棉花从中央压入圆孔中制成棉塞；方法二（折叠卷塞法制作棉塞）：根据需要量取正方形的棉花数层，互相重叠，将一角沿对角线的 1/3 处对折，再从相邻一角开始卷曲，最终卷成锤头状。

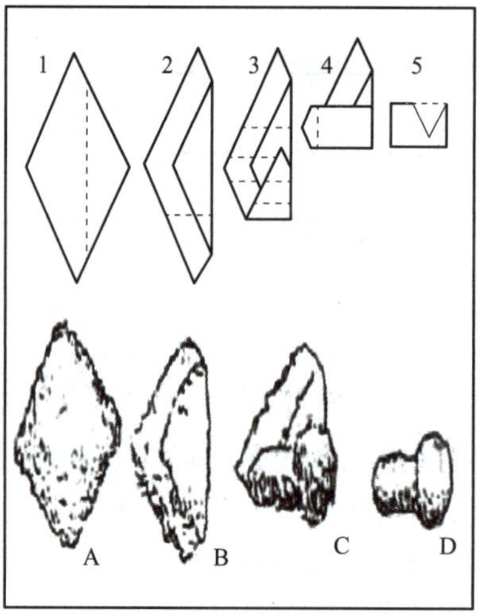


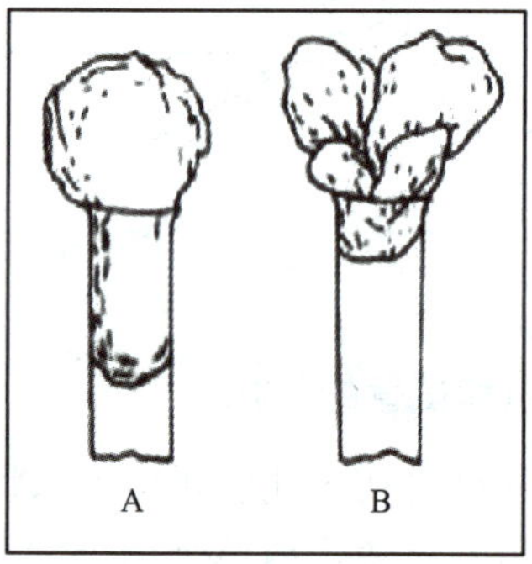


A—正确；B—不正确

**图 1-3　棉塞的制作方法**

另外，也可采用塑料、铝质或不锈钢的试管帽代替棉塞直接盖在试管口上，但操作过程中手感不如棉塞舒服，且通气效果也稍差。有时，为了进行液体振荡培养加大通气量，可用 8 层纱布或在 2 层纱布中间均匀铺设一层棉花代替棉塞包在三角烧瓶口上，目前更多的是采用既通气又能高压灭菌的塑料封口膜直接包在三角烧瓶口上，这种封口既保证通气良好，又可以过滤除菌，且操作简便。

### 4. 培养皿的包扎

通常将 5 ～ 12 个培养皿洗净、烘干后，同向叠加在一起并堆放在牛皮纸或双层报纸上，用双手大拇指和食指将纸边包裹在平皿堆表面。同时，还要用双手的无名指和小姆指挤紧平板。将平皿堆向前滚，顺势将纸紧紧包裹在平皿堆的外面，整个推进的过程中双手无名指和小拇指都要挤紧平板。包裹的松紧程度直接决定最终的包扎质量。当纸全部包裹在平板堆表面后，将平板堆竖直放在桌面上。接下来，将平板堆两头的纸依次叠好、别紧。另外，也可将培养皿置于特定的薄钢板圆桶内，如图 1-4 所示。

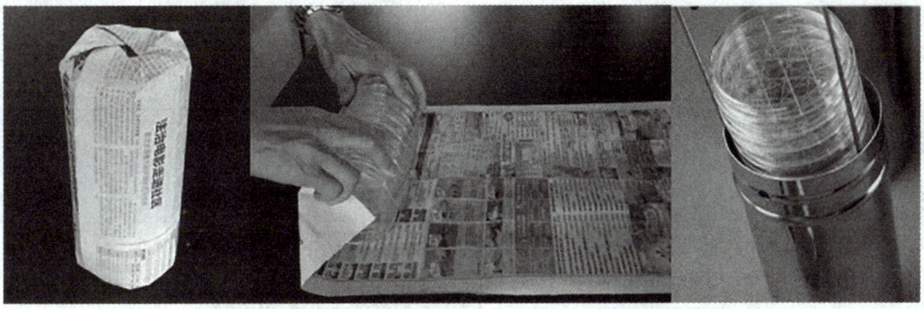

**图 1-4　将培养皿置于特定的薄钢板圆桶内**

注意，一定要在使用时才能在无菌区域打开灭菌培养皿的包装纸，以避免空气中微生物的再次污染。

## 任务报告

（1）记录使用过的玻璃器皿的洗涤过程。

（2）检查玻璃器皿洗涤的效果、玻璃器皿包扎的质量、棉塞的质量。

## 任务思考

（1）微生物实验室中常用的洗涤剂有哪些？

（2）如何清洗载玻片和盖玻片？

（3）灭菌前应如何包扎培养皿和吸管？

（4）为什么不能使用脱脂棉制作棉塞？

**任务考核单（任务 1-1）**

专业：________ 学号：________ 姓名：________ 成绩：________

| 任务名称 | | 常用玻璃器皿的清洗与包扎技术 | | | 时间：45 min | | |
|---|---|---|---|---|---|---|---|
| 序号 | 考核内容 | 考核要点 | 配分 | 评分标准 | 扣分 | 得分 | 备注 |
| 1 | 操作前准备（20 分） | （1）穿工作服 | 5 | 未穿工作服扣 5 分 | | | |
| | | （2）天平检查、调试 | 5 | （1）未检查天平水平扣 2 分<br>（2）未调试天平零点扣 3 分 | | | |
| | | （3）清理桌面 | 5 | （1）未清理扣 3 分<br>（2）清理不规范扣 2 分 | | | |
| | | （4）检查样品 | 5 | 未检查样品扣 5 分 | | | |
| 2 | 操作过程（1）（35 分） | （1）称量原始样品 | 5 | 称量操作不规范扣 5 分 | | | |
| | | （2）计算分样次数 | 5 | 计算不正确扣 5 分 | | | |
| | | （3）填写分样方案 | 10 | 未填写分样方案扣 10 分，填写不规范扣 5 分 | | | |
| | | （4）混合试样 | 15 | （1）混合不充分扣 10 分<br>（2）中心点移动扣 5 分 | | | |
| 3 | 操作过程（2）（30 分） | （1）缩分试样 | 15 | （1）四边形不规整、厚薄不一各扣 5 分<br>（2）四个三角形大小不一致、分样不均衡各扣 5 分 | | | |
| | | （2）分至接近所需试样量 | 5 | 未接近所需试样量，根据具体情况酌情扣 1 ～ 5 分 | | | |
| | | （3）原始记录 | 5 | 原始数据记录不规范、信息不全扣 1 ～ 5 分 | | | |
| | | （4）清理仪器用具、试验台面 | 5 | 试验结束后未清理扣 5 分 | | | |
| 4 | 安全及其他（15 分） | （1）不得损坏仪器用具 | 5 | 损坏一般仪器、用具扣 5 分 | | | |
| | | （2）不得发生事故 | 5 | 由于操作不当发生安全事故时停止操作扣 5 分 | | | |
| | | （3）在规定时间内完成操作 | 5 | 每超时 1 min 扣 1 分，最高扣 5 分 | | | |
| 合计 | | | 100 | | | | |

# 任务 1-2 食品微生物检验人员职业道德案例分析

## 任务描述

小李是一名食品微生物检验员，在某知名食品检测中心工作。一天，他收到了一份来自某大型食品生产企业的样品，要对其中的微生物含量进行检测。这家企业是该食品检测中心长期合作的客户，一直有着良好的合作关系。

在检测过程中，小李发现该样品的微生物含量略高于国家标准。他知道，如果这份报告发布出来，可能会对该企业的声誉和经济效益造成重大的影响。同时，他也意识到这可能是该企业生产过程中的一个偶然失误，他们很可能会采取措施进行改进。

面临这样的困境，小李陷入了矛盾。他既想保护检测中心的职业声誉和与企业的合作关系，又不想违背职业道德和公众利益。如果你是小李，你会怎样选择呢?

### 任务小贴士

食品安全是与人民群众身体健康和生命安全相关的头等大事，也是目前重大、敏感的民生问题，在执行食品安全标准要坚决，不能有弹性。要让生产、销售食品的从业者明白，执行食品安全标准不仅是良心道德工程，还是企业的生命线。食品微生物检验员是确保食品安全和质量的关键人员，应遵守以爱岗敬业、诚实守信、办事公道、服务群众、奉献社会为主要内容的职业道德，成为真正的“食品安全卫士”，不受任何外部因素的影响，确保检测结果的准确性和可靠性。因为只有这样，从业者才能赢得公众的信任和尊重，为保障食品安全和质量做出贡献。

## 任务报告

（1）请列出你所想到的处理方法并阐明其利弊。请选出你认为最佳的处理方法。

（2）小组内分享各自的做法并选出最佳的处理方法。

（3）各小组之间分享本组的最佳做法并选出最佳的处理方法。

## 任务思考

（1）食品微生物检验人员的职业道德规范包括哪些？
（2）食品微生物检验的意义和重要性是什么？

**任务考核单（任务 1-2）**

专业：______ 学号：______ 姓名：______ 成绩：______

| 考核项目 | 评价指标 | 配分 | 得分 |
|---|---|---|---|
| 知识考核（20 分） | 对职业道德规范的理解与运用 | 10 | |
| | 食品微生物检验人员岗位职责的掌握 | 10 | |
| 能力考核（50 分） | 仪表大方、谈吐自如、条理分明 | 10 | |
| | 声音清晰、言简意赅、突出重点 | 10 | |
| | 在固定时间内完成，时间分配合理 | 10 | |
| | 内容积极向上，有正向引导作用 | 10 | |
| | 能认真听取他人意见，及时解决问题 | 10 | |
| 素养考核（30 分） | 守纪（不迟到、早退、喧哗、串岗）、认真仔细、实事求是 | 10 | |
| | 服从教师、组长的任务分配，积极参与并按时完成 | 10 | |
| | 能认真对待他人意见，与同学密切协作、互相帮助 | 10 | |
| 合计 | | 100 | |

## 课后小测验

1. 下列说法中有误的是（　　）。
A. 检验用品灭菌后与未灭菌的用品应分开存放并明确标识并保持储存环境的干燥和清洁
B. 为保证灭菌效果，检验用品在灭菌时应直接放置在灭菌锅中

C. 培养基制备完成后，应在保证其成分不会改变的条件下避光、干燥保存，必要时置于（5 ± 3）℃冰箱中保存

D. 标准储存菌株被解冻后，最好不要重新冷冻和再次使用

2. 作为食品微生物检验实验室成员，张同学的行为不可取的是（　　）。

A. 在超净工作台上进行具有感染性微生物的检测试验

B. 请非本专业的朋友帮忙进行动物试验操作

C. 因工作任务繁重，为节省时间，在实验室里吃午饭

D. 在试验过程中，用戴手套的手揉眼睛

3. 关于个人防护装置，下列说法正确的是（　　）。

A. 如果试验时需要佩戴呼吸防护装置，不用在工作前进行个体适配性测试和检查

B. 当防护装备受污染时，应更换后再继续工作。进行灭菌处理操作时，如果手套破损，应立即丢弃，洗手并戴上新手套

C. 试验人员可以穿着防护服离开实验室，只要在再次进入实验室时进行消毒灭菌或清洗即可

D. 生物安全柜手套和正压服手套的防护性能比较好，试验时不需要另戴手套

4. 在我国，进行食品微生物检验时应注意（　　）。

A. 一切样品的采集必须具有代表性，即所取的样品能够代表食物的所有成分

B. 对肉制品进行检验时要在容器的不同部分取样

C. 接到送检样品后应认真核对登记，并按要求尽快检验。若不能及时检验，则要采取必要的措施，防止样品中原有微生物因客观条件的干扰而发生变化

D. 对于检出致病菌的样品，必须经过无害化处理

5. 作为一名食品微生物检验人员，怎样才能做到“实事求是，一丝不苟地按照相关标准进行检验和判定”？

# 模块 2　食品微生物检验基础技术

## 案例引入

### 案例 1　兰州布鲁氏菌病感染事件

2019 年 7 至 8 月，中牧兰州生物药厂在兽用布鲁氏菌疫苗生产过程中使用过期消毒剂，致使灭菌不彻底的废气形成含菌气溶胶并扩散至药厂周围。2019 年 11 月至 2020 年，多名学生及周边居民陆续感染布鲁氏菌病。截至 2020 年 12 月，当地已检测出抗体阳性人员 1.1 万人。

对于这种病，牧区居民比较熟悉，而非牧区的普通居民接触它的机会不大，如果不是因为这次事件，可能大多数人不会了解布鲁氏菌病。布鲁氏菌病简称“布病”，是一种人畜共患传染病，在我国，布病的主要传染源为牛、羊、猪，其中以羊型布鲁氏菌对人的传染性最强，致病率最高。

但是有一种食品也是传播布病的高危途径——街头现挤羊奶。很多人认为这样的羊奶才是新鲜的好奶，甚至专门买来给孩子喝。但这种行为有可能导致人染上布病，而由于喝现挤羊奶感染布病的案例各地区都出现过。小提示：喝工业批量生产的奶制品更安全。

### 案例 2　黑龙江鸡西酸汤子中毒事件

2020 年 10 月 5 日，黑龙江鸡西一起家庭聚餐中，9 人因食用酸汤子而中毒，后全部死亡。现已查明，致病食物是被致病菌污染的酸汤子。

酸汤子是用玉米水磨发酵后制成的一种粗面条样的酵米面食品。夏秋季节制作发酵米面制品容易被椰毒假单胞菌污染，该菌能产生致命的米酵菌酸，经高温煮沸也不能破坏毒性，中毒后没有特效救治药物，病死率超过50%。北方的臭碴子、酸汤子、格格豆，南方的在发酵后制作的汤圆、吊浆粑、河粉等最容易致病。截至2020年10月5日，全国已发生此类中毒14起，84人中毒，37人死亡。酵米面中毒的主要原因是使用了发霉变质的原料，虽然通过挑选新鲜无霉变原料，勤换水能够减少被致病菌污染的机会，但为保证生命安全，最好的预防措施是不制作、不食用酵米面类食品。

这起事件让人们认识了“酵米面食品”的危险性，国家卫生健康委员会也发布提醒，呼吁大家不要制作和食用需要长时间发酵的酵米面食品。

## 学习目标

**知识目标**

1. 熟悉细菌的大小和形态，掌握细菌的细胞结构及功能。
2. 掌握细菌培养基的菌落特征。
3. 了解培养基的配制原则及常用培养基的类型。
4. 掌握并能正确选择消毒灭菌的方法。
5. 认识显微镜的结构并掌握其光学原理。

**能力目标**

1. 能够熟练正确使用显微镜进行微生物的观察。
2. 能够熟练配制培养基并为其灭菌。
3. 会正确使用高压灭菌锅、超净工作台等设备。
4. 能够熟练掌握微生物的染色、接种、分离与纯化等技术。

**素质目标**

1. 养成诚实守信、严谨求实、团结协作的精神。
2. 树立安全意识、责任意识、规范意识、无菌意识。
3. 具备爱岗敬业、乐于奉献的职业素养。
4. 具有查阅相关参考文献的能力。

## 模块导学

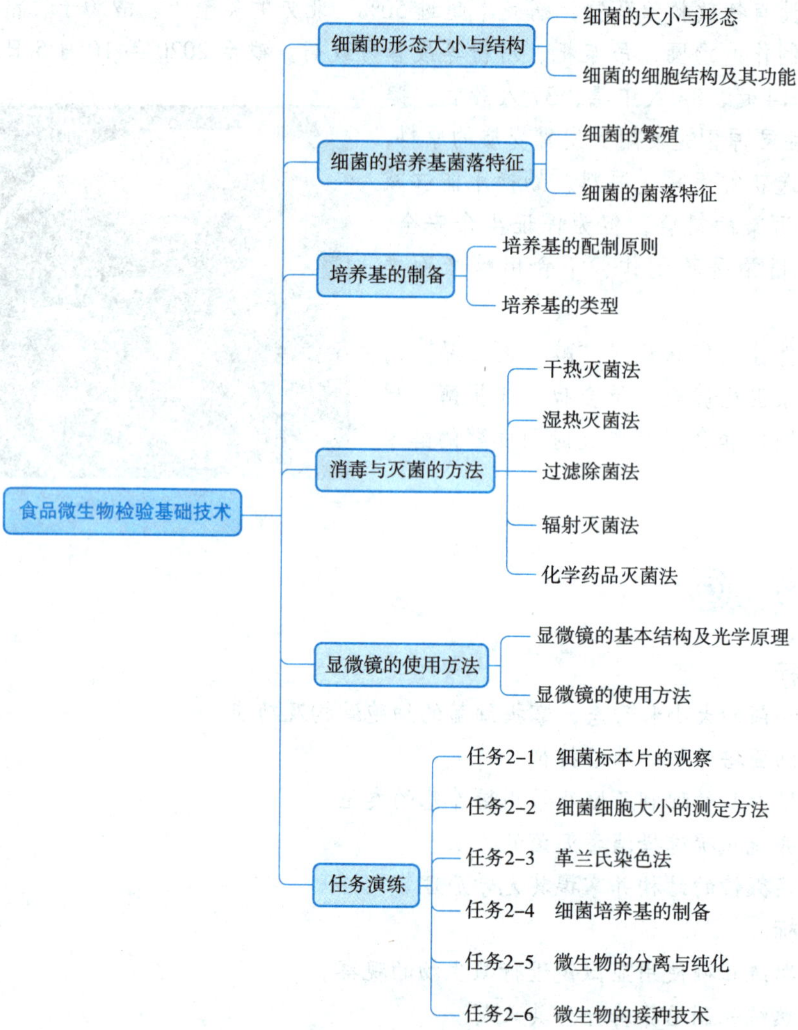


# 知识点 1　细菌的形态大小与结构

## 一、细菌的大小与形态

### （一）细菌的大小

由于细菌个体微小，必须用显微镜放大 1 000 倍左右才能看见。对于细菌的大小，可以用测微尺在显微镜下测量。1 万个球菌紧密排列，长度只有 1 cm 左右，一滴水可容纳约 10 亿个球菌。细菌的大小通常以微米（μm）为测量单位（1 μm=1/1 000 mm）。对球菌测其直径，对杆菌测其长度和宽度。不同种类的细菌，其大小不尽相同，而且同种细菌也可因菌龄和环境因素的影响大小有所差异。一般来说，大多数球菌直径在 1 μm 左右，杆菌长为

1 ～ 5 μm，宽为 0.3 ～ 1 μm。

### （二）细菌的基本形态

细菌按外形可分为球菌、杆菌和螺旋菌三大类。

#### 1. 球菌

球菌菌体呈球形或近似球形，由于细菌繁殖时分裂平面不同，分裂后菌体之间相互关联的程度不同，在显微镜下可观察到不同的排列形式。

（1）双球菌：细菌细胞在一个平面上分裂，分裂后两个菌体密切关联，成对排列。常见的致病性双球菌有肺炎球菌、脑膜炎球菌等。

（2）链球菌：细菌细胞在一个平面上分裂，分裂后菌体之间顶端相连，形成长串。一般来说，在液体培养基内其链较长；在固体培养基上其链较短。摇振、涂片等操作也可使长链断裂变短。常见的致病性链球菌有乙型溶血性链球菌等。

（3）葡萄球菌：在多个不规则平面上分裂，分裂后菌体无规则地黏连在一起似葡萄状排列，如金黄色葡萄球菌。

此外，还有四联球菌、八叠球菌等，均依菌体排列形式而取名。

#### 2. 杆菌

杆菌菌体呈杆状或近似杆状。不同种类的杆菌其大小、长短、粗细差别较大，有球杆菌、链杆菌、棒状杆菌和分枝杆菌等。杆菌的种类很多，其大小、形态和排列并不一致。依其长度可将杆菌分为大（>4 μm）、中（2 ~ 4 μm）和小（<2 μm）三种，多数杆菌为中等长度。杆菌大多数呈直杆状，也有的菌体微弯；菌体两端多呈钝圆形，少数细菌两端平齐（如炭疽杆菌）或尖细（如梭杆菌）；有的菌体末端膨大呈棒状，称为棒状杆菌。杆菌多分散存在，没有固定的排列方式，也有的呈链状排列，为链杆菌；白喉杆菌常呈栅栏状或 V 字、Y 字、Z 字等形状排列。

#### 3. 螺旋菌

螺旋菌的菌体弯曲，有的菌体只有一个弯曲，呈弧形或逗点状，称为弧菌，如霍乱弧菌。有的菌体有数个弯曲，称为螺菌，如鼠咬热螺菌；也有的菌体呈轻度 S 形或 U 形弯曲，称为弯曲菌，如空肠 / 结肠弯曲菌。菌体形态与空肠 / 结肠弯曲菌形似，称为螺杆菌，如幽门螺杆菌。

细菌的典型形态是一定菌龄的细菌在生理条件下表现出来的固定形态。当环境条件改变时，如加入抑制细菌生长的药物，培养基的 pH 值、渗透压改变或营养成分减少，培养时温度、气体等条件不适宜；过期培养等，菌体往往呈多形态性。细菌在宿主内环境中，受血清因子（溶菌酶、抗体、补体等）、吞噬细胞和抗生素等作用，菌体形态和性状也可以不典型。此外，涂片、干燥、固定、染色时，细菌会收缩。对此，在研究细菌或实验室诊断时，应注意鉴别，如图 2–1 所示。

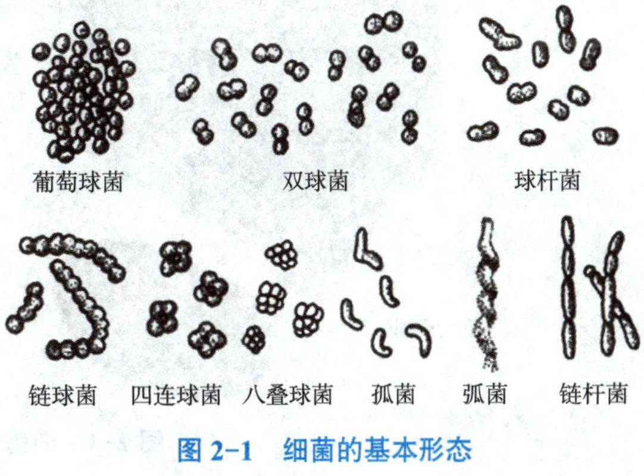


图 2–1　细菌的基本形态

## 二、细菌的细胞结构及其功能

细菌虽小，仍具有一定的细胞结构和功能。各种细菌都有细胞壁、细胞膜、细胞质和核质，这是细菌的基本结构；某些细菌只有荚膜、鞭毛、菌毛、芽孢，属于特殊结构，如图 2–2 所示。

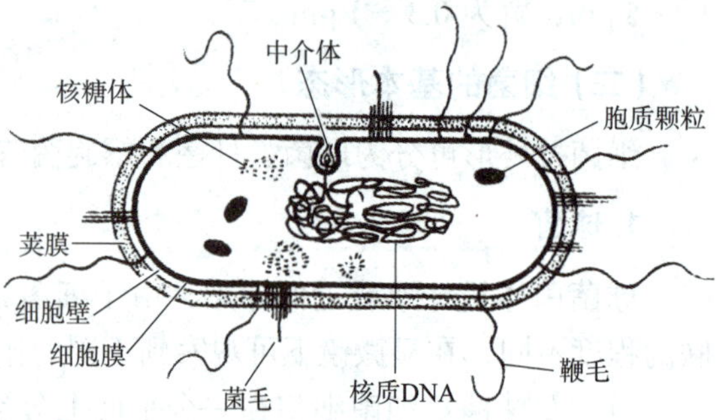


图 2–2　细菌的细胞结构

### （一）细菌的一般结构

#### 1. 细胞壁

细胞壁是细菌细胞的外壁，较坚韧而略有弹性，具有保护细胞和维护细胞成型的功能，是细胞的重要结构之一。细胞壁的质量占细胞质量的 10% ～ 25%。各种细菌的细胞壁厚度不等，一般为 15 ～ 30 nm，如金黄色葡萄球菌为 15 ～ 20 nm；大肠杆菌为 10 ～ 15 nm。细胞壁折光性弱，一般染色时不易着色，光学显微镜下不易看到，须用高渗溶液浓缩胞质，使细胞壁与细胞膜分离，再经特殊染色方可观察。用超薄切片技术在电子显微镜下可以直接观察细胞壁的超微结构。用革兰氏染色法可将细胞分为两大类，即革兰氏阳性菌（$G^+$ 菌）和革兰氏阴性菌（$G^-$ 菌）。两类细菌的共同成分为肽聚糖，但各自有其特殊的成分。革兰氏阳性菌细胞壁主要由肽聚糖组成；革兰氏阴性菌则主要由脂多糖和蛋白质组成，而且覆盖在肽聚糖外面。

（1）肽聚糖又称为黏肽，是细菌细胞壁中的主要组分。革兰氏阳性菌与革兰氏阴性菌细胞壁中肽聚糖的含量与结构有较大差异。革兰氏阳性菌的肽聚糖占细胞壁质量的 50% ～ 80%。其结构由聚糖骨架、四肽侧链和五肽交联桥三部分组成。聚糖骨架由 N– 乙酰葡萄糖胺（G）和 N– 乙酰胞壁酸（M）交替排列，以 β –1 和 4 糖苷键连接而成。N– 乙酰胞壁酸（M）连接四肽侧链，四肽侧链的组成和连接方式随菌种而异。如葡萄球菌（革兰氏阳性菌）细胞壁的四肽侧链的氨基酸依次为 L– 丙氨酸、D– 谷氨酸、L– 赖氨酸和 D– 丙氨酸，第三位的 L– 赖氨酸通过由 5 个甘氨酸组成的交联桥连接到相邻聚糖骨架四肽侧链末端的 D– 丙氨酸上，从而构成机械强度十分坚韧的三维立体结构，如图 2–3 所示。

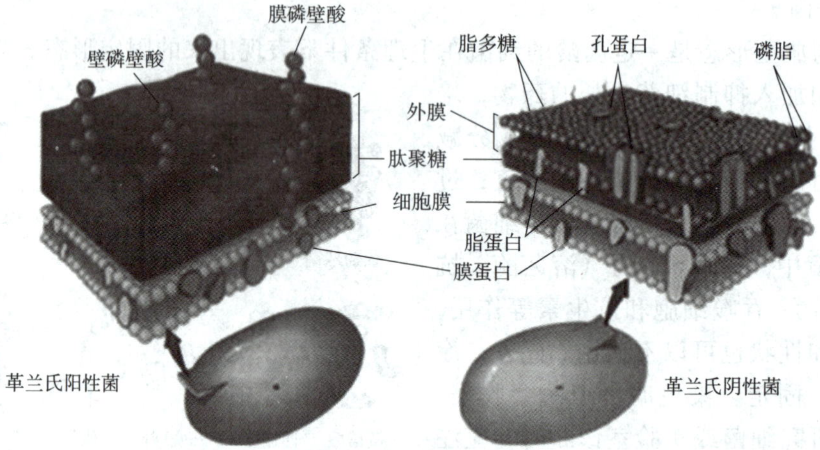


图 2–3　细菌细胞壁的结构

革兰氏阴性菌的肽聚糖占细胞壁干质量的 5% ～ 15%，在大肠埃希菌的四肽侧链中，第三位氨基酸是二氨基庚二酸（DAP），并由 DAP 与相邻四肽侧链末端的 D- 丙氨酸直接连接，没有五肽交联桥，因此只形成单层平面网络的二维结构。

（2）磷壁酸：大多数革兰氏阳性菌细胞壁含有大量磷，占细胞壁干质量的 20% ～ 40%，由核糖醇或甘油残基经磷酸二酯键互相连接而成的多聚物，并带有一些氨基酸或糖残基。约由 30 个或更多个磷壁酸重复单位构成的长链穿插在肽聚糖之中。其结合部位不同，可将磷壁酸分为两种，即以共价键结合于聚糖骨架 N- 乙酰胞壁酸分子上，横贯肽聚糖层、延伸至细胞壁外的壁磷壁酸；以共价键结合于细胞膜外层上的脂、横贯肽聚糖层、延伸至细胞壁外的膜磷壁酸，又称为脂磷壁酸。磷壁酸有很强的抗性，是革兰氏阳性菌的重要表面抗原，可用来对细菌进行血清学分型。表 2-1 所示为革兰氏阳性菌与革兰氏阴性菌细胞壁的结构和化学成分的对比。

**表 2-1　革兰氏阳性菌与革兰氏阴性菌细胞壁的结构和化学成分的对比**

| 性质 | 革兰氏阳性菌 | 革兰氏阴性菌（外壁） | 革兰氏阴性菌（内壁） |
|---|---|---|---|
| 肽聚糖 | 有（占干质量的 40% ～ 90%） | 有 | 无 |
| 磷壁酸 | 有或无 | 无 | 无 |
| 多糖 | 有 | 无 | 无 |
| 蛋白质 | 有或无 | 无 | 有 |
| 脂多糖 | 无 | 无 | 有 |
| 脂蛋白质 | 无 | 有或无 | 有 |
| 厚度 /nm | 10 ～ 50 | 2 ～ 3 | 3 |

细胞壁的功能：保护细胞，使其免受由于渗透压的变化而引起的细胞破裂；维持细菌的基本形态；为细胞的生长、分裂和鞭毛运动所必需；细胞壁是多孔性的，水和直径小于 1 nm 的物质可以自由通过，故有一定的通透性和机械阻挡作用；细菌的细胞壁还与细菌的致病性、抗原性和对某些药物及噬菌体的敏感性有关。

**2. 细胞膜**

细胞膜是一种单位膜，也称为细胞质膜或质膜，是指紧靠细胞壁内侧，包裹细胞质的一层薄膜（图 2-4），柔软而富有弹性，可用中性、碱性染料染色，其厚度为 5 ～ 8 nm，其结构与其他生物细胞膜结构形同，是由双层磷脂分子中嵌有多种球形蛋白质组成的，这些蛋白质多数为酶类或载体蛋白。细胞膜是选择透过性膜，在营养的吸收和代谢的分泌方面具有关键的作用，如果膜被破坏，细胞膜的完整性就会受到破坏，将导致死亡。其主要功能如下。

（1）物质纳泄：细胞膜具有选择性通透作用，可选择性地摄取营养物质，排除代谢产物。物质纳泄是细胞膜的主动转运方式，其中的载体蛋白和酶类物质起重要的作用。

（2）生物合成：细胞膜上有多种合成酶，是细菌细胞生物合成的重要场所。肽聚糖、磷壁酸、磷脂、脂多糖等多种成分，都是细胞膜上合成的。

（3）呼吸作用：细胞膜上有多种呼吸酶，包括细胞色素和一些脱氢酶，可以转运电子完成氧化磷酸化，参与细胞呼吸过程，与能量的产生、储存和利用有密切的关系。

（4）形成中介体：中介体是细菌细胞膜内陷、折叠、卷曲形成的囊状结构，多见于革兰氏阳性菌。中介体常位于菌体侧面或近中部位，可有一个或多个。

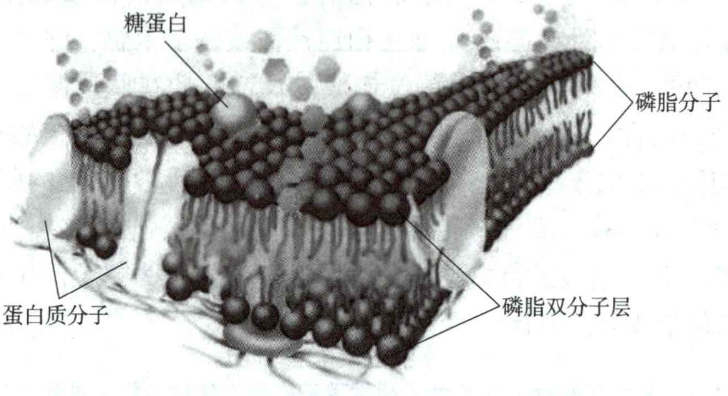


图 2-4　细菌细胞膜的结构

### 3. 细胞质

细胞质是细胞膜包裹着的溶胶性物质。其基本成分是水、蛋白质、核酸、脂类、少量糖和无机盐等。细胞质的化学组成可因菌龄、菌种、培养时间和条件等不同而变化。一般来说，幼龄菌生长旺盛，细胞质内 RNA 的含量很高，可以占菌体成分的 15% ～ 20%；老龄菌 RNA 被消耗，其含量明显减少。细胞质是细胞的内环境，含有各种酶系统，具有生命活动的所有特征，能使细胞与周围环境不断进行新陈代谢活动。另外，细胞质中还含有许多重要结构。

（1）核糖体：是游离存在于细胞质中的微小颗粒，每个菌体内可有数万个。其化学成分为 RNA 和蛋白质。核糖体是合成蛋白质的场所。细菌核糖体沉降系数为 70S，由 50S 和 30S 大小两个亚基组成，有些抗生素如链霉素能与 30S 小亚基结合，红霉素能与 50S 大亚基结合，干扰细菌菌体蛋白质的合成，从而抑制细菌生长繁殖，对人体细胞没有损害作用。

（2）胞质颗粒：是指细胞质中的颗粒，可以暂时储存营养物质，包括多糖、脂类、多磷酸盐等。颗粒的大小和数量因菌种、菌龄、培养环境等而有变化。一般来说，营养充足时颗粒多而大；营养缺乏时颗粒少而小，甚至有可能消失。胞质颗粒中较为常见的是异染颗粒，多见于白喉杆菌、鼠疫杆菌等。异染颗粒的主要成分是 RNA 和多偏磷酸盐，由于具有嗜碱性，以美兰染色时呈紫色，光学显微镜下明显不同于菌体的其他部位，故称为异染颗粒。白喉杆菌的异染颗粒多在菌体的一端或两端，故称为极体。

### 4. 核区与质粒

核区又称为核质体、原核、拟核或核基因组，是指原核生物特有的无核膜包裹、无固定形态的原始细胞核。细菌没有真正的细胞核，只是在菌体中央有一环状双链 DNA 分子，其高度卷曲、缠绕而成超螺旋，无核膜和核仁，也没有一定的形态。

质粒，是指存在于细菌等微生物细胞中独立于染色体以外的遗传成分，是双链环状的 DNA 分子，带有遗传信息，控制细菌某些特定的遗传形状。质粒能在细胞质中自我复制，传递给子代，也可通过接合或其他方式将质粒传递给无质粒的，是很好的基因载体。常见的质粒有 F 因子、R 因子、细菌素因子等。

## （二）细菌的特殊结构

### 1. 鞭毛

很多细菌都具有独立运动的能力，这种运动一般是通过其特殊的运动器官鞭毛进行的。鞭毛 90% 以上为蛋白质（鞭毛蛋白），其余为多糖等。细菌的鞭毛是一种细长的附属丝，其一端着生于细胞质内的基粒上，另一端穿过细胞膜、细胞壁伸到外部，成为游离端。鞭毛的数量为 1 根至数十根不等，鞭毛最长可达到 70 μm，直径约为 20 nm。除尿素八叠球菌外，大多数球菌不生鞭毛；杆菌有的生鞭毛，有的则不生；螺旋菌一般生有鞭毛。不同的细菌鞭毛其着生位置与数量不同，可分为单毛菌、双毛菌、丛毛菌和周毛菌，如图 2-5 所示。

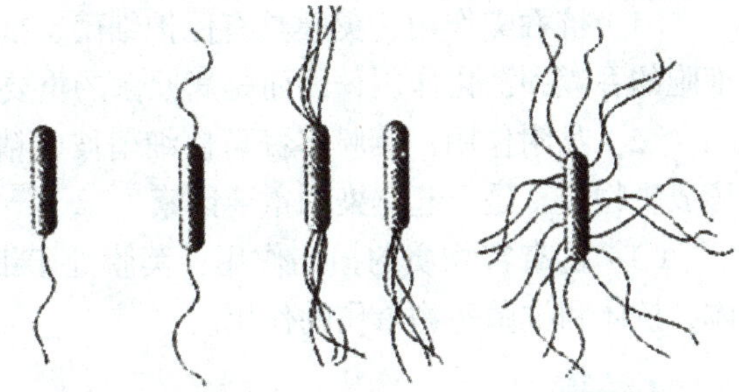


图 2-5　细菌的鞭毛

鞭毛是细菌的运动器官。有鞭毛的细菌能活泼运动，但细菌鞭毛的运动具有方向性，受环境因素的影响极大，常朝着高营养物质和适宜气体环境方向移动，逃避有害物质。某些细菌的鞭毛与致病性有关，如霍乱弧菌、空肠弯曲菌等。其鞭毛的活泼运动穿透小肠黏膜表面的黏液层，使菌体黏附于肠黏膜上皮细胞，产生毒性物质而导致病变发生。

鞭毛按着生方式可分为端生、周生、侧生。鞭毛端生又可分为一端生与两端生。一端生的细菌主要有霍乱弧菌、铜绿假单胞菌、荧光假单胞菌；两端生的细菌主要有鼠咬热螺旋体、蔓延螺菌。鞭毛周生的细菌主要有大肠杆菌、枯草杆菌、变形杆菌。鞭毛侧生的细菌主要有反刍月形单胞菌。鞭毛的有无、着生位置、数目是菌种的特征，在分类上具有重要意义。

### 2. 纤毛（菌毛）

许多种革兰氏阴性菌和个别阳性细菌的菌体表面存在极其纤细的蛋白性丝状物，称为菌毛。菌毛是细菌菌体表面着生的纤细、中空、短直，数量较多（250 ～ 300 根），周身分布的蛋白质附属物与吸附和菌膜形成有关。与鞭毛相比，菌毛更为细、短、直、硬、多。菌毛与细菌的运动无关，其主要是使细菌具有黏附能力，帮助附着在宿主上，普通光镜视之不见，须用电子显微镜进行观察。根据形态、结构和功能，菌毛可分为普通菌毛和性菌毛两大类。普通菌毛遍布于菌体表面，每个细菌可有数百根，具有黏附作用，是细菌侵入机体引起感染的第一步。因此，普通菌毛与细菌的致病性有关。性菌毛比普通菌毛稍大而粗，每个细菌只有 1 ～ 4 根性菌毛，有性菌毛的细菌称为 $F^+$ 菌或雄性菌，无性菌毛的细菌称为 $F^-$ 菌或雌性菌。当 $F^+$ 菌和 $F^-$ 菌接触，可通过性菌毛将遗传物质传递给 $F^-$ 菌，使 $F^-$ 菌获得 $F^+$ 菌的某些性状，细菌的耐药性和毒力等性状可通过此方式传递。

### 3. 荚膜

某些细菌（如肺炎链球菌）可以分泌一层较厚的黏液性物质包绕在细胞壁外，厚度

≥ 0.2 μm，边界明显者称为荚膜（图 2–6）。用一般染色法荚膜不易着色，菌体周围可见一圈未着色的透明圈，用荚膜染色法可染上颜色。荚膜的形成与细菌所处的环境有关，在人工和动物体及营养丰富的培养基上容易形成，在普通培养基上则容易消失。

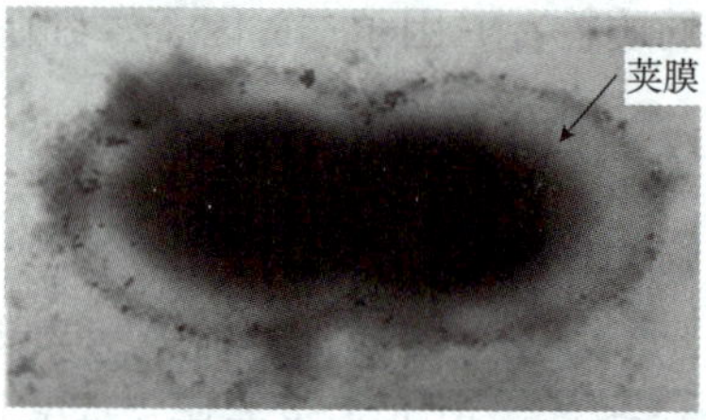

图 2–6　肺炎链球菌的荚膜

荚膜具有以下功能。

（1）抗吞噬作用：荚膜具有保护细菌、抵抗宿主吞噬细胞的吞噬和消化作用，因而是病原菌的重要毒力因子。

（2）黏附作用：荚膜多糖可使细菌彼此粘连，也可黏附于组织细胞或无生命物体表面，形成生物膜，是引起感染的重要因素。

（3）抗有害物质的损伤作用：荚膜处于细菌细胞的最外层，有保护菌体避免和减少补体、抗体和抗菌药物杀伤的作用。

#### 4. 芽孢

在一定的环境下，某些细胞的繁殖体由于胞浆脱水浓缩，在内部形成一个圆形或卵圆形的、抗逆性很强的休眠结构，称为芽孢（图 2–7）。因芽孢在细菌细胞内形成，故常称为内芽孢。芽孢携带完整的核质、酶系统及合成菌体成分的各种物质，保存细菌的全部生命活性，在适宜条件下可以发芽而形成新的繁殖体。因此，芽孢是适应环境变化的特殊存活形式，也是细菌的休眠状态，但不具有繁殖特性。形成芽孢是菌种的特征，医学上重要的具备芽孢形成能力的细菌，有需氧芽孢杆菌和厌氧芽孢杆菌两属。

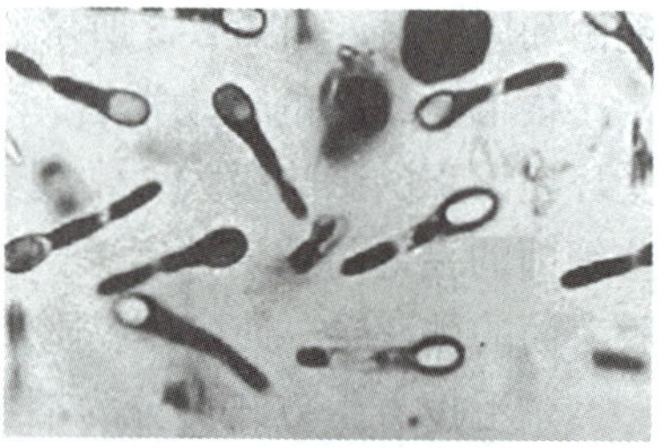
图 2–7　电镜下的芽孢

成熟的芽孢具有多层膜结构，含水率低，能合成耐热、耐干燥的特有成分吡啶二羧酸，因而具有较强的抗逆性和休眠能力，可以保护菌体度过不良环境，在自然界可存活多年，成为某些传染病的重要传染源。细菌的芽孢对热力、干燥、辐射及化学消毒剂等理化因素均有强大的抵抗力。一般细菌繁殖体在 80 ℃水中迅速死亡，而有些细菌的芽孢可耐 100 ℃沸水数小时。被炭疽芽孢杆菌污染的牧场草原，传染性可保持 20 ～ 30 年。

芽孢的折光性很强，芽孢壁厚而致密，不易着色。其构造很复杂，有多层结构，主要包括外皮层、内皮层及核。利用切片技术和透射电子显微镜，能看到成熟芽孢的核心、内膜、初生细胞壁、皮层、外膜、外壳层及外孢子囊等多层结构。

## 知识点 2　细菌的培养基菌落特征

### 一、细菌的繁殖

细菌一般进行无性繁殖，即细胞的横隔分裂，这称为裂殖。裂殖形成的子细胞多数大小相等、形态相似，称为同形裂殖；在陈旧培养基中也会出现大小不等的子细胞，称为异形裂殖。细菌细胞的裂殖过程分为三步：第一步是当细菌的染色体完成复制后，细胞核区伸长并分裂；同时，在细胞赤道附近的细胞质膜由外向中心做环状推进，然后闭合面形成一个垂直于细胞长轴的细胞质隔膜，并使细胞胞质和两个“细胞核”分开。第二步是形成横隔膜，随着细胞膜内陷，母细胞的细胞壁向内生长，将细胞质隔膜分成两层，分别成为子细胞的细胞质膜，横隔膜也随之分成两层，每个子细胞都有了一个完整的细胞壁。第三步是将细胞等分为两个子细胞。有的细胞在横隔膜形成后便相互分离，而有的细胞暂时不分离，呈双球菌、双杆菌、链球菌，有些球菌因分裂面的变化而呈四联球菌、八叠球菌。

## 二、细菌的菌落特征

细菌细胞的个体极小，当接种到合适的固体培养基上时，在合适的生长条件下，便会迅速生长繁殖。受固体培养基表面生长的限制，它不可能像在液体培养基中那样自由地运动，所以就可将其繁殖局限在固体表面的某一空间内，使其形成一个较大的子细胞群落，此群落称为菌落。各菌落如果连成一片则称为菌苔。不同种的细菌所形成的菌落形态各异，同一种细菌常因培养基成分、培养条件不同，菌落的形态也有变化，但同一菌种在标准培养条件下形成的菌落具有一定的特征。菌落的特征包括菌落的大小、形状、边缘情况、隆起情况、光泽、表面状态、颜色、质地、硬度和透明度等，这对菌种的识别和鉴定具有一定意义。细菌菌落有共同特征，如湿润、较光滑、较透明、较黏稠、易挑取、质地均匀以及菌落正反面或边缘与中央部位的颜色一致等。

在平板培养基上孤立生长的一个菌落，往往是一个细菌生长繁殖的结果，因而，平板培养基可以用来分离纯种细菌，挑出一个菌落，移种到另一个培养基中，长出的细菌为纯种，又称为纯培养。某一细菌在培养基中生长，这个培养基就称为细菌的培养物。各种细菌菌落的大小、形态、透明度、隆起度、硬度、湿润度、表面光滑或粗糙，有无光泽，溶血性等随菌种不同而各异，这些特征在细菌鉴定上具有重要的意义。

细菌在液体培养基上生长，有的使清亮的培养基变得浑浊，有的可在液体表面形成菌膜，有的沿液面的试管壁形成菌环，有的则沉淀生长，呈絮状或颗粒状。细菌在半固体培养基上穿刺培养，可检查细菌的运动力，一般细菌沿穿刺线向周围扩散呈放射状、羽毛状或云雾状。另外，半固体培养基还可以用来保存菌种。

### （一）产氨短杆菌

产氨短杆菌属于短杆菌科短杆菌属，细胞杆状，圆端，0.8 μm×（1.4～1.7）μm，单生，无荚膜，不运动，革兰氏阳性菌。琼脂菌落呈圆形，扁平，光滑，全缘，灰白色，偶有淡黄色。对淀粉无水解能力，分解尿素产生氨，好氧或兼性厌氧。此菌为氨基酸、核苷酸工业生产中的常用菌种。

### （二）醋酸杆菌

醋酸杆菌属于醋酸单胞菌属，细胞从椭圆到杆状，单生，成对甚至成链。醋酸杆菌有两种类型的鞭毛，即周生鞭毛和端生鞭毛。周生鞭毛的醋酸菌可以氧化醋酸为水和二氧化碳（$CO_2$），而端生鞭毛的醋酸菌不能进一步氧化醋酸。它们都是革兰氏阴性菌。

### （三）乳酸菌

乳酸菌有球状菌和杆状菌两种，属革兰氏阳性菌，大多数不运动。乳酸菌是一类能从可发酵碳水化合物中产生乳酸的细菌通称。常见的乳酸菌属有乳杆菌、双歧杆菌、肠球菌、乳球菌、明串珠菌等。乳酸菌分布广、种类多、繁殖快、极少致病性。

#### （四）枯草芽孢杆菌

枯草芽孢杆菌的大小一般为（0.7 ~ 0.8）μm×（2.0 ~ 3.0）μm，电子显微镜测量为（0.5 ~ 0.6）μm×（1.1 ~ 3.5）μm，属革兰氏阳性菌，运动，有长而又丰富的周生鞭毛，芽孢呈椭圆形，中生或偏中生，即使孢囊膨大也不显著。生长最高温度为 45 ~ 55 ℃，最低温度为 5 ~ 20 ℃。

#### （五）大肠埃希菌

大肠埃希菌属革兰氏阴性菌，大小为（0.4 ~ 0.7）μm×（2.0 ~ 3.0）μm，两端钝圆，无芽孢，细胞呈杆状，多数有周生鞭毛，可运动，但也有失去鞭毛或无鞭毛无运动的变异株，有普通菌毛，性菌毛，性菌毛与致病性有关。通常无可见荚膜，营养要求不高，兼性厌氧，在普通琼脂培养基上生长良好，形成圆形凸起、半透明、光滑、湿润、灰白色菌落。

#### （六）金黄色葡萄球菌

金黄色葡萄球菌属球菌，直径为 0.8 ~ 1.0 μm，在显微镜下观看排列成葡萄串状，无芽孢，无鞭毛，无荚膜，革兰氏阳性菌，具有高度的耐盐性，生长环境营养要求不高，需氧或兼性厌氧生长，最适生长温度为 37 °C，干燥环境下可存活数周，最适生长 pH 值为 7.4。菌落光滑、低凸、闪光、奶油状且有完整的边缘，皿平板菌落周围形成透明的溶血环。多数菌株能分解葡萄糖、麦芽糖和蔗糖，产酸但不产气。致病性菌株可以分解甘露醇。

## 知识点 3　培养基的制备

培养基是由人工配制的，是适合微生物生长繁殖或积累代谢产物的营养体系，也是进行科学研究、发酵生产微生物产品的基础。培养基作为微生物的“食物”对微生物起着至关重要的作用，是研究与利用微生物的基础。培养基的成分和配比对微生物生长繁殖及代谢产物的积累有着极大的影响。因为不同微生物的营养需求不同，所以培养基的种类也很多，目前微生物的培养基配方据估计有数万种之多，因此，人们可以根据不同需求选择适当的培养基。

### 一、培养基的配制原则

不同的微生物由于营养要求不同，在人工培养时，应采用不同的培养基，但是制备培养基时必须遵循一定的原则。

#### （一）培养目的明确

由于培养目的不同，所用的培养基或培养基成分、比例也不同。例如，培养一种菌，其目的是获得菌体还是某种代谢产物、是实验室研究还是大规模发酵生产等。用于培养菌体的种子培养基营养成分应丰富，氮源含量要较高，即碳氮比要低；相反，用于积累代谢产物的发酵培养基，其氮源含量一般较种子的培养基低。

由于自养型微生物具有较强的合成能力，能将简单的无机物如 $CO_2$ 和无机盐，合成本身需要的糖、脂类、蛋白质等细胞物质，因此培养自养型微生物的培养基可以由简单的无机物组成。异养型微生物的合成能力较弱，不能以无机碳作为唯一碳源，因此，在培养它们的培养基中至少含有一种有机物。另外，针对细菌、放线菌、酵母菌和霉菌来说，不同的微生物类群，它们所需要的培养基成分也不同，因此，在实际应用中，还需要根据菌种的特性及培养的目的，对配方做相应的调整。对于有特殊营养需要的微生物，则还应添加必要的生长因子。

### （二）营养协调

根据所培养的微生物的特性和培养目的，选择适当的营养物质，而且各营养物质的浓度要适当，比例要协调。如果浓度太低，则不能满足微生物生长的需要；浓度太高又会抑制微生物的生长。如糖类和重金属离子等，在浓度大时，不仅无法维持微生物的生长，还有抑菌作用。

碳氮比（C/N）是指培养基中所含碳原子物质的量与氮原子物质的量之比，有时为便于计算，也用培养基中还原糖含量与粗蛋白含量的比值来表示。不同的微生物对营养物质的碳氮比要求不同，营养物质的碳氮比为（20～25）: 1 时，有利于微生物的生长。如细菌和酵母菌细胞的 C/N 约 5 : 1，而霉菌细胞的 C/N 约 10 : 1。谷氨酸生产菌在发酵中情况比较特殊，当 C/N 为 4 : 1 时，菌体大量繁殖，谷氨酸积累少；当 C/N 为 3 : 1 时，菌体的繁殖受到抑制，谷氨酸大量增加。

### （三）物理化学条件适宜

除营养因素外，培养基的 pH 值、氧化还原电势、渗透压等一些理化因素也直接影响微生物的生长繁殖，为使微生物更好地生长繁殖或积累代谢产物，要求理化条件必须适宜。

微生物对环境的 pH 值很敏感，适合的 pH 值有利于微生物的生长和代谢，而不适宜的 pH 值会抑制微生物的生长和代谢，各类微生物一般都有自己适宜的 pH 值范围。一般来说，细菌的最适 pH 值为 7.0～8.0，放线菌的 pH 值为 7.5～8.5，霉菌的 pH 值为 4.0～5.8，酵母菌的 pH 值为 3.8～6.0。具体环境中的微生物可能还有其特定的、最适合生长的 pH 值范围，但也有一些极端环境的微生物会突破以上界限。

微生物在生长代谢过程中，由于营养物质的利用和代谢产物的形成与积累，往往会改变培养基的 pH 值，如不适当调节，有时会抑制微生物生长甚至导致其死亡。在实验室中，工作人员通常通过加入一些缓冲物质，如磷酸盐、碳酸盐、氨基酸等来调节 pH 值。

培养基的其他理化指标也将影响微生物的培养。如培养基中的水活度（$A_w$）应符合微生物的生理要求（$A_w$ 值为 0.63～0.99）；对于好氧微生物，在培养过程中要向其提供充足的氧气，专性厌氧菌则不需要氧气等。

### （四）经济节约

在设计和配制大规模发酵用培养基时，还应考虑各种原材料的来源是否广泛，成本是否低等原则。

## 二、培养基的类型

不同的微生物需要不同的营养物质，即使是同一微生物，由于培养目的不同，也会需要使用不同的培养基。

### （一）根据物理状态分类

根据物理状态，培养基可分为液体培养基、固体培养基和半固体培养基。

#### 1. 液体培养基

呈液体状态的培养基称为液体培养基。液体培养基中营养物质分散均匀，又能与微生物菌体充分接触，还能大量溶解微生物的代谢产物，因此液体培养基广泛应用在发酵工业中。工作人员在实验室中常用它来观察菌种的培养特征、菌种鉴定、生理生化特性研究等方面。

#### 2. 固体培养基

固体培养基是指在液体培养基中加入凝固剂或完全用固体原料制成的培养基。其可分为两类：一类是以天然固体营养物质制成的培养基，如麸皮、米糠、木屑、土豆块、胡萝卜条等制成的培养基；另一类是在液体培养基中加入适量的凝固剂。常用的凝固剂有琼脂、明胶和硅胶。理想的凝固剂应具备这些条件：不被微生物分解利用；在微生物生长的温度范围内保持固体状态；不与培养基成分发生化学反应；不因消毒灭菌而破坏；价格低，使用方便，用量较少，透明度好。琼脂是一种比较理想的凝固剂，也是目前实验室使用最普遍的凝固剂。它主要由琼脂糖和琼脂胶两种多糖组成。大多数微生物不能降解琼脂。琼脂凝固点为 40 ℃，熔点为 96 ℃，无毒，能够反复凝固熔化，灭菌过程中不会被破坏，且价格低。培养基中加入 1.5% ～ 2.0% 琼脂即成固体培养基。明胶是由动物的皮、骨等煮熬而成的一种蛋白质，含有多种氨基酸，可被很多微生物作为氮源利用。明胶 20 ℃凝固，28 ～ 35 ℃融化，所以只能在 20 ～ 25 ℃温度范围作为凝固剂使用，适用面很窄，但可用于特殊检验。硅胶是无机硅酸钠（$Na_2SiO_3$）及硅酸钾（$K_2SiO_3$）与盐酸及硫酸中和时凝结成的胶体。因为它不含有机质，所以特别适用于分离和培养自养菌。硅胶一旦凝固后，就无法再融化。固体培养基广泛用于微生物分离、鉴定、计数、保藏、菌落特征的观察等。

#### 3. 半固体培养基

在液体培养基中加入少量凝固剂（琼脂为 0.2% ～ 0.5%）制成半固体状态的培养基称为半固体培养基。它常用于观察细菌的运动，鉴定菌种、保存菌种及噬菌体效价的测定。

### （二）根据营养物质的来源分类

根据营养物质的来源，培养基可分为天然培养基、合成培养基与半合成培养基。

#### 1. 天然培养基

用天然有机物配制而成的培养基称为天然培养基。常用的天然培养基的成分有牛肉膏、鱼粉、麦芽汁、蛋白胨、牛奶、血清、玉米粉、麸皮等。天然培养基配制方便，营养丰富，来源广泛，价格低，但化学成分复杂、重复性低。

天然培养基适用于培养各种异养微生物，尤其适合生产上大规模培养微生物。因为其成分易受产地、品种等因素影响而不稳定，所以不适合在精细的科学试验中使用。

#### 2. 合成培养基

合成培养基是完全用已知成分的化学物质配制而成的，如培养放线菌的高氏 1 号培养基及培养霉菌的察氏培养基。这种培养基的成分精确，重复性好，但价格较高，营养比较贫乏，不能满足微生物复杂的营养需求，所以，培养的微生物生长一般较缓慢。合成培养基适用于在实验室中进行微生物分类鉴定、生理生化测定、菌种选育及遗传分析等方面的研究。

### 3. 半合成培养基

既有天然材料又有已知成分的化学药品的培养基称为半合成培养基，如培养细菌的牛肉膏－蛋白胨培养基和培养真菌的马铃薯蔗糖培养基等。半合成培养基综合了天然培养基和合成培养基的特点，以天然有机物作为碳、氮及生长因子的来源，并补充一些无机盐，能充分满足微生物对营养的需要。半合成培养基配制方便，成本较低，微生物生长良好，在实际中使用得最多。在发酵工业和实验室中应用的培养基大多属于半合成培养基。

## （三）根据用途分类

根据用途，培养基可分为鉴别培养基、选择培养基、加富培养基、种子培养基和发酵培养基等。

### 1. 鉴别培养基

根据微生物的代谢特点在培养基内加入某些化学试剂，使之出现显色反应，用以鉴别不同微生物培养基的方法称为鉴别培养基。鉴别培养基的方法不仅用于微生物的快速鉴定，还能用于微生物菌种的分离筛选。

最常用的鉴别培养基是伊红美蓝培养基，即 EMB 琼脂。该培养基在饮用水、牛奶的细菌学检验及遗传学研究上有着重要的用途。在这种培养基上，大肠杆菌和产气杆菌能发酵乳糖产酸，并与指示剂伊红、美蓝发生结合，大肠杆菌形成紫黑色带金属光泽的菌落，产气杆菌形成较大的呈棕色的菌落，肠道致病菌由于不发酵乳糖则不着色，呈乳白色菌落，这样可以根据颜色判断待测样品中是否含有致病菌。改良后的 EMB 琼脂培养基的成分见表 2–2。

表 2–2　改良后的 EMB 琼脂培养基的成分

| 成分 | 蛋白胨 | 乳糖 | 蔗糖 | $K_2HPO_4$ | 伊红 | 美蓝 | 蒸馏水 | pH 值 |
|---|---|---|---|---|---|---|---|---|
| 含量 /g | 10 | 5 | 5 | 2 | 0.4 | 0.065 | 1 000 | 7.2 |

### 2. 选择培养基

根据某些微生物的特殊营养要求或者根据它们对一些物理、化学因素的抗性而设计的培养基称为选择培养基。选择培养基可将某微生物从混杂的微生物群体中分离出来。如从大肠杆菌群中用不含苏氨酸的选择培养基培养苏氨酸营养缺陷型时，只有少数变异恢复型才能生长；又如添加青霉素的培养基能够抑制革兰氏阳性菌的生长；分离真菌用的马丁氏培养基中添加抑制细菌生长的孟加拉红、链霉素等。

### 3. 加富培养基

在培养基中加入有利于某种微生物生长繁殖所需的营养物质，可以使其增殖速度比其他微生物快，从而使其占优势地位的培养基称为加富培养基。例如，在以纤维素作为唯一碳源的培养基中可以分离出纤维素分解菌；加入甘露醇的培养基能够富集自生固氮菌等。

#### 4. 种子培养基

种子培养基是为了保证发酵工业获得大量优质菌种而设计出的一种培养基。种子培养基与发酵培养基相比，营养总是较为丰富，一般要求氮源要高。同时，为了使菌种能够较快适应发酵生产，有时在种子培养基中加入使菌种适应发酵条件的基质。

#### 5. 发酵培养基

发酵培养基是生产中用于供菌种生长繁殖并积累发酵产品的培养基。其用量一般较大，配料较粗糙，要求原料来源广泛，成本低。发酵培养基中碳源含量往往高于种子培养基。

## 知识点 4　消毒与灭菌的方法

消毒与灭菌是保证发酵工业生产中纯种培养的关键，接种之前，培养基、空气系统、补料系统、设备及管道等都要进行严格的灭菌，并对生产环境进行消毒，以防止染菌或噬菌体的污染。

消毒与灭菌是有区别的。灭菌是指利用物理或化学的方法杀死或除去物料及设备中所有的微生物，包括营养细胞和细菌芽孢；消毒是指利用物理或化学的方法杀死物料、容器、器具内外及环境中的病原微生物，一般只能杀死营养细胞而不能杀死细菌芽孢。注意，消毒不一定能达到灭菌的要求，而灭菌可达到消毒的目的。

试验常用的灭菌方法为热力灭菌法。热力灭菌法是利用高温（超过最高生长温度）来杀死微生物的方法。微生物细胞是由蛋白质等组成的，加热可以使蛋白质变性，从而达到消灭微生物的目的。微生物对高温的敏感性大于对低温的敏感性，因此，采用高温灭菌是一种有效的灭菌方法，已被广泛应用。常用的加热灭菌法有两类：一类是干热灭菌法；另一类是湿热灭菌法。可以根据灭菌的目的及灭菌物品的性质来决定采用何种方法。

### 一、干热灭菌法

干热灭菌法是指在干燥高温环境（如火焰或干热空气）下进行灭菌的方法。常用的干热灭菌法包括火焰灼烧灭菌法和干热空气灭菌法。

#### （一）火焰灼烧灭菌法

火焰灼烧灭菌法又称为焚烧灭菌法，是指将金属或其他耐热材料制成的器物在火焰上直接灼烧致死微生物的方法。此方法适用于接种针、接种环、试管口及三角烧瓶口等的灭菌，也用于工业发酵罐接种时的火环保护。此方法是将需要灭菌的器具在火焰上来回通过几次（酒精灯火焰温度的高低顺序为外焰 > 内焰 > 焰心），一切微生物的营养体和孢子都可全部杀死，达到无菌程度。这种方法是最简单的干热灭菌法，灭菌迅速且彻底、可靠，但对被灭菌物品的破坏极大，易焚毁物品。因此，其适用范围有限。

#### （二）干热空气灭菌法

干热空气灭菌法即在电热恒温干燥箱（图 2-8）中利用干热空气来灭菌的方法。蛋白质在干燥无水的情况下不容易凝固，加上干热空气穿透力差，因此干热灭菌需要较高的温度和较长的时间。一般热空气灭菌要将灭菌物品放在 160 ℃的温度下保持 2 h。

图 2-8　电热恒温干燥箱

### 1. 电热恒温干燥箱的使用方法

（1）将包扎好的待灭菌物品放入电热恒温干燥箱，关好箱门。物品不要摆放得太密集，堆积时要留有空隙，以免妨碍空气流通。灭菌物品不要接触电热恒温干燥箱内壁的铁板、温度探头，以防止包装纸烤焦起火。

（2）升温接通电源，打开开关，设置灭菌温度 160 ℃和灭菌时间 2 h。注意设置的灭菌温度不得超过 180 ℃，以免引起纸或棉花等烤焦甚至燃烧。

（3）当温度为 160 ～ 170 ℃时，保持此温度 2 h。在干热灭菌过程中，严防恒温调节的自动控制失灵而造成安全事故。

（4）当降温灭菌时间达到后，电热恒温干燥箱可以自动切断电源，自然降温。

（5）待电热恒温干燥箱内温度降到 60 ℃以下后，才能打开箱门，取出灭菌物品。电热恒温干燥箱内温度未降到 60 ℃以前，切勿自行打开箱门，以免骤然降温导致玻璃器皿炸裂。完成灭菌后的器皿应保存好，切勿弄破包装纸，否则会染菌。

### 2. 电热恒温干燥箱的使用注意事项

（1）物品不要摆得太挤，以免妨碍空气流通。

（2）灭菌物品不要接触电热恒温干燥箱内壁的钢板，以防包装纸烤焦起火。

（3）灭菌箱内温度不能超过 180 ℃，否则包装纸或棉塞会烤焦，甚至燃烧。

（4）电热恒温干燥箱内温度未降到 60 ℃，切勿自行打开箱门，以免骤然降温，导致玻璃器皿炸裂。

（5）灭菌后的器皿在使用前勿打开包装，以防止其被空气中的杂菌污染。

（6）灭菌后的器皿必须在 1 周内使用完成，过期后应重新灭菌。

（7）干热灭菌法只适用于玻璃器皿及金属用具；对于培养基等含水分的物质，高温下易变形的塑料制品及乳胶制品，则不适合使用。

## 二、湿热灭菌法

湿热灭菌法是指用热水或热蒸汽对物料或设备容器进行灭菌的方法。蒸汽具有强大的穿透力，且冷凝时释放大量潜热，极易使微生物细胞中的蛋白质发生不可逆的凝固变性，使微生物在短时间内死亡。另外，蒸汽冷凝形成的水分使蛋白质更易变性，且变性温度显著降低，所以，湿热灭菌法不需要像干热灭菌法那样高的温度，一般培养基（料）采用湿热灭菌法灭菌。湿热灭菌法一般分为以下几种。

### （一）高压蒸汽灭菌法

高压蒸汽灭菌法是将待灭菌物品放入一个可密闭的耐压容器（图 2-9），由容器内产生或通入蒸汽，由于大量蒸汽使容器中压力和温度升高而达到灭菌的方法。高压蒸汽灭菌法的原理是根据水的沸点可随压力的增加而提高，当水在密闭的高压灭菌锅中煮沸时，其蒸汽不能逸出，致使压力增加，水的沸点温度也随之增加，加之蛋白质在湿热条件下容易变性。因此，高压蒸汽灭菌法是利用高压蒸汽产生的高温，以及热蒸汽的穿透能力，以达到灭菌的目的。高压蒸汽灭菌法是效果最好、使用最广泛的灭菌方法。一般培养基、玻璃器皿、用具等都可用此法灭菌。

图 2-9　手提式高压灭菌锅

在热蒸汽条件下，微生物及其芽孢或孢子在 120 ℃的高温下，经 20 ～ 30 min 即可全部被杀死。斜面试管培养基灭菌时在 121 ℃的温度下（1.05 kg/cm$^2$），经 30 min 即可达到灭菌目的。若遇灭菌体积较大的培养基，热力不易穿透时，温度可增高为 128 ℃（1.5 kg/cm$^2$），灭菌 1.5 ～ 2 h，即可达到灭菌的目的。

### 1. 手提式高压灭菌器的操作步骤

（1）加水。将内层锅取出，向外层锅内加入适量水，使水面没过加热管，水量与三角搁架相平为宜。打开电源开关之前，切勿忘记检查水位，若加水量过少，灭菌锅会发生烧干，引起炸裂事故。

（2）装料。将内层锅放回灭菌锅中，并装入待灭菌的物品。注意不要装得太挤，以免妨碍蒸汽流通，而影响灭菌效果。放置装有培养基的容器时要防止液体溢出，三角烧瓶与试管口端均不要与桶壁接触，以免冷凝水淋湿包扎的纸而透入棉塞。

（3）加盖。将盖上与排汽孔相连的排气软管插入内层锅的排汽槽，摆正锅盖，对齐螺口，然后以对称方式同时旋紧相对的两个螺栓，使螺栓松紧一致，不能漏汽。

（4）排汽。打开电源，加热灭菌锅，并打开排汽阀。待锅内水沸腾并有大量蒸汽自排汽阀中冒出时，维持 5 min 以上，以排尽锅内的冷空气。

（5）升压。冷空气完全排尽后，关闭排汽阀，继续加热，锅内压力开始上升。

（6）保压。当压力表指针达到所需的压力时，控制电源，开始计时并维持压力至所需的时间。通常情况，灭菌采用 0.1 MPa、121 ℃（若温度达到 126 ℃，可打开放汽阀，予以降温，直至温度降至 121 ℃为止，关闭放汽阀）、30 min。灭菌的主要因素是温度而不是压力，因此，必须在锅内的冷空气完全排尽后才能关闭排汽阀，维持所需的压力。

（7）降压。达到灭菌所需的时间后，切断电源，使灭菌锅自然降温、降压。

（8）开盖取物。当压力降至“0”后，方可打开排汽阀，排尽余下的蒸汽，旋松螺栓，打开锅盖，取出灭菌物品，倒掉锅内剩水。注意：一定要等压力降到“0”后，才能打开排汽阀，开盖取物。否则就会因锅内压力突然下降，使容器内的培养基或试剂由于内外压力不平衡而冲出容器口，造成瓶口污染，甚至灼伤操作者。

### 2. 全自动高压蒸汽灭菌器的操作步骤

在灭菌器工作前，先开启电源开关接通电源，待控制仪进入工作状态后才可开始操作，具体如下：

（1）旋转手轮并拉开外桶盖，取出灭菌网篮和挡水板。

（2）关紧放水阀，在桶内加入清水，水位至灭菌桶搁脚处（挡水板下）。连续使用时，必须在每次灭菌后补足水量。

（3）放回挡水板，将被灭菌物品包扎好后，按顺序放在灭菌网篮内，相互之间留有空隙，有利于蒸汽的穿透，提高灭菌效果，并将装有待灭菌物品的灭菌网篮放入灭菌桶。

（4）推进外桶盖，顺时针方向旋转手轮直至关门为止，使桶盖与灭菌桶口完全密合。

（5）用橡胶管一端连接在放汽管上，另一端放入装有冷水的容器，关紧手动放汽阀（顺时针关紧，逆时针打开）。

（6）开始设定温度和灭菌时间，设定方法：按“设定”键，用▲▼设定温度值（℃），至 121 ℃；再按“设定”键，用▲▼设定时间为 30 min；按“工作”键，“工作”指示灯亮，系统正常工作，进入自动控制灭菌过程。

（7）灭菌完成后，灭菌锅发出“嘀嘀”声，切断电源，使灭菌锅自然降温降压。

（8）当压力降至“0”后，方可打开排汽阀，排尽余下的蒸汽，逆时针方向旋转手轮直至门开，推出外桶盖至漏一门缝，待热气散尽后再全开灭菌锅，以免蒸汽烫伤。取出已灭菌物品即可。

### 3. 高压蒸汽灭菌器的注意事项与维护

（1）在设备使用中，应对安全阀加以维护和检查，当设备闲置较长时间重新使用时，应扳动安全阀上小扳手，检查阀芯是否灵活，防止因弹簧锈蚀影响安全阀跳起（温度过高时，安全阀应自动跳起放汽）。

（2）设备工作时，当安全阀指示超过 0.165 MPa（或 126 ℃）时，安全阀不开启，应立即关闭电源，打开放气阀旋钮，当压力降至“0”后，稍等几分钟再打开容器盖并及时更换放汽阀。

（3）堆放灭菌物品时，严禁堵塞安全阀的出汽孔，必须留有空间保持其畅通放汽。

（4）当灭菌器连续工作，在进行新的灭菌作业时，应全开上盖，让设备有时间冷却，并检查桶内水量是否在灭菌桶搁脚处。

（5）灭菌时，应将液体灌安装在耐热玻璃瓶中，以不超过 3/4 体积为好，瓶口选用棉花塞，切勿使用未开孔的橡胶或软木塞。

（6）对不同类型、不同灭菌要求的物品，切勿放在一起灭菌，以免顾此失彼，造成损失。

（7）在灭菌结束时，不准立即释放蒸汽，必须待压力表指针恢复到零位后方可排放余汽。

（8）注意，取放物品时不要被蒸汽烫伤（可戴上线手套）。

## （二）间歇灭菌法

间歇灭菌法也称为丁达尔灭菌法，是指反复几次的常压蒸汽灭菌，以达到杀灭微生物的营养体和芽孢的目的。常压灭菌由于没有压力，水蒸气的温度不会超过 100 ℃，只能杀灭微生物的营养体，不能杀死芽孢和孢子，在这种情况下，可采用间歇灭菌法。其具体方法：将待灭菌的物品放入灭菌器或蒸锅中加热至 100 ℃，维持 30 ～ 60 min，可杀死微生物的营养体；然后取出冷却，放入 37 ℃恒温培养箱中培养 1 d，诱导芽孢萌发成营养体，之后，再放入灭菌器中经蒸煮杀死新的营养体；如此反复三次即可达到灭菌的效果。

间歇灭菌法适用于不宜高压灭菌的物品，且对设备要求低，但此法比较麻烦，而且工作周期长。

### （三）煮沸灭菌法

煮沸灭菌法是将待灭菌的物品放入水中煮沸数分钟而使微生物死亡的方法。具体操作方法：将待灭菌的物品放入 100 ℃的沸水，维持 15 ～ 20 min，一般微生物的营养细胞即可被杀死。细菌芽孢通常需要煮沸 1 ～ 2 h 才被杀死。若在水中加入 2% 碳酸钠，可提高沸点至 105 ℃，促进细菌芽孢的杀灭，又可防止金属器皿生锈。此法适用于毛巾、器材、家庭用品及食品等的消毒。

### （四）巴氏消毒法

巴氏消毒法为法国微生物学家巴斯德于 19 世纪 60 年代首创，是将物品在 60 ～ 85 ℃条件下维持 15 s ～ 30 min，然后迅速冷却，达到消毒的目的。有些食品如牛奶、啤酒等，会因高温而破坏营养成分或影响质量，只能用较低温度来杀死其中的病原微生物，这样既能保持食品营养和风味，又保证了食品安全，因此，多用巴氏消毒法消毒。此法的具体操作：将待消毒的物品在 60 ～ 62 ℃加热 30 min，或在 70 ℃加热 15 min，以杀死其中的病原菌和一部分微生物的营养体。

## 三、过滤除菌法

过滤除菌法是通过机械作用滤去液体或气体中细菌的方法。该方法最大的优点是不容易破坏溶液中各种物质的化学成分。过滤除菌法除实验室用于溶液、试剂的除菌外，在微生物工作中使用的净化工作台也是根据过滤除菌法的原理设计的。

超净工作台是一种局部层流（平行流）装置，能在局部造成高洁净度的工作空间；使小房间内的空气经预过滤器和高效过滤器除尘、洁净后，以垂直或水平层流状态通过操作区，因此，可使操作区保持既无尘又无菌的环境。

### （一）超净工作台的操作步骤

（1）检查状态标志，使设备应处于完好状态。

（2）将台面擦拭干净，用酒精棉对需要使用的工具 / 物品表面进行擦拭消毒后，放到工作台上。

动画：超净工作台的使用注意事项

（3）将工作台两面玻璃板拉下，注意双手用力要均匀。

（4）使用前 30 min 打开紫外线灯，对工作区域进行照射杀菌。

（5）使用前 20 min 启动净化风。

（6）操作时打开照明灯开关并将紫外线灯熄灭。

（7）操作区为层流区，因此工作的位置不应妨碍气流正常流动，工作人员应避免能引起扰乱气流的动作。

（8）操作员戴好一次性口罩、帽子及医用乳胶手套，在整个试验过程中，试验人员应按照无菌操作规程操作。

（9）工作完毕后，用 75% 酒精擦拭净化工作台面，关闭送风机，打开紫外线灯消菌 15 min 后关闭电源。接下来，清洁机器和工作场所。

（10）使用完毕应填写使用记录。

### （二）使用超净工作台的注意事项

超净工作台进风口在背面或正面的下方，金属网罩内有一普通泡沫塑料片或无纺布，用以阻拦大颗粒尘埃，应经常检查、拆洗，若发现泡沫塑料老化，则要及时更换。除进风口外，若有漏气孔隙，则应当堵严。超净工作台的金属网罩内是超级滤清器，超级滤清器也可更换，如因使用年久，尘粒堵塞，风速降低，不能保证无菌操作，则可更换新的。超净工作台使用寿命的长短与空气的洁净程度有关。温带地区超净工作台可在一般实验室使用，然而在热带或亚热带地区，大气中含有高量的花粉或多粉尘的地区，超净工作台则宜放在较好的有双道门的室内使用。任何情况下不应将超净工作台的进风罩对着开敞的门或窗，以免影响滤清器的使用寿命。

## 四、辐射灭菌法

辐射灭菌法是利用高能量的电磁辐射和微粒辐射来杀死微生物，通常利用紫外线、高速电子流的阴极射线、X 射线和 γ 射线完成。

紫外线灭菌法是指用紫外线照射杀灭微生物的方法。一般用于灭菌的紫外线波长是 200 ～ 300 nm，灭菌力最强的波长是 253.7 nm。

紫外线灭菌的主要作用是能诱导胸腺嘧啶二聚体的形成，从而导致微生物的 DNA 复制和转录错误，轻则发生细胞突变，重则造成菌体死亡。此外，空气受紫外线照射后产生微量臭氧，也具有杀菌作用。

紫外线进行直线传播，可被不同的表面反射，穿透力微弱，但较易穿透清洁空气及纯净的水。因此，此法只适用于空气和物体表面的灭菌，不适用于溶液和固体物质深部的灭菌。普通玻璃可吸收紫外线，因此，装于玻璃容器中的溶液不能采用此法灭菌。

紫外线对人体照射过久，会发生结膜炎、红斑及皮肤烧灼等现象，故不能直视紫外线灯光，更不能在紫外线下工作，一般在人入室前开启紫外线灯 1 ～ 2 h，待关闭后，人才可进入洁净室。

## 五、化学药品灭菌法

配制消毒液时操作人员必须佩戴橡胶手套，防止烧伤。消毒液配制后必须在容器上贴标签，并应注明品名、浓度、配制时间和配制人等信息。

（1）70% 或 75% 酒精溶液。70% 酒精溶液：95% 酒精 70 mL 加水 25 mL；75% 酒精溶液：95% 酒精 75 mL 加水 20 mL。其常用于皮肤、工具、设备、容器、房间的消毒。

（2）5% 石炭酸溶液。石炭酸（苯酚）5 g，蒸馏 100 mL。配制时，先将石炭酸在水浴内加热溶解，称取 5 g，倒入 100 mL 蒸馏水。

（3）0.1% 升汞水溶液（红汞，医用红药水）。升汞（$HgCl_2$）0.1 g，浓盐酸 0.25 mL。先将升汞溶于浓盐酸，再加水 99.75 mL。

（4）1% 或 2% 来苏尔溶液（煤酚皂溶液）。1% 来苏尔溶液：50% 来苏尔原液 20 mL 加水 980 mL；2% 来苏尔溶液：50% 来苏尔原液 40 mL 加水 960 mL。其常用于给地漏进行液封。

（5）0.2% 或 0.4% 甲醛溶液。0.2% 甲醛溶液：35% 甲醛原液 5 mL 加水 245 mL；0.4%

甲醛溶液：35% 甲醛原液 10 mL 加水 240 mL。

（6）3% 过氧化氢溶液。取 30% 过氧化氢原液（双氧水）100 mL 加水 900 mL。密闭、避光、低温保存。临用前配制。其常用于工具、设备、容器的消毒。

（7）0.25% 新洁尔灭溶液。取 5% 新洁尔灭原液 5 mL 加水 95 mL。其常用于皮肤、工具、设备、容器、房间，具有地漏液封、清洁、消毒的作用。

注意：新洁尔灭溶液与肥皂等阴离子表面活性剂有配制禁忌，易失去杀菌效力。

（8）0.1% 高锰酸钾溶液。称取 0.1 g 高锰酸钾溶于 100 mL 水中，临用前配制。

（9）2% 龙胆紫溶液（紫药水）。龙胆紫为紫绿色有金属光泽的碎片，能溶于水。取医用粉剂龙胆紫 2 g，溶解于 100 mL 无菌蒸馏水中，即配制成 2% 的水溶液。它对 $G^+$ 细菌作用较强。消毒皮肤和伤口浓度为 2% ～ 4%。

（10）碘可溶液（碘酒）。

方法 1：称取 2 g 碘和 1.5 g 碘化钾，置于 100 mL 量杯中，加入少量 50% 酒精并搅拌，待其溶解后再加入 50% 酒精稀释至 100 mL，即得碘酊溶液。

方法 2：碘 10 g，碘化钾 10 g，70% 酒精 500 mL。

# 知识点 5　显微镜的使用方法

## 一、显微镜的基本结构及光学原理

普通光学显微镜是利用目镜和物镜两组透镜系统来放大成像的，故又称为复式显微镜。其由机械装置和光学系统两部分组成，如图 2-10 所示。

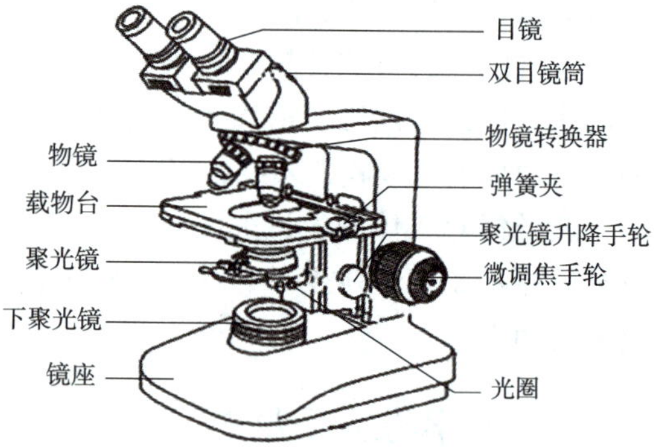


图 2-10　普通光学显微镜的结构

### （一）机械装置

（1）镜筒。镜筒上端安装目镜，下端连接转换器。镜筒有单筒和双筒两种。单筒有直立式和后倾式两种；双筒全是倾斜式的，其中一个筒有屈光度调节装置，以备两眼视力不同者调节使用。两筒之间可调节距离，以适应不同调节者两眼间距的不同。

（2）转换器。转换器安装在镜筒的下方，其上有 3 个孔，有的有 4 个或 5 个孔。不同规格的物镜分别安装在各孔上。

（3）载物台。载物台又称为镜台，多数为方形或圆形的平台，中央有 1 个光孔，孔的两侧各安装 1 个夹片，载物台上还有移动器，其上有刻度标尺，可纵向和横向移动，移动器的作用是夹住和移动标本用。

（4）镜臂。镜臂支撑镜筒、载物台、聚光器和调节器。镜臂有固定式和活动式（可改变倾斜度）两种。

（5）镜座。镜座连接镜臂，支撑整台显微镜，其上有反光镜。

（6）调焦装置。调焦装置包括粗、细螺旋调节器（调焦距用）各 1 个。可调节物镜和所需观察的物体之间的距离。调节器有安装在镜臂上方和下方的两种。安装在镜臂上方的是通过升降镜臂来调焦距；安装在镜臂下方的是通过升降载物台来调焦距。

### （二）光学系统及其光学原理

（1）目镜。目镜安装在镜筒的上端。每台显微镜备有 3 个不同规格的目镜，上面标有 5 倍（5×）、10 倍（10×）和 15 倍（15×），高级显微镜除上述 3 种规格外，还有 20 倍（20×）的。

（2）物镜。物镜安装在转换器的孔上，物镜有低倍镜（8×、10×、20×）、高倍镜（40× 或 45×）及油镜（100×）。物镜的性能由数值孔径（Numerical Aperture，NA）决定。

$$\mathrm{NA} = n \times \sin\frac{\alpha}{2}$$

式中　$n$——物镜与标本之间的介质折射率；

　　　$\alpha$——物镜的镜口角。

光线投射到物镜的角度越大，显微镜的效能越大，该角度的大小取决于物镜的直径和焦距。$n$ 是影响数值孔径的因素。空气的折射率 $n$=1，水的折射率 $n$=1.33，香柏油的折射率 $n$=1.515，用油镜时光线入射角 $a/2$ 为 60°，则 sin60°=0.87（图 2–11）。

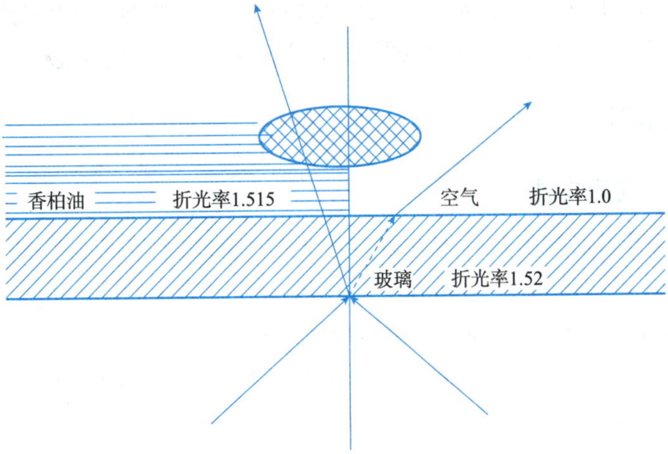


图 2–11　油镜的折光原理

由图 2–11 可知：

当以空气为介质时：NA=1 × 0.87=0.87

当以水为介质时：NA=1.33 × 0.87=1.16

当以香柏油为介质时：NA=1.515 × 0.87=1.32

显微镜的性能还依赖于物镜的分辨率。分辨率是能分辨两点之间的最小距离的能力。分辨率（用 $\delta$ 表示）与数值孔径成正比，与波长（$\lambda$）成反比。可将分辨率表示为

$$\delta = 0.61\,\frac{\lambda}{\mathrm{NA}}$$

增大数值孔径、缩短波长可提高显微镜的分辨率，使目的物的细微结构更清晰可见。事实上可见光的波长（0.38 ～ 0.7 μm）是不可能缩短的，只有靠增大数值孔径来提高分辨率。

因空气的折光率（$n$=1.0）与玻璃的折射率（$n$=1.52）不同，故有部分光线被折射，不能射入镜头，加之油镜的镜面较小，进入镜中的光线比进入低倍镜、高倍镜得少很多，致使视野较暗，为了增强视野的亮度，在镜头和载玻片之间滴加一种香柏油，香柏油的折光率（$n$=1.515）和玻璃的折光率相近，使绝大部分的光线射入镜头，使视野明亮、物像清晰。

物镜上标有 NA1.25、100×、OI、160/0.17、0.16 等字样。其中，NA1.25 为数值孔径；100× 为放大倍数；OI 表示油镜（Oil Immersion）；在 160/0.17 中，160（mm）表示镜筒长，0.17（mm）表示要求盖玻片的厚度；0.16（mm）为工作距离。

显微镜的总放大倍数为物镜放大倍数和目镜放大倍数的乘积。

（3）聚光器。光源射来的光线通过聚光器被聚集成光锥照射到标本上，可增强照明度，提高物镜的分辨率。聚光器可上、下调节，它中间装有光圈可调节光亮度，在看高倍镜和油镜时需调节聚光器，合理调节聚光器的高度和光圈的大小，可得到适当的光照和清晰的图像。

（4）反光镜。反光镜安装在镜座上，有平、凹两面。光源为自然光时用平面镜，光源为灯光时用凹面镜，它可自由转动方向。反光镜可反射光线到聚光器上。

（5）滤光片。自然光是由各种波长的光组成的，不同颜色的光线波长不同。如只需某一波长的光线，可选用合适的滤光片，以提高分辨率，增加反差和清晰度。滤光片有紫、青、蓝、绿、黄、橙、红等颜色，应根据标本的颜色在聚光器下加上相应的滤光片。

## 二、显微镜的使用方法

### （一）低倍镜的使用方法

（1）置显微镜于固定的实验台上，以自然光为光源时，应保证室内采光良好，窗外不宜有妨碍光线之物。

（2）旋动转换器，将低倍镜移动到镜筒正下方和镜筒对直。

（3）转动反光镜向着光源处，同时用眼睛对准目镜（选用适当放大倍数的目镜）仔细观察，使视野亮度均匀。

（4）将标本片放在载物台上，使观察的目的物置于圆孔的正中央。

（5）将粗调节器向下旋转（或载物台向上移动），眼睛注视物镜，以防止物镜和载玻片相碰撞。当物镜的尖端距离载玻片约 0.5 cm 处时停止旋转。

（6）左眼向目镜里观察，将粗调节器向上旋转（或载物台向下移动），如果见到目的物，但不十分清楚，可用细调节器调节，至目的物清晰为止，然后移动标本，找到合适的目的物，并将其移动至视野中心准备用高倍镜观察。

### （二）高倍镜的使用方法

旋动转换器换高倍镜，如果高倍镜触及载玻片立即停止旋动，说明原来低倍镜就没有调准焦距，并没有找到目的物，要用低倍镜重调。如果调换正确，换高倍镜时，基本可以看到目的物，然后用细调节器调至物像清晰为止。

### （三）油镜的使用方法

（1）如果用高倍镜未能看清目的物，可使用具有更高放大倍数的油镜。先用低倍镜和高倍镜检查标本片，将目的物移动到视野中心。

（2）在载玻片上滴一滴香柏油，将油镜移动至正中，使油镜镜头浸没在油中，刚好贴近载玻片。用细调节器微微向上调（切记不能用粗调节器）即可。

（3）油镜观察完毕，用擦镜纸将镜头上的油擦净，另用擦镜纸随少许清洗剂擦拭镜头，再用擦镜纸擦干。

### （四）注意事项

（1）使用油镜必须按先用低倍镜和高倍镜观察，再用油镜观察。

（2）上升镜台时，一定要从侧面注视，切忌用眼睛对着目镜，边观察边上升镜台的错误操作，以免压碎玻片而损坏镜头。

（3）使用擦镜液（无水酒精或二甲苯）擦镜头时，注意擦镜液不能过多，以防止溶解固定透镜的树脂。

（4）注意保持显微镜的洁净，要用软布擦拭金属部分；必须用擦镜纸擦镜头，切勿用手或用普通布、纸等，以免损坏镜头。

## 任务演练

# 任务 2-1　细菌标本片的观察

## 任务描述

显微镜是食品微生物检验工作中常用的仪器之一，大家应对它的使用方法十分熟悉。本任务需要同学们掌握显微镜的结构与各部分的功能，还要正确使用显微镜观察细菌的形态。

## 任务实施

### 一、仪器及材料

显微镜、香柏油、无水酒精或二甲苯、擦镜纸及细菌染色标本片（杆菌、球菌、螺旋菌）。

### 二、细菌标本片的观察

（1）球菌的标本片观察（革兰氏阳性菌，如金黄色葡萄球菌、链球菌）。

（2）杆菌的标本片观察（革兰氏阴性菌，如大肠杆菌）。

（3）鞭毛的标本片观察（变形杆菌，可见菌体和周生鞭毛）。

（4）荚膜的标本片观察（炭疽杆菌，可见短杆菌，菌体周围有一圈不着色的荚膜区域）。

（5）芽孢的标本片观察（破伤风菌、炭疽杆菌。前者可见菌体顶端有圆形未着色的芽孢，形似火柴状；后者可见长链的杆菌，菌体中央有圆形未着色的芽孢)。

## 任务报告

分别绘制油镜下观察到的细菌形态并注明物镜放大倍数和总放大倍数。

## 任务思考

（1）用油镜便于观察细菌的依据是什么？
（2）使用油镜时应特别注意哪些问题？
（3）当物镜从低倍镜转到高倍镜和油镜时，对照明度有何要求？应如何调节？

**任务考核单（任务 2-1）**

专业：＿＿＿＿＿＿ 学号：＿＿＿＿＿＿ 姓名：＿＿＿＿＿＿ 成绩：＿＿＿＿＿＿

| 任务名称 | | 细菌标本片的观察 | | | 时间：120 min | | |
|---|---|---|---|---|---|---|---|
| 序号 | 考核内容 | 考核要点 | 配分 | 评分标准 | 扣分 | 得分 | 备注 |
| 1 | 操作前的准备（20 分） | （1）穿工作服 | 5 | 未穿工作服扣 5 分 | | | |
| | | （2）设备仪器的选用 | 10 | 选用仪器不当扣 10 分 | | | |
| | | （3）检查标本片 | 5 | 未检查标本片扣 5 分 | | | |
| 2 | 操作过程（70 分） | （1）调试显微镜 | 5 | 调试操作不规范扣 5 分 | | | |
| | | （2）放置标本片 | 5 | 标本片放置不规范扣 5 分 | | | |
| | | （3）低倍镜观察 | 10 | 操作不规范扣 10 分 | | | |
| | | （4）高倍镜观察 | 10 | 操作不规范扣 10 分 | | | |
| | | （5）油镜观察 | 10 | 操作不规范扣 10 分 | | | |
| | | （6）观察结束的处置 | 10 | 显微镜未还原扣 10 分 | | | |
| | | （7）绘制细菌形态 | 20 | 绘图不清晰，数据记录不规范、信息不全扣 1 ～ 5 分 | | | |
| 3 | 文明操作（10 分） | 清理仪器用具、试验台面 | 10 | 试验结束后未清理扣 10 分 | | | |
| 4 | 安全及其他 | （1）不得损坏仪器用具 | — | 损坏一般仪器、用具按每件 10 分从总分中扣除 | | | |
| | | （2）不得发生事故 | — | 由于操作不当发生安全事故时停止操作扣 5 分 | | | |
| | | （3）在规定时间内完成操作 | — | 每超时 1 min 从总分中扣 5 分，超时达 3 min 即停止操作 | | | |
| 合计 | | | 100 | | | | |

# 任务 2–2　细菌细胞大小的测定方法

## 任务描述

细菌细胞的大小是细菌的基本形态特征，也是分类鉴定的依据之一。由于菌体很小，只能在显微镜下测量。用于测量微生物细胞大小的工具称为显微镜测微尺，它是由目镜测微尺和镜台测微尺组成。目镜测微尺用来测量视野中的物体长度；镜台测微尺是标准长度，用来标定目镜测微尺。

测微尺可以测定细菌的大小，需要掌握测微尺的原理并能够正确使用测微尺测定细菌的大小，增强对细菌大小的感性认知。

## 任务实施

### 一、试验器材及材料

（1）菌种：枯草杆菌标本片、金黄色葡萄球菌标本片。

（2）器材：显微镜、擦镜纸、目镜测微尺、镜台测微尺、载玻片、盖玻片、酒精灯等。

### 二、基本原理

#### （一）目镜测微尺

目镜测微尺是一块圆形载玻片，在载玻片中央将 5 mm 长度刻成 50 等份，或将 10 mm 长度刻成 100 等份［图 2–12（a）］。目镜测微尺每格实际代表的长度随使用接目镜和接物镜的放大倍数而改变，因此，在使用前必须用镜台测微尺进行标定。

测量时，将其放在接目镜中的隔板上（此处正好与物镜放大的中间像重叠）测量经显微镜放大后的细胞物像。不同目镜、物镜组合的放大倍数不同，目镜测微尺每格实际表示的长度也不同，因此目镜测微尺测量细菌大小时，需要先用置于镜台上的镜台测微尺校正，以计算出在一定放大倍数下目镜测微尺每小格所代表的相对长度。

#### （二）镜台测微尺

镜台测微尺是一厚玻片，中央有一圆形盖玻片，其中央刻有 1 mm 长的标尺，等分为 100 格，每格为 0.01 mm，即 10 μm［图 2–12（b）］。镜台测微尺并不直接用来测量细胞的大小，而是用于校正目镜测微尺每格的相对长度，是专门用来校正目镜测微尺的。

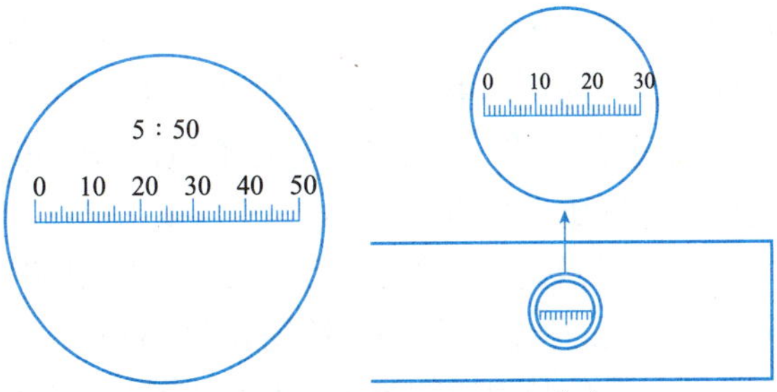

（a）　（b）

**图 2–12　目镜测微尺和镜台测微尺**

（a）目镜测微尺；（b）镜台测微尺

校正时，将镜台测微尺放在载物台

上，镜台测微尺与细胞标本是处于同一位置，都要经过物镜和目镜的两次放大成像进入视野，即镜台测微尺随着显微镜总放大倍数的放大而放大，因此，从镜台测微尺上得到的读数就是细胞的真实大小，用镜台测微尺的已知长度在一定放大倍数下校正目镜测微尺，即可求出目镜测微尺每格所代表的长度，然后移去镜台测微尺，换上待测标本片，用校正好的目镜测微尺在同样放大倍数下测量细菌细胞的大小。

球菌用直径来表示大小；杆菌则用宽和长的范围来表示。如金黄色葡萄球菌直径约为 0.8 μm，枯草芽孢杆菌的大小为（0.7 ～ 0.8）μm×（2 ～ 3）μm。

## 三、操作步骤

### （一）显微镜测微尺的安装及校正

#### 1. 安装目镜测微尺

取出接目镜，把目镜上的上透镜旋下，将目镜测微尺刻度向下轻轻装入目镜镜筒内的隔板上，然后旋紧目镜透镜，再将目镜插入镜筒，如图 2-13（a）所示。

#### 2. 安装镜台测微尺

将镜台测微尺置于载物台上，使刻度朝上，如图 2-13（b）所示。

（a）　　（b）

**图 2-13　目镜测微尺和镜台测微尺的安装**

（a）安装目镜测微尺；（b）安装镜台测微尺

#### 3. 目镜测微尺的校正

先用低倍镜观察，将镜台测微尺有刻度的部分移动至视野中央，调节焦距，当清晰看到镜台测微尺的刻度后，转动目镜使目镜测微尺的刻度与镜台测微尺的刻度平行，移动推动器，使两尺重叠，再使两尺的“0”刻度完全重合，定位后，仔细寻找两尺第 2 个完全重合的刻度，计数两重合刻度之间目镜测微尺的格数和镜台测微尺的格数。

用同样的方法换成高倍镜和油镜进行校正，分别测量出在高倍镜和油镜下两重合线之间两尺分别所占的格数。

不同显微镜及附件的放大倍数不同，因此，校正目镜测微尺必须针对特定的显微镜和附件（特定的物镜、目镜、镜筒长度）进行，而且只能在特定的情况下重复使用，当更换不同放大倍数的目镜或物镜时，必须重新校正目镜测微尺每格所代表的长度。

由于已知镜台测微尺每格长 10 μm，根据公式即可分别计算出在不同放大倍数下，目镜测微尺每格所代表的长度。

$$目镜测微尺每格长度（\mu m）=\frac{两线重合间镜台测微尺格数}{两线重合间目镜测微尺格数}\times 10$$

例如，将目镜测微尺第 36 小格对准镜台测微尺第 5 小格，已知镜台测微尺每小格为 10 μm，相应的目镜测微尺上每小格的长度为 1.4 μm。

用以上计算方法分别校正不同放大倍数下目镜测微尺每格的实际长度，如图 2–14 所示。

### （二）菌体大小测定

将镜台测微尺取下，换上细菌标本片，选择适当的物镜测量目标物的大小，测量出菌体直径（或长和宽）占目镜测微尺的格数，再以目镜测微尺每格的长度计算出菌体的大小。

测量菌体大小时，要在同一个标本片上测定 10 ～ 20 个菌体，计算出平均值，才能代表该菌的大小，而且一般是用对数生长期的菌体进行测定。

测定完毕，取出目镜测微尺后，将接目镜放回镜筒，再将目镜测微尺和镜台测微尺分别用擦镜纸擦拭干净后放回盒内保存。

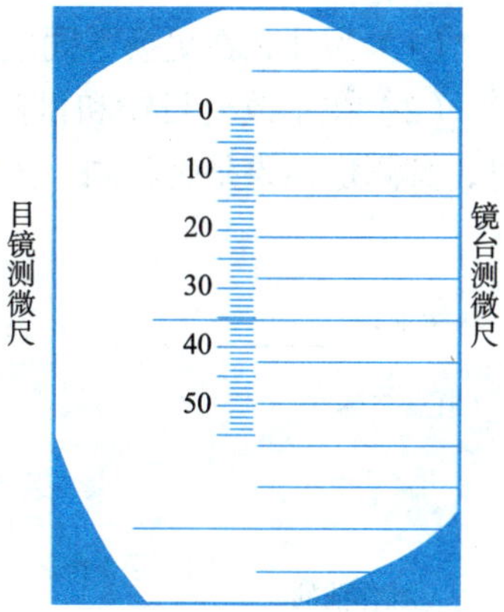


图 2–14　目镜测微尺和镜台测微尺两者的重叠

## 四、注意事项

（1）镜台测微尺的玻片很薄，在用油镜进行校正时，要格外注意，以免压坏镜台测微尺和划伤镜头。

（2）校正目镜测微尺时，要注意准确对正目镜测微尺和镜台测微尺的重合线并寻找远端的重合点。

## 任务报告

（1）目镜测微尺校正结果。

| 镜头倍数（目镜 × 物镜） | 镜台测微尺格数 | 目镜测微尺格数 | 目镜测微尺每格代表的长度 /μm |
|---|---|---|---|
| | | | |

（2）各菌测定结果。

金黄色葡萄球菌大小测定记录

| 次数 | 1 | 2 | 3 | 4 | 5 | 6 | 7 | 8 | 9 | 10 | 平均 |
|---|---|---|---|---|---|---|---|---|---|---|---|
| 半径 | | | | | | | | | | | |

枯草杆菌大小测定记录

| 次数 | 1 | 2 | 3 | 4 | 5 | 6 | 7 | 8 | 9 | 10 | 平均 |
|---|---|---|---|---|---|---|---|---|---|---|---|
| 长 | | | | | | | | | | | |
| 宽 | | | | | | | | | | | |

（3）结果计算。

$$菌长（\mu m）= 平均格数 \times 校正值$$

$$菌宽（\mu m）= 平均格数 \times 校正值$$

$$大小表示：宽（\mu m）\times 长（\mu m）$$

## 任务思考

（1）为什么在更换不同放大倍数的目镜或物镜时，必须用镜台测微尺校正？

（2）在不改变目镜和目镜测微尺，而改用不同放大倍数的物镜来测定同一细菌的大小时，其测定结果是否相同？为什么？

### 任务考核单（任务 2-2）

专业：________ 学号：________ 姓名：________ 成绩：________

| 任务名称 | | 细菌大小的测定方法 | | | 时间：120 min | | |
|---|---|---|---|---|---|---|---|
| 序号 | 考核内容 | 考核要点 | 配分 | 评分标准 | 扣分 | 得分 | 备注 |
| 1 | 操作前的准备（20 分） | （1）穿工作服 | 5 | 未穿工作服扣 5 分 | | | |
| | | （2）设备仪器的选用 | 10 | 选用仪器不当扣 10 分 | | | |
| | | （3）检查标本片 | 5 | 未检查标本片扣 5 分 | | | |
| 2 | 操作过程（70 分） | （1）调试显微镜 | 5 | 调试操作不规范扣 5 分 | | | |
| | | （2）安装目镜测微尺 | 5 | 操作不规范扣 5 分 | | | |
| | | （3）安装镜台测微尺 | 5 | 操作不规范扣 10 分 | | | |
| | | （4）校正目镜测微尺 | 5 | 操作不规范扣 10 分 | | | |
| | | （5）菌体大小的测定 | 10 | 操作不规范扣 10 分 | | | |
| | | （6）记录测定数值 | 20 | 数据记录不规范、信息不全扣 1 ~ 5 分 | | | |
| | | （7）观察结束的处置 | 10 | 测微尺未放回扣 10 分 | | | |
| | | （8）计算菌体大小 | 10 | 未计算菌体大小扣 10 分 | | | |
| 3 | 文明操作（10 分） | 清理仪器用具、试验台面 | 10 | 试验结束后未清理扣 10 分 | | | |
| 4 | 安全及其他 | （1）不得损坏仪器用具 | — | 损坏一般仪器、用具按每件 10 分从总分中扣除 | | | |
| | | （2）不得发生事故 | — | 由于操作不当发生安全事故时停止操作扣 5 分 | | | |
| | | （3）在规定时间内完成操作 | — | 每超时 1 min 从总分中扣 5 分，超时达 3 min 即停止操作 | | | |
| 合计 | | | 100 | | | | |

# 任务 2-3　革兰氏染色法

## 任务描述

革兰氏染色法是丹麦病理学家 C. Gram 于 1884 年发明的，其原理是利用细菌的细胞壁组成成分和结构的不同以显示颜色的不同。革兰氏阳性菌的细胞壁肽聚糖层厚，交联而成的肽聚糖网状结构致密，经酒精处理发生脱水作用，使孔径缩小，通透性降低，结晶紫与碘形成的大分子复合物保留在细胞壁内使细胞呈蓝紫色；而革兰氏阴性菌肽聚糖层薄，网状结构交联少，且类脂含量较高，经酒精处理后，类脂被溶解，细胞壁孔径变大，通透性增加，结晶紫与碘的复合物被溶出细胞壁，再经番红液复染后细胞呈红色。

## 任务实施

### 一、试验器材及材料

（1）菌种：培养 24 h 的金黄色葡萄球菌、大肠杆菌营养琼脂培养物，待测菌为 1 ～ 2 种。

（2）试剂：革兰氏染色液（结晶紫染液、卢戈氏碘液、95% 酒精、石炭酸复红液等）、香柏油、二甲苯。

（3）仪器及用具：显微镜、擦镜纸、接种环、载玻片、盖玻片、吸水纸、试管、小滴管、酒精灯。

### 二、操作步骤

#### （一）革兰氏染色液配制

**1. 草酸铵结晶紫染色液**

A 液：结晶紫 2 g，体积分数 95% 酒精 20 mL。

B 液：草酸铵 0.8 g，蒸馏水 80 mL。

混合 A 液和 B 液，静置 48 h 后备用。

**2. 卢戈氏碘液**

碘片 1 g，碘化钾 2 g，蒸馏水 300 mL。

先将碘化钾溶解在少量蒸馏水中，再将碘片溶解在碘化钾溶液中，待碘片全部溶解后，加足水分即成。

### 3. 番红复染液

番红 2.5 g，体积分数 95% 酒精 100 mL。

将上述配制好的番红复染液 10 mL 与 80 mL 蒸馏水混合均匀即可。

### （二）制片

（1）涂菌取两块载玻片，中央各滴一小滴蒸馏水，用接种环以无菌操作方法从金黄色葡萄球菌和大肠杆菌平板上挑取少许菌苔于水滴中，混合均匀，涂片。

（2）在空气中自然干燥，也可将玻片置于火焰上部略加温加速干燥（温度不宜过高）。

（3）固定涂面向上，通过火焰 3 次，以热而不烫为宜。这样做的目的是使细胞质凝固从而使细胞形态固定并使细菌黏附在玻片上。

### （三）染色

（1）初染于制片上滴加结晶紫染液，1 min 后用水洗去剩余染料。

（2）媒染滴加卢戈氏碘液，1 min 后水洗。

（3）脱色滴加 95% 酒精脱色，摇动玻片至紫色不再为酒精脱退为止（根据涂片之厚薄需时 30 s ～ 1 min），立即用水冲洗。

（4）复染滴加石炭酸复红液复染 1 min 后水洗。

（5）镜检滤纸吸干，油镜镜检。

动画：革兰氏染色法操作流程

### （四）检测未知菌

用以上方法对未知菌进行革兰氏染色并绘图、记录染色结果。

## 三、注意事项

（1）涂片要均匀，不可过厚。

（2）在染色过程中，不可使染液干涸。

（3）脱色时间十分重要，过长，则脱色过度，会使阳性菌被染成阴性菌；脱色不够，则会使阴性菌被染成阳性菌。

（4）老龄菌因体内核酸减少会使阳性菌被染成阴性菌，故不能选用。

（5）水洗时，不要直接冲洗涂面，应使水从载玻片一端流下；水流不宜过急、过大，以免涂片薄膜脱落。

（6）涂片完全干燥后，才能用油镜观察。

## 任务报告

金黄色葡萄球菌为革兰氏阳性菌，故被染成了蓝紫色；大肠杆菌为革兰氏阴性菌，故被染成了淡红色。

（1）绘图。

1）大肠杆菌革兰氏染色视野图。

2）金黄色葡萄球菌或苏云金杆菌革兰氏染色视野图。

（2）记录革兰氏染色的方法与步骤并进行结果分析。

（3）未知菌的检测结果。

## 任务思考

（1）涂片后为什么要进行固定？固定时应注意什么？
（2）在用革兰氏染色法染色的过程中应注意什么？
（3）为什么必须用培养 24 h 的菌体进行革兰氏染色？

### 任务考核单（任务 2-3）

专业：________　学号：________　姓名：________　成绩：________

| 任务名称 | | 革兰氏染色法 | | | 时间：120 min | | |
|---|---|---|---|---|---|---|---|
| 序号 | 考核内容 | 考核要点 | 配分 | 评分标准 | 扣分 | 得分 | 备注 |
| 1 | 操作前的准备（10 分） | （1）穿工作服 | 5 | 未穿工作服扣 5 分 | | | |
| | | （2）检查设备试剂 | 5 | 未检查待测菌扣 5 分 | | | |
| 2 | 操作过程（80 分） | （1）革兰氏染液配制 | 20 | 天平使用不规范扣 5 分 | | | |
| | | | | 量筒使用不规范扣 5 分 | | | |
| | | | | 配制步骤不规范扣 5 分 | | | |
| | | | | 天平未归零、量筒未清洗扣 5 分 | | | |
| | | （2）制片 | 15 | 涂菌不规范扣 5 分 | | | |
| | | | | 干燥不规范扣 5 分 | | | |
| | | | | 固定不规范扣 5 分 | | | |
| | | （3）染色 | 25 | 初染不规范扣 5 分 | | | |
| | | | | 媒染不规范扣 5 分 | | | |
| | | | | 脱色不规范扣 5 分 | | | |
| | | | | 复染不规范扣 5 分 | | | |
| | | | | 镜检不规范扣 5 分 | | | |
| | | （4）绘图，记录染色结果 | 20 | 绘图不清晰、信息记录不全扣 1～5 分 | | | |
| 3 | 文明操作（10 分） | 清理仪器用具、试验台面 | 10 | 试验结束后未清理扣 10 分 | | | |
| 4 | 安全及其他 | （1）不得损坏仪器用具 | — | 损坏一般仪器、用具按每件 10 分从总分中扣除 | | | |
| | | （2）不得发生事故 | — | 由于操作不当发生安全事故时停止操作扣 5 分 | | | |
| | | （3）在规定时间内完成操作 | — | 每超时 1 min 从总分中扣 5 分，超时达 3 min 即停止操作 | | | |
| 合计 | | | 100 | | | | |

# 任务 2-4　细菌培养基的制备

## 任务描述

培养基是由人工配制的、能满足微生物生长发育或积累代谢产物需要的营养基质，用以培养或分离各种微生物。各类微生物对营养的要求不尽相同，因而，培养基的种类繁多。

本任务需要掌握培养基的配制原理、配制培养基的一般方法和步骤，并且会熟练使用高压灭菌锅。

## 任务实施

### 一、试验器材及材料

（1）药品试剂：牛肉膏、蛋白胨、琼脂、NaCl 等。

（2）器材：天平、灭菌锅、电炉、试管、三角烧瓶、漏斗、量筒、烧杯、玻璃棒、滴管等。

（3）其他：纱布、pH 试纸、棉花、牛皮纸、石棉网、线绳、标签、夹子等。

### 二、基本原理

培养细菌常用肉汤蛋白胨培养基，培养放线菌常用淀粉培养基，培养霉菌常用察氏培养基或马铃薯培养基，培养酵母菌常用麦芽汁培养基。另外，还有固体培养基（含琼脂 1.5% ～ 20%）、半固体培养基（含琼脂 0.2% ～ 0.5%）、液体培养基、加富培养基、选择培养基、鉴别培养基等。在这些培养基中，就营养物质而言，一般不外乎碳源、氮源、无机盐、生长因子及水等几大类。琼脂只是固体培养基的支持物，一般不为微生物所利用。在配制培养基时，根据各类微生物的特点，就可以配制出适合不同种类微生物生长发育所需要的培养基。

微生物的生长繁殖还要求适当的 pH 值范围和渗透压。因为不同微生物对 pH 值要求不同，所以每次配制培养基时，都要将培养基的 pH 值调节到一定的范围。

此外，由于配制培养基的各类营养物质和容器等含有各种微生物，已配制好的培养基必须立即灭菌，以防止因其中的微生物生长繁殖而消耗养分和改变培养基的酸碱度而带来的不利影响。

### 三、操作步骤

**1. 称量**

动画：细菌的培养过程

一般可用 0.01 g 天平称量配制培养基所需的各种药品，称取牛肉膏 5.0 g、蛋白胨 10.0 g、NaCl 15.0 g、琼脂 15.0 ～ 20.0 g、水 1 000 mL。注意，称药品用的牛角匙不要混用。牛肉膏可放在小烧杯或表面皿中称量，用热水溶解后倒入大烧杯，也可放在称量纸上称量，随后放入热水，使牛肉膏与称量纸分离，然后立即取出纸片。蛋白胨极易吸潮，故称量时要迅速，及时盖紧瓶盖。

### 2. 溶解

将称量好的牛肉膏、蛋白胨置于带刻度的搪瓷量杯中，先加入少量水（根据试验需要选用自来水或蒸馏水），加水量一般为所需水量的 2/3，用玻璃棒搅动，加热溶解，再将称量好的琼脂加入煮沸的液体培养基中，并用玻璃棒不断搅拌，以免糊底烧焦，加热至琼脂全部融化。如果发生焦化现象，则需要重新制备。

### 3. 定容

待全部药品溶解后，倒入量筒，加水至所需体积。

### 4. 调节 pH 值

通常采用 pH 试纸测定培养基的 pH 值。若培养基偏酸或偏碱时，可用 1 mol/L NaOH 溶液（约 40 g/L NaOH 溶液）或 1 mol/L HCl 溶液（约 36.5 g/L HCl 溶液）进行调节。调节 pH 值时，应逐滴加入 NaOH 溶液或 HCl 溶液，边滴加边搅拌，防止局部过酸或过碱，破坏培养基中营养成分，并不时用 pH 试纸测试，直至达到所需 pH 值为止（7.2），应避免回调。

### 5. 过滤

趁热用滤纸或多层纱布过滤培养基，以利于试验结果的观察。若无特殊要求时，此步骤可省略。

### 6. 分装

根据不同的需要，可将制作好的培养基分装入试管内或三角烧瓶内，分装量以试管高度的 1/4，或三角烧瓶容量的 1/2 为宜，如图 2-15 所示。

分装时可使用三角漏斗，以免由于培养基沾在试管口或瓶口而造成污染。

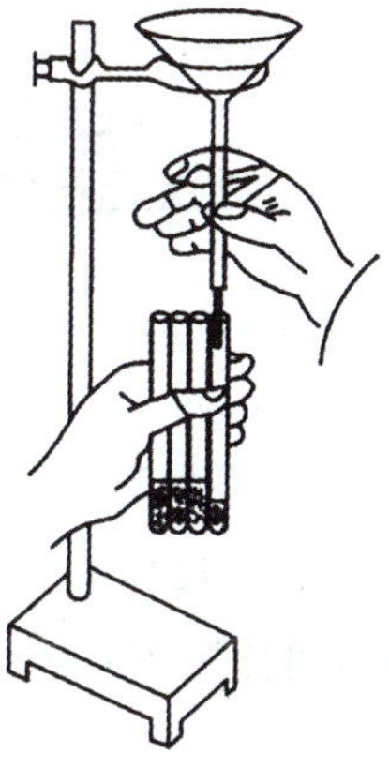

图 2-15　培养基的分装

### 7. 加棉塞

培养基分装好以后，在试管口或三角烧瓶口加上一个棉塞。棉塞的作用：一是阻止外界微生物进入培养基而引起污染；二是保证有良好的通气性，使培养在里面的微生物能够从外界源源不断地获得新鲜的无菌空气。因此，棉塞质量的好坏对试验的结果有着很大的影响。一个好的棉塞，外形应像一只蘑菇，大小、松紧都应适当。棉塞总长度的 3/5 应在试管口内，2/5 在试管口外。棉塞应用普通棉花（非脱脂棉）制作。

### 8. 包扎

加上棉塞后，先将三角烧瓶或若干试管的棉塞外包一层牛皮纸，然后用棉绳以活结形式绑扎牢固。以防止灭菌时冷凝水沾湿棉塞和灭菌后的灰尘侵入。最后挂上标签注明培养基的名称、组别、日期。

### 9. 灭菌

已配制好的培养基必须立即灭菌，通常采用高压蒸汽灭菌法，即 121 ℃灭菌 15 min 或 20 min。

### 10. 斜面的制作

待灭菌完成后，趁热将试管口端搁在一根长木条上，并调整斜度，使斜面的长度超过试管总长的 1/2，如图 2–16 所示。

### 11. 平板的制作

灭菌后琼脂培养基冷却至 50 ℃左右倾入无菌的培养皿。当温度过高时，皿盖上的冷凝水太多；当温度低于 50 ℃时，培养基易凝固而无法制作平板。

平板的制作应在火焰旁进行，左手拿培养皿，右手拿三角烧瓶底部，无菌操作倾入 10～12 mL 的培养基于无菌培养皿中，迅速盖好皿盖，置于桌上，轻轻旋转培养皿，使培养基均匀分布在整个培养皿中，冷凝后即成平板，如图 2–17 所示。

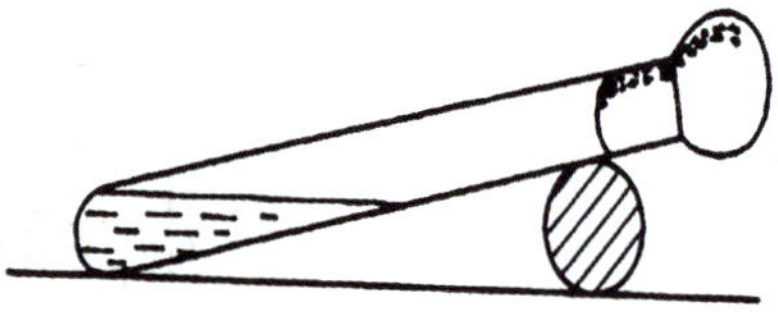

图 2–16　斜面的制作

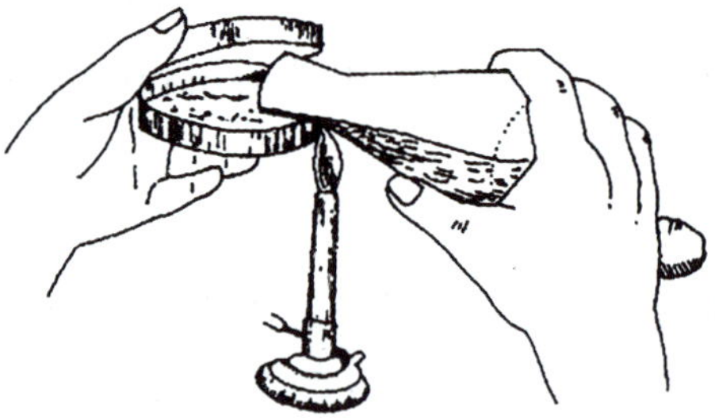

图 2–17　平板的制作

### 12. 无菌检验

给培养基灭菌后，必须放在 37 ℃温室（箱）中培养 24 ～ 48 h。只有未长杂菌的培养基方可使用（可储存于冰箱或清洁的橱内备用）。

## 任务报告

详细记录试验过程。

## 任务思考

（1）培养基配制完成后，为什么必须立即灭菌？

（2）已灭菌的培养基应如何进行无菌检验？

**任务考核单（任务 2-4）**

专业：＿＿＿＿＿＿　学号：＿＿＿＿＿＿　姓名：＿＿＿＿＿＿　成绩：＿＿＿＿＿＿

| 任务名称 | | 细菌培养基的制备 | | | 时间：180 min | | |
|---|---|---|---|---|---|---|---|
| 序号 | 考核内容 | 考核要点 | 配分 | 评分标准 | 扣分 | 得分 | 备注 |
| 1 | 操作前的准备（10 分） | （1）穿工作服 | 5 | 未穿工作服扣 5 分 | | | |
| | | （2）设备仪器的调试 | 5 | 未调试仪器扣 5 分 | | | |
| 2 | 操作过程（80 分） | （1）试剂的称量 | 5 | 称量不规范扣 5 分 | | | |
| | | （2）溶解 | 5 | 溶解不规范扣 5 分 | | | |
| | | （3）定容 | 5 | 定容不规范扣 5 分 | | | |
| | | （4）调节 pH 值 | 5 | 未调节 pH 值扣 5 分 | | | |
| | | （5）过滤与分装 | 5 | 分装不规范扣 5 分 | | | |
| | | （6）加棉塞与包扎 | 5 | 包扎不规范扣 5 分 | | | |
| | | （7）灭菌 | 10 | 灭菌锅使用不当扣 10 分 | | | |
| | | （8）斜面的制作 | 5 | 斜面摆放不规范扣 5 分 | | | |
| | | （9）平板的制作 | 10 | 无菌操作不规范扣 5 分 | | | |
| | | | | 培养基分布不均匀扣 5 分 | | | |
| | | （10）无菌检验 | 5 | 未无菌检验扣 5 分 | | | |
| | | （11）记录试验过程 | 20 | 记录不规范、信息不全扣 1～5 分 | | | |
| 3 | 文明操作（10 分） | 清理仪器用具、试验台面 | 10 | 试验结束后未清理扣 10 分 | | | |
| 4 | 安全及其他 | （1）不得损坏仪器用具 | — | 损坏一般仪器、用具按每件 10 分从总分中扣除 | | | |
| | | （2）不得发生事故 | — | 由于操作不当发生安全事故时停止操作扣 5 分 | | | |
| | | （3）在规定时间内完成操作 | — | 每超时 1 min 从总分中扣 5 分，超时达 3 min 即停止操作 | | | |
| 合计 | | | 100 | | | | |

# 任务 2-5　微生物的分离与纯化

## 任务描述

生长在自然界中的微生物种类繁多，而且绝大多数混杂在一起，为了从混杂的微生物群体中获得只含某一种微生物，必须采用特殊的分离方法。从混杂的微生物群体中获得只含有某一种或某一株微生物的过程称为微生物的分离与纯化。本任务需要同学们掌握从土壤中分离微生物的方法及常用的稀释平板涂布法分离纯化微生物的操作技术。

稀释平板涂布法是指先将样品进行稀释，通过无菌玻璃涂棒在固定培养基表面均匀涂布，使稀释液中的菌体定位。经培养在固体培养基上即有分散的菌落出现。

## 任务实施

### 一、试验器材及材料

（1）培养基：牛肉膏蛋白胨培养基、高氏 1 号培养基、土豆蔗糖培养基。

（2）仪器及用具：含 90 mL 无菌水的三角烧瓶（带玻璃珠）、含 9 mL 无菌水的试管、80% 乳酸、10% 酚液、95% 酒精、无菌培养皿、1 mL 无菌移液管、土壤样品、天平、称量纸、药匙、试管架、涂布器。

### 二、试验原理

本试验利用稀释平板涂布法从土壤中分离细菌、放线菌和霉菌。其基本原理为将含有各种微生物的土壤悬液进行稀释后涂布接种到各种选择培养基平板上，在不同条件下培养，从而使各类微生物在各自的培养基上形成单菌落。单菌落是由一个细胞繁殖而成的集合体，即一个纯培养。

### 三、操作步骤

#### 1. 倒平板

将 3 种培养基熔化，高氏 1 号培养基中加入 10% 酚液数滴，土豆蔗糖培养基中加入灭菌的乳酸，使每 100 mL 培养基含乳酸 1 mL。

倒平板时，右手持盛有培养基的三角烧瓶，置于火焰旁，用左手将瓶塞轻轻拔出，用右手小指与无名指夹住瓶塞（若三角烧瓶内的培养基一次可使用完成，则瓶塞不必夹在手指中），瓶口在火焰上灭菌。左手中指和无名指托住培养皿底，用拇指和食指捏住盖，将培养皿在火焰附近打开一个缝隙，迅速倒入培养基（装量以铺满皿底的 1/3 为宜），加盖后轻轻摇动培养皿，使培养基均匀铺在培养皿底部，平置于桌面上，3 种培养基分别倒入 3 个皿，待其凝固后即成为平板。应在进行无菌检验后方可使用。

#### 2. 取土壤

取表层以下 5 ～ 10 cm 处的土样，放入无菌袋中备用，或放在 4 ℃冰箱中暂存。

#### 3. 无菌操作制备土壤稀释液

称取土样 10 g，迅速倒入含有 90 mL 无菌水并带有玻璃珠的三角烧瓶，振荡 20 min，使土样充分打散，即成为 $10^{-1}$ 的土壤悬液。

用无菌移液管吸取 $10^{-1}$ 的土壤悬液 1 mL，注入 9 mL 无菌水试管，吹吸 3 次，每次吸上的液面要高于前一次，以减少稀释中的误差，即制得 $10^{-2}$ 稀释液。然后用一支无菌移液管从此试管中吸取 1 mL 稀释液，注入另一支装了 9 mL 无菌水的试管。以此类推便可依次制成 $10^{-8}$ ～ $10^{-1}$ 的稀释液，如图 2-18 所示。

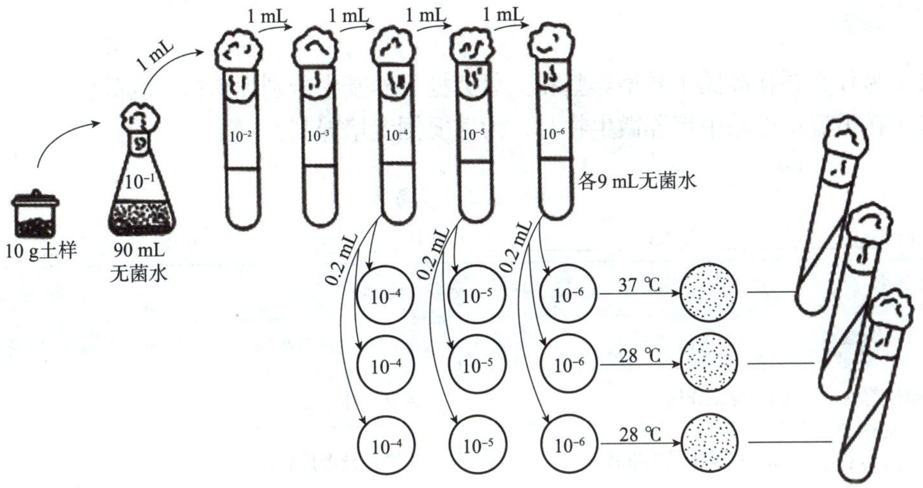


图 2-18　稀释法分离土壤微生物操作过程

**4. 涂布法（无菌操作）**

在上述每种培养基的 3 个平板底部分别用记号笔写上选择后的稀释度，如 $10^{-4}$、$10^{-5}$、$10^{-6}$，再用 3 支无菌移液管将 0.2 mL 菌悬液滴在平板表面中央，右手拿无菌涂布器平放于平板表面，将菌液先沿一条直线轻轻地来回推动，使之均匀分布，然后改变方向，沿另一垂直线来回推动，平板边缘可改变方向用涂布器再涂布几次，如图 2-19 所示。细菌接入牛肉膏蛋白胨培养基，放线菌接入高氏 1 号培养基，霉菌接入土豆蔗糖培养基。

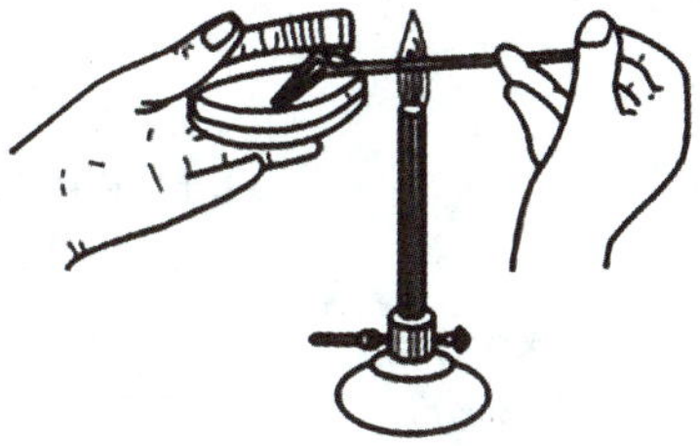

图 2-19　平板涂布

**5. 培养**

将接种好的细菌、放线菌、霉菌平板倒置，即皿盖朝下放置，于 28 ～ 30 ℃中恒温培养，细菌培养 1 ～ 2 d，放线菌培养 5 ～ 7 d，霉菌培养 3 ～ 5 d。观察生长的菌落，用于进一步纯化分离或直接转接斜面。

## 四、试验结果分析

在牛肉膏蛋白胨培养基、高氏 1 号培养基和土豆蔗糖培养基上可以分别分离出细菌、放线菌和霉菌，但也不是绝对的。如在牛肉膏蛋白胨培养基上也可有霉菌的生长，在土豆蔗糖培养基上也可有细菌和放线菌生长，因为微生物的营养类型和代谢类型是非常多样的。

## 任务报告

记录土壤稀释分离结果并计算出每克土壤中的细菌、放线菌和霉菌的数量。菌落的读数方法：计算相同稀释度的平均菌落数并选择平均菌数在 30 ～ 300 的进行计数。

总菌数 = 同一稀释度几次重复的菌落平均数 × 稀释倍数

## 任务思考

（1）为什么要在高氏 1 号培养基和土豆蔗糖培养基中分别加入酚与乳酸？

（2）在恒温培养箱中培养微生物时，为何要倒置培养基？

**任务考核单（任务 2-5）**

专业：________ 学号：________ 姓名：________ 成绩：________

| 任务名称 | | 微生物的分离与纯化 | | | 时间：180 min | | |
|---|---|---|---|---|---|---|---|
| 序号 | 考核内容 | 考核要点 | 配分 | 评分标准 | 扣分 | 得分 | 备注 |
| 1 | 操作前的准备（10 分） | （1）穿工作服 | 5 | 未穿工作服扣 5 分 | | | |
| | | （2）仪器用具的准备 | 5 | 未准备仪器用具扣 5 分 | | | |
| 2 | 操作过程（80 分） | （1）倒平板 | 5 | 无菌操作不规范扣 5 分 | | | |
| | | | 5 | 培养基铺设不均匀扣 5 分 | | | |
| | | （2）土壤的取用 | 5 | 取土壤不规范扣 5 分 | | | |
| | | （3）土壤稀释液制备 | 5 | 土壤未打散扣 5 分 | | | |
| | | | 5 | 移液管使用不当扣 5 分 | | | |
| | | | 10 | 无菌水称量错误扣 10 分 | | | |
| | | | 5 | 吹吸不规范扣 5 分 | | | |
| | | （4）涂布 | 5 | 稀释液选取不当扣 5 分 | | | |
| | | | 5 | 无菌操作不规范扣 5 分 | | | |
| | | | 5 | 涂布不规范扣 5 分 | | | |
| | | （5）培养 | 5 | 皿盖未倒置扣 2 分 | | | |
| | | | | 培养箱未设定温度扣 3 分 | | | |
| | | （6）记录数值并计算 | 20 | 数据记录不规范、信息不全扣 1～5 分，未计算结果扣 10 分 | | | |
| 3 | 文明操作（10 分） | 清理仪器用具、试验台面 | 10 | 试验结束后未清理扣 10 分 | | | |
| 4 | 安全及其他 | （1）不得损坏仪器用具 | — | 损坏一般仪器、用具按每件 10 分从总分中扣除 | | | |
| | | （2）不得发生事故 | — | 由于操作不当发生安全事故时停止操作扣 5 分 | | | |
| | | （3）在规定时间内完成操作 | — | 每超时 1 min 从总分中扣 5 分，超时达 3 min 即停止操作 | | | |
| 合计 | | | 100 | | | | |

# 任务 2-6　微生物的接种技术

## 任务描述

微生物的接种技术是生物科学研究中的一项基本的操作技术。由于目的不同，可采用不同的接种方法，以获得生长良好的纯种微生物。选择一种好的接种方法，对于微生物的分离、纯化、增殖和鉴别等都很重要。微生物试验（分离、纯化、接种）需严格的无菌操作，以保证所移植的菌种经培养后仍然是原来的菌种。

## 任务实施

### 一、试验器材及材料

（1）菌种：金黄色葡萄球菌、大肠杆菌。

（2）培养基：无菌牛肉膏蛋白胨试管斜面、平板。

（3）接种工具：接种环。

（4）其他：试管架、记号笔、标签纸等。

### 二、试验内容与操作

各种接种方法见表 2-3。

表 2-3　各种接种方法

| 接种方法 | 操作要点 | 试验目的 |
| --- | --- | --- |
| 涂布法 | 将目的菌均匀分布于固体培养基表面 | 分离培养 |
| 划线法 | 用带菌的接种环在固体平板多角度划线，使细胞分散并稀释 | 分离培养 |
| 斜面接种法 | 用带菌的接种环于试管斜面上自下而上划一条直线或曲线 | 移接保种 |
| 倾注法 | 将融化并冷却至 45 ℃的琼脂培养基倾入已有菌液的无菌培养皿 | 细菌培养 |
| 点植法 | 用接种针挑取菌落在固体培养基表面接种几个点 | 霉菌接种 |
| 穿刺法 | 用接种针将菌体经穿刺进入到半固体培养基内部 | 细菌鞭毛运动观察 |
| 液体接种 | 将菌悬液或带菌材料移入液体培养基 | 增值培养 |
| 活体接种 | 将菌体或菌悬液移接于活体、组织或机体内培养 | 病毒培养 |

这里主要介绍斜面接种法与平板划线法。

#### （一）斜面接种法

斜面接种是从已生长好的菌种斜面上挑取少量菌苔移接到另一支新鲜斜面培养基上的

操作过程。一般使用接种环，以无菌操作取出原菌种移植到新斜面培养基上。通常采用划曲线接种的形式。此法能充分利用斜面，以获得大量菌体细胞。

**1. 准备斜面**

取试管斜面培养基并做好标记（写上菌名、接种日期、接种人等）。

**2. 工作人员消毒**

在超净工作台内，用 75% 酒精擦拭双手，待酒精挥发后，点燃酒精灯。

**3. 手握斜面技术**

用左手握住菌种试管和待接种的斜面试管，菌种试管在上，待接种的斜面试管在下，试管底部放在手掌内并将中指夹在两个试管之间，使斜面向上呈水平状态，在火焰边用右手松动试管塞，以利于接种时拔出。

**4. 接种环灭菌**

用右手拇指与食指拿接种环通过火焰灼烧灭菌，在火焰边用右手的手掌边缘和小指夹持待接种的斜面试管棉塞，小指和无名指夹持菌种试管棉塞，将其同时取出，并将棉塞夹持住，不得放在台面上或者与其他物品相接触并迅速以火焰灼烧试管口，如图 2-20 所示。

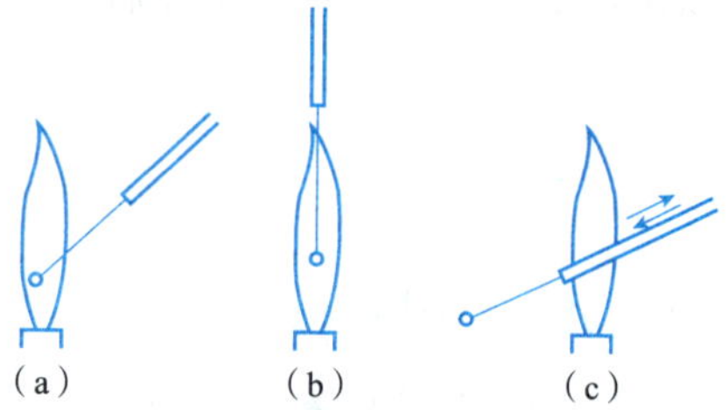


**图 2-20　接种环火焰灭菌步骤**

(a) 烧热接种环；(b) 提起接种环垂直放在火焰上；(c) 待接种环烧红，将其斜放，延环向上烧，再移向环端如此快速通过火焰数次

**5. 取菌种**

将上述在火焰上灭过菌的接种环伸入菌种试管，接种环先在试管内壁上或未长菌苔的培养基表面接触，使接种环充分冷却，以免烫死菌种。然后用接种环在菌苔上轻轻刮触，刮出少许培养物，将接种环自菌种试管内取出。抽出接种环时，勿与试管壁相碰，也不要再通过火焰，以防止烫死菌种。

**6. 接种**

迅速将沾有菌种的接种环伸入待接种的斜面试管，用接种环在试管斜面上自试管底部向上端以之字形划线，使菌体黏附在培养基上。划线要紧密，以尽量利用斜面的表面积。注意，动作要轻，不可把培养基划破，也不要使接种环接触管壁或管口，如图 2-21 所示。

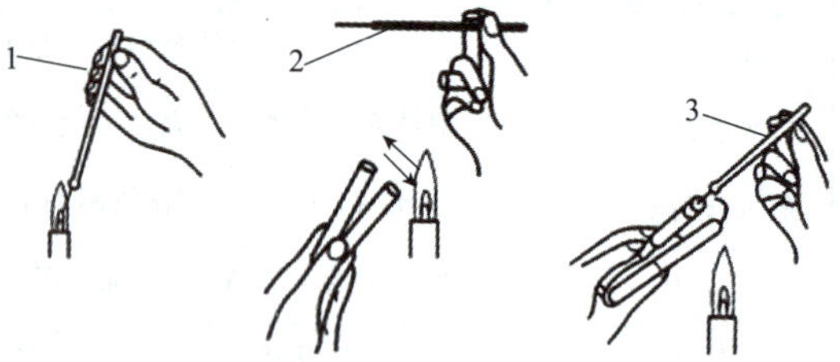


**图 2-21　斜面接种**

1—接种环灭菌；2—取菌种；3—接种

**7. 接种结束**

将接种环抽出斜面试管，再用火焰灼烧管口，并在火焰边将棉塞塞上。接种环放回原处前，要经火焰灼烧灭菌。如果接种环上沾有的菌体较多，则应先将接种环在火焰边烤干，然后灼烧，以免未烧死的菌种飞溅出来污染环境。接种病原菌时更要特别注意。

**8. 培养**

接种后于 28 ℃恒温培养，细菌培养 48 h（培养过程中注意观察有无污染及生长情况）。

## （二）平板划线法

平板划线法是将菌种移植于琼脂平板上的一种接种方法。该方法用于菌种的分离、纯化和活细胞或活孢子数量的测定。

### 1. 准备

取新鲜固体平板培养基，分别做好标记（写上菌名、接种日期、接种人等）。

### 2. 工作人员消毒

在超净工作台内，用 75% 酒精擦拭双手，待酒精挥发后，点燃酒精灯。

### 3. 手握斜面技术

用左手握住菌种试管，在火焰边用右手松动试管塞，以利于在接种时拔出。

### 4. 接种环灭菌

用右手拇指与食指拿接种环通过火焰灼烧灭菌，在火焰边用右手的手掌边缘和小指夹持菌种试管棉塞，将其取出并将棉塞夹持住，不得放在台面上或者使其与其他物品接触，并迅速以火焰灼烧试管口。

### 5. 取菌种

将上述在火焰上灭过菌的接种环伸入菌种试管，接种环先在试管内壁上或未长菌苔的培养基表面接触，使接种环充分冷却，以免烫死菌种。然后用接种环在菌苔上轻轻刮触，刮出少许培养物，将接种环自菌种试管内取出，再用火焰灼烧管口并在火焰边将棉塞塞上。抽出接种环时，勿与试管壁相碰，也不要再通过火焰，以防止烫死菌种。

### 6. 接种

在近火焰处，左手拿平板底部，用大拇指和食指将平板打开一个缝隙，迅速将沾有菌种的接种环伸入培养基平板中划线分离，使菌体黏附在培养基上，如图 2-22（a）所示。注意动作要轻，不可将培养基划破。常用的划线方法有两种，即连续划线法和分区划线法。

（1）连续划线法：用接种环挑取菌落涂于平板表面一角，在原处开始向左右两侧划线，逐渐向下移动连续划成若干分散而不重叠的平行线，如图 2-22（b）所示。

（2）分区划线法：用接种环挑取菌落，先在平板的一端划 3 ～ 4 条平行线，转动平板约 70°，之后将接种环上的剩余物烧掉，待接种环冷却再进行第二次划线。接下来用同样的方法划线 4 ～ 5 次即可，如图 2-22（c）所示。

动画：四区划线接种

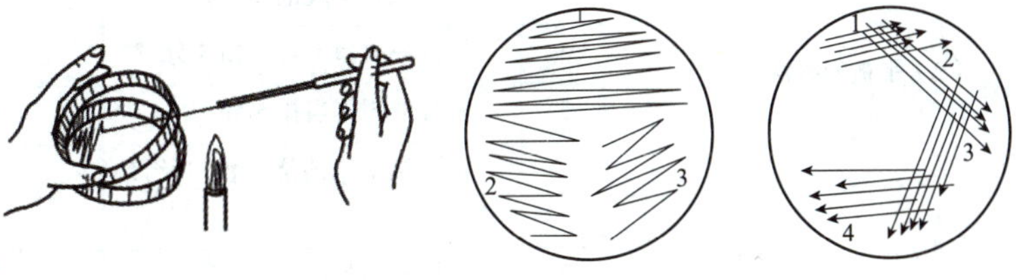


（a）　（b）　（c）

**图 2-22　平板划线方法示意**

（a）划线分离操作；（b）连续划线；（c）分区划线

### 7. 接种结束

接种环在放回原处前，要经火焰灼烧灭菌。如果接种环上沾有的菌体较多，则应先将接种环在火焰边烤干，然后灼烧，以免未烧死的菌种飞溅，从而污染环境，接种病原菌时更要注意。

### 8. 培养

接种后于 28 ℃恒温培养，细菌培养 48 h（培养过程中注意观察有无污染及生长情况）。

## 任务报告

记录试管斜面接种及划线培养接种的结果，并自我评价。

## 任务思考

（1）微生物接种时需要注意什么？

（2）划线分离时为什么每次都要将接种环上剩余物烧掉？

**任务考核单（任务 2-6）**

专业：__________ 学号：__________ 姓名：__________ 成绩：__________

| 任务名称 | | 微生物的接种技术 | | | 时间：180 min | | |
|---|---|---|---|---|---|---|---|
| 序号 | 考核内容 | 考核要点 | 配分 | 评分标准 | 扣分 | 得分 | 备注 |
| 1 | 操作前的准备（10 分） | （1）穿工作服 | 5 | 未穿工作服扣 5 分 | | | |
| | | （2）仪器用具的准备 | 5 | 未准备仪器用具扣 5 分 | | | |
| 2 | 操作过程（80 分） | （1）斜面接种法 | 5 | 未记录接种信息 5 分 | | | |
| | | | 5 | 消毒不规范扣 5 分 | | | |
| | | | 3 | 手持试管不规范扣 3 分 | | | |
| | | | 5 | 接种环灭菌不规范扣 5 分 | | | |
| | | | 5 | 菌种取用不当扣 5 分 | | | |
| | | | 5 | 接种结束未灼烧试管口及接种环扣 5 分 | | | |
| | | | 2 | 未调试培养箱温度扣 2 分 | | | |
| | | （2）平板划线法 | 5 | 未记录接种信息 5 分 | | | |
| | | | 5 | 消毒不规范扣 5 分 | | | |
| | | | 3 | 手持试管不规范扣 3 分 | | | |
| | | | 5 | 接种环灭菌不规范扣 5 分 | | | |
| | | | 5 | 菌种取用不当扣 5 分 | | | |
| | | | 5 | 接种结束未灼烧平板口及接种环扣 5 分 | | | |
| | | | 2 | 平板未倒置扣 2 分 | | | |
| | | （3）记录试验过程 | 20 | 记录不规范、信息不全扣 1～5 分 | | | |

续表

| 序号 | 考核内容 | 考核要点 | 配分 | 评分标准 | 扣分 | 得分 | 备注 |
| --- | --- | --- | --- | --- | --- | --- | --- |
| 3 | 文明操作（10 分） | 清理仪器用具、试验台面 | 10 | 试验结束后未清理扣 10 分 | | | |
| 4 | 安全及其他 | （1）不得损坏仪器用具 | — | 损坏一般仪器、用具按每件 10 分从总分中扣除 | | | |
| | | （2）不得发生事故 | — | 由于操作不当发生安全事故时停止操作扣 5 分 | | | |
| | | （3）在规定时间内完成操作 | — | 每超时 1 min 从总分中扣 5 分，超时达 3 min 即停止操作 | | | |
| 合计 | | | 100 | | | | |

## 课后小测验

1. 下列不属于细菌基本结构的是（　　）。

A. 细胞壁　B. 芽孢　C. 细胞膜　D. 细胞质

2. 接种环常用的灭菌方法为（　　）。

A. 火焰灼烧　B. 煮沸　C. 紫外线　D. 高压蒸汽

3. 高压蒸汽灭菌器使用的最佳温度是（　　）℃。

A .90　B. 110　C. 115　D. 121

4. 在革兰氏染色中，什么样的菌体会呈现紫色？（　　）

A. 革兰氏阳性菌　B. 革兰氏阴性菌　C. 革兰氏间歇菌　D. 无色菌

5. 在培养微生物的常用器具中，（　　）是专为培养微生物设计的。

A. 平皿　B. 试管　C. 烧杯　D. 烧瓶

6. 下列不属于稀释倒平板法的缺点的是（　　）。

A. 菌落有时分布不够均匀

B. 热敏感菌容易被烫死

C. 严格好氧菌因被固定在培养基中生长受到影响

D. 环境温度低时不易操作

7. 普通光学显微镜的构造可分为哪几部分？

# 模块 3　食品微生物检验基础必做项目

## 案例引入

### 案例 1　熟肉制品微生物污染情况

某熟肉制品厂对加工过程中的微生物污染情况展开调查。2015—2017 年，其共采集样品 376 份，检测出致病菌 46 株，检出率为 12.2%。其中，检测出沙门氏菌 32 株，检出率为 8.5%；金黄色葡萄球菌 10 株，检出率为 2.7%；单核细胞增生李斯特菌 4 株，检出率为 1.1%。原辅料、中间产品、成品及终产品中大肠菌群检出率为 46.4%，环境样品中肠杆菌科细菌的检出率为 86.0%。这说明，熟肉制品加工过程存在大量的微生物污染。

### 案例 2　发酵乳微生物污染情况

某年，针对发酵乳生产加工过程中微生物污染状况，对发酵乳生产的原辅料、生产加工过程的每个环节、环境及加工人员开展微生物监测。监测食品样品 30 份，生产用水菌落总数为 200 CFU/mL，原料乳粉中菌落总数为 520 ～ 720 CFU/g；清洁作业区监测样品 48 份，3 名操作人员鞋底和 2 个排水口检测出肠杆菌科细菌；准清洁作业区监测样品 64 份，投料车间空气菌落总数 110 CFU/ 皿。

从以上案例中可以看出，食品微生物检验在食品的原料选择，加工过程到产品销售，贯穿“农场到餐桌”的任何一个环节，通过食品的微生物检验可以确保食品安全和质量；同时，它还是衡量食品卫生质量的重要指标之一，可以对食品加工环境和卫生状况做出评估，进而判断食品被细菌污染的程度，为改善食品生产和加工过程提供科学依据；也可以通过食品微生物检验，防止传染病的发生，并有助于提供传染病和人类、动物及食物中毒的防治措施。

## 学习目标

**知识目标**

1. 认识食品微生物检验使用的仪器设备。
2. 了解被检测出微生物的形态学、生理学特征。
3. 理解样品中的微生物检测的国家标准。
4. 熟悉不同种类微生物检测的检测流程。

**能力目标**

1. 会使用、维护显微镜、高压灭菌锅、烘箱、无菌操作台、培养箱等设备；会对生产环境、设备和无菌室进行消毒灭菌。

2. 能进行无菌操作，能对生产人员的手、车间空气、设备的清洁卫生指标进行检测评价。

3. 能按照国家标准对产品和原料进行菌落总数、大肠菌群、霉菌及其他常见致病菌、商业无菌等微生物指标进行检测。

**素质目标**

1. 拥有诚实守信、实事求是、不编造数据、严谨求实的工作作风。

2. 具有利用信息化手段查询、收集食品行业最新动态及食品安全典型案例的意识。

3. 树立食品安全意识、责任意识、规范意识、无菌意识。

## 模块导学

- 食品微生物检验基础必做项目
  - 大肠菌群与大肠杆菌的认知
    - 大肠菌群简介
    - 大肠杆菌的形态和大小
    - 大肠杆菌的繁殖
    - 大肠杆菌的培养及菌落特征
    - 大肠杆菌的检测
  - 金黄色葡萄球菌的认知
    - 金黄色葡萄球菌的形态和大小
    - 金黄色葡萄球菌的繁殖
    - 金黄色葡萄球菌的培养及菌落特征
  - 酵母菌的认知
    - 酵母菌的形态和大小
    - 酵母菌的繁殖
    - 酵母菌的培养及菌落特征
    - 酵母菌的检测
  - 霉菌的认知
  - 肉毒梭菌的认知
    - 肉毒梭菌的形态和大小
    - 肉毒梭菌的繁殖
    - 肉毒梭菌的培养及菌落特征
    - 肉毒梭菌及其毒素的检测
  - 沙门氏菌的认知
    - 沙门氏菌的形态和大小
    - 沙门氏菌的繁殖
    - 沙门氏菌的培养及菌落特征
    - 沙门氏菌的检测
  - 诺如病毒的认知
    - 诺如病毒的结构和大小
    - 诺如病毒的变异与传播
    - 诺如病毒的理化特性
    - 诺如病毒的检测
  - 任务演练
    - 任务3-1 饮用水中大肠菌群的测定
    - 任务3-2 食品中金黄色葡萄球菌的检验
    - 任务3-3 酵母菌的计数
    - 任务3-4 霉菌的形态观察技术
    - 任务3-5 豆豉中肉毒梭菌及肉毒毒素的测定
    - 任务3-6 鸡蛋中沙门氏菌的测定
    - 任务3-7 果蔬中诺如病毒的测定

# 知识点 1　大肠菌群与大肠杆菌的认知

## 一、大肠菌群简介

大肠菌群并非细菌学分类命名，而是卫生细菌领域的用语，它不代表某一个或某一属细菌，而指的是具有某些特性的一组与粪便污染有关的细菌，这些细菌在生化及血清学方面并非完全一致。其定义为需氧及兼性厌氧、在 37 ℃能分解乳糖产酸产气的革兰氏阴性无芽胚杆菌。一般认为，该菌群中的细菌可包括大肠埃希氏菌、柠檬酸杆菌、产气克雷伯氏菌和阴沟肠杆菌等。

## 二、大肠杆菌的形态和大小

大肠菌群直接或间接地来自人和温血动物的粪便，所以，食品中检测出大肠菌群就表示食品受人、温血动物的粪便污染。其中典型大肠杆菌为粪便污染，其他菌属则可能为粪便的陈旧污染。

大肠埃希氏菌又称为大肠杆菌，是正常肠道菌群的组成部分。其为短杆菌，两端呈钝圆形，大小为 0.5 μm ×（1 ～ 3 μm），周生鞭毛，能运动，无芽孢，革兰氏阴性菌。因为环境不同，个别菌体有时会出现近似球杆状或长丝状，如图 3–1 所示。

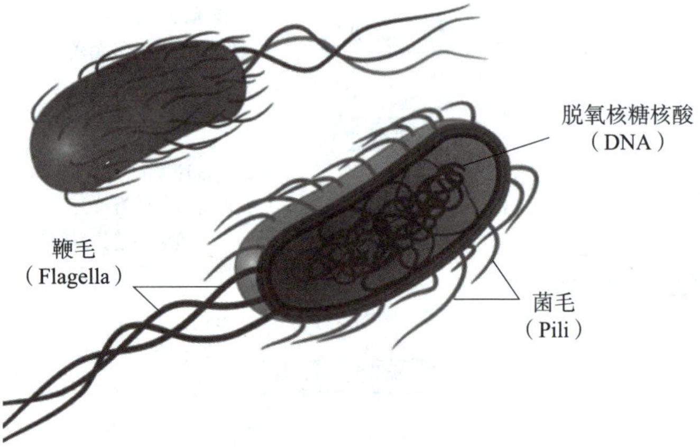


图 3–1　大肠杆菌

大肠杆菌是条件致病菌，在一定条件下部分特殊的大肠杆菌会致病，可引起严重的食物中毒，或者引起尿路感染。患者感染大肠杆菌后，常表现为腹痛、腹泻、恶心、呕吐等症状，需要及时到医院的消化内科就诊，做大便常规检查，确诊后可有针对性地选择抗菌药物治疗，如口服诺氟沙星或庆大霉素，还可以用妥布霉素进行肌肉注射，这些都能达到治疗效果。服用药物都需要在医师指导下服用，切勿擅自服用。大肠杆菌主要是通过食物、水及与动物接触进行传染，所以，大家平时一定要做好个人卫生，在进食前、进食后、便前便后勤洗手，最好使用肥皂或合格的抗菌洗手液洗手。平常不喝生水，一定要煮沸后再饮用，蔬菜、肉类等也要经过高温消毒后再食用，避免生食。大肠杆菌是人体中正常存在的菌群，与人体的关系是共同生存、互相利用。

## 三、大肠杆菌的繁殖

大肠杆菌是寄生在人体大肠和小肠里的一种单细胞生物，结构简单，繁殖迅速，一般可以通过分裂的方式进行繁殖。绝大多数大肠杆菌与人类有良好的合作关系，但仍有少数特殊类型的大肠杆菌具有较强的毒力。人一旦感染，将患上严重的流行病。大肠杆菌是一类人类和动物肠道中的常驻细菌，婴儿出生后，通过母乳喂养进入肠道并陪伴人的一生，约占粪便干质量的 1/3，主要生活在大肠中，一般是无性繁殖。

大肠杆菌进行繁殖的主要方式就是分裂。大肠杆菌分裂的起点是染色体的复制。染色体的复制必须与细胞的分裂保持一致，以便两个子代能够均等地获得遗传物质。如果细胞要进行分裂，那么首先染色体复制必须完成。一旦染色体复制完成，那么大肠杆菌就可以开始分裂了。大肠杆菌 DNA 复制全过程所花费的时间大概需要 40 min。细菌在完成染色体复制后大概 20 min 才会开始分裂。

当大肠杆菌生长快速时，还未结束染色体一次复制，新的复制又在尚不分开的染色体上开始了新的复制，大幅缩短了染色体复制的时间，也缩短了细胞分裂的代时（细菌繁殖一代所需时间）。细胞进行分裂需要在染色体复制完成后，再开始下一次复制。

## 四、大肠杆菌的培养及菌落特征

### （一）大肠杆菌的培养

一般用 LB 液体培养基来扩大培养大肠杆菌，培养后可在 LB 固体培养基上划线分离。常用牛肉膏蛋白胨培养基的组成成分为牛肉膏 3 g、蛋白胨 10 g、NaCl 5 g、琼脂 15 ～ 20 g、水 1 000 mL，pH 值为 7.4 ～ 7.6。

具体配制步骤如下。

（1）称取药品。按配方称取各种药品放入大烧杯。牛肉膏可放在小烧杯或表面皿中称量，用热水溶解后倒入大烧杯；也可放在称量纸上称量，随后放入热水，牛肉膏与称量纸分离，立即取出纸片，蛋白胨极易吸潮，故称量时要迅速。

（2）加热溶解。在烧杯中加入少于所需要的水量，然后放在石棉网上，小火加热，并用玻璃棒搅拌，待药品完全溶解后再补充水分至所需量。若配制固体培养基，则将称量好的琼脂放入已溶解的药品，再加热融化，在此过程中，需要不断搅拌，以防止琼脂糊底或溢出，最后补足所失的水分。

（3）调节 pH 值。检测培养基的 pH 值，若 pH 值偏酸，可滴加 1 mol/L NaOH，边加边搅拌并随时用 pH 试纸检测，直至达到所需 pH 值范围；若偏碱，则用 1 mol/L HCl 进行调节。pH 值的调节通常在加琼脂之前进行，应注意 pH 值不要调过头，以免由于回调而影响培养基内各离子的浓度。

（4）过滤液体。培养基可用滤纸过滤，固体培养基可用 4 层纱布趁热过滤，以利于培养的观察。但是供一般使用的培养基，这步可省略。

（5）分装。按试验要求，可将配制的培养基分装入试管或三角烧瓶，可使用漏斗，以免使培养基沾在管口或瓶口上而造成污染。分装量，固体培养基约为试管高度的 1/4，灭菌后制成斜面并分装入三角烧瓶，以不超过其容积的 50% 为宜；半固体培养基以试管高度的 1/3 为宜，灭菌后垂直待凝。

（6）加棉塞。在试管口和三角烧瓶口塞上普通棉花（非脱脂棉）制作的棉塞。棉塞的形状、大小和松紧度要合适，四周紧贴管壁，不留设缝隙，才能起到防止杂菌侵入和利于通气的作用。要使棉塞总长约 3/5 塞入试管口或瓶口，以防止棉塞脱落。有些微生物需要更好的通气，则可用 8 层纱布制成通气塞，有时也可用试管帽或乳胶塞代替棉塞。

（7）包扎。加棉塞后，将三角烧瓶的棉塞外包一层牛皮纸或双层报纸，以防止灭菌时冷凝水沾湿棉塞。若培养基分装于试管中，则应以 5 支或 7 支为 1 组，再于棉塞外包一层牛皮纸，用绳绑扎好，然后用记号笔注明培养基名称、组别、日期。

（8）灭菌。将上述培养基于 121.3 ℃湿热灭菌 20 min，如因特殊情况不能及时灭菌，则应放入冰箱内暂存。

（9）无菌检验。将灭菌的培养基放入 37 ℃温箱中培养 24 ～ 48 h，只要保证其无菌生长即可使用，也可储存于冰箱或清洁的橱内，备用。

（10）培养 37 ℃，恒温培养 48 ～ 72 h，因为接种时和具体培养条件的不同，其一般在 2 d 后才能长出明显的菌落。

### （二）大肠杆菌的菌落特征

（1）大肠杆菌菌株同时具有荚膜及微荚膜两种结构，但大部分不能形成芽孢，在生长过程中会存在一定的菌毛，其中部分菌毛组织对人体及其他的细胞、组织等都具有较为特殊的黏附作用。

（2）大肠杆菌多数都是在普通琼脂培养基上进行专门培养，其形态多为圆形，边缘也较为整齐、呈半透明状，表面光滑偶尔会有凸起情况，如图 3-2 所示。

（3）大肠杆菌可为短杆菌，两端形状为钝圆形，有部分群体可能会出现长丝状、近球杆状形态，多数为 1 个或 2 个并存，很少出现长链排列的情况。

（4）大肠杆菌菌落带有凸出生存及合成代谢能力，可在 32 ～ 44 ℃环境中生存，尤其是在 37 ℃环境中生长最为快速。

（5）大肠杆菌菌落通常为中等大小，具有运动能力，可自由活动。

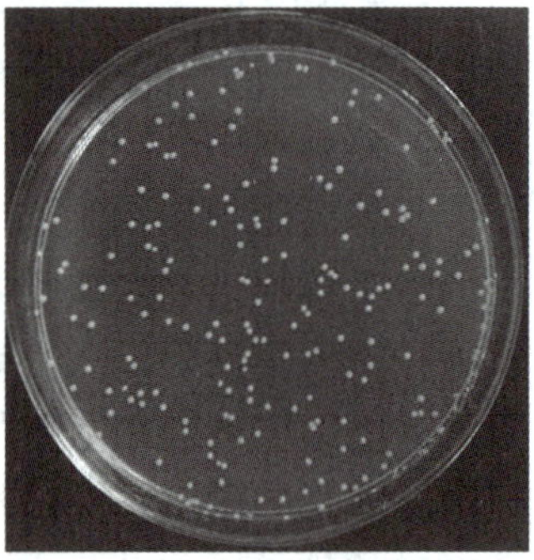

图 3-2　大肠杆菌菌落

## 五、大肠杆菌的检测

大肠杆菌生活在人和动物肠道中，不生活在水中，如果在水中发现，说明水被粪便污染。卫生学上常以大肠杆菌作为检测水源是否被粪便污染的指标。大肠杆菌繁殖迅速，培养容易，变异容易被检测出，因此是生物学上的重要试验材料。大肠杆菌对于分子遗传学的建立和发展及生物工程的兴起发挥了重要的作用。用大肠杆菌生产人的生长激素释放抑制因子已经取得了成功。人的生长激素释放抑制因子是从人脑、肠、胰腺中分泌出来的一种神经激素，可抑制胰岛素和胰高血糖素的分泌，对肢端肥大症、急性胰腺炎和糖尿病等患者有治疗作用。现在，人们通过遗传工程将人的生长激素释放抑制因子的基因，引入大肠杆菌，使大肠杆菌按照人们的意愿生产生长激素的生产效率大幅提高。通过遗传工程，许多哺乳动物的遗传基因都可在大肠杆菌上表达。这为人类改造生物开辟了新的途径。

# 知识点 2　金黄色葡萄球菌的认知

## 一、金黄色葡萄球菌的形态和大小

金黄色葡萄球菌是人类的一种重要病原菌，隶属于葡萄球菌属，有“嗜肉菌”的别称，是革兰氏阳性菌的代表。葡萄球菌属至少包括 20 个种，而其中的金黄色葡萄球菌是使人类患病的一种重要病原菌，可引起很多种严重感染。典型的金黄色葡萄球菌为球形，直径为 0.8 μm 左右，在显微镜下排列成葡萄串状，无芽孢、无鞭毛，进行体外培养时一般不形成荚膜，但少数菌株的细胞壁外层可见有荚膜样黏液物质。在某些化学物质（如青霉素）的作用下，可裂解或变成 L 形。

## 二、金黄色葡萄球菌的繁殖

金黄色葡萄球菌是单细胞球菌，在电镜下呈单个、双联、四联、少数簇群形态，繁殖是通过自身的分裂繁殖，无芽孢。

金黄色葡萄球菌通过分裂的方式进行繁殖，也就是 1 个细菌分裂成 2 个细菌，它们在长大以后又能继续分裂。分裂时，细胞首先将它的遗传物质进行复制，然后细胞从中部向内凹陷，形成 2 个子细胞。因此，细菌的生殖方式是“分裂生殖”。

## 三、金黄色葡萄球菌的培养及菌落特征

金黄色葡萄球菌形态为球形，在培养基中菌落特征表现为圆形，菌落表面光滑，颜色为无色或金黄色（图 3–3），无扩展生长特点，将金黄色葡萄球菌培养在哥伦比亚血平板中，在光下观察菌落会发现周围产生了透明的溶血圈。金黄色葡萄球菌在显微镜下排列成葡萄串状，常见于皮肤表面及上呼吸道黏膜。

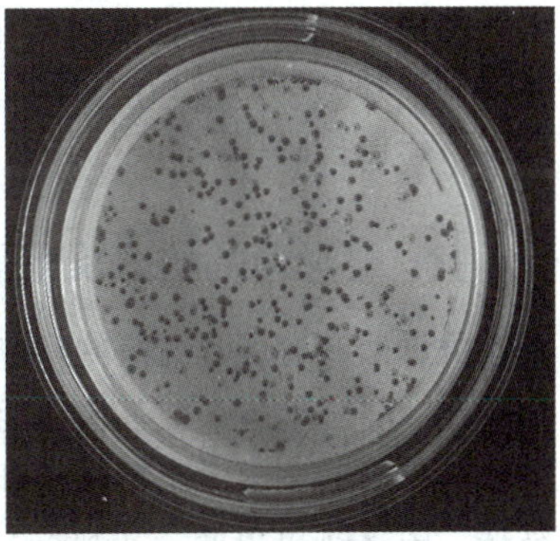

图 3–3　金黄色葡萄球菌菌落

金黄色葡萄球菌对高温有一定的耐受能力，在 80 ℃以上高温的环境下 30 min 才可以将其彻底杀死。另外，金黄色葡萄球菌可以存活于高盐环境中，最高可以耐受 15% 的 NaCl 溶液。由于细菌本身结构的特点，利用 70% 的酒精可以在几分钟之内将其快速杀死。金黄色葡萄球菌代谢类型为需氧或兼性厌氧，对环境的要求不高，能在各种恶劣环境中存活下来，37 ℃为其最适生长温度。因此，使用一般的营养琼脂即可正常培养该细菌。

金黄色葡萄球菌是常见的食源性致病菌，广泛存在于自然环境中，在适当的条件下能

够产生肠毒素，让人食物中毒。由金黄色葡萄球菌引起的食物中毒占食源性微生物食物中毒事件的25%左右，因此，其成为仅次于沙门氏菌和副溶血杆菌的第三大微生物致病菌。

## 知识点3 酵母菌的认知

### 一、酵母菌的形态和大小

酵母菌不是分类学上的名称，而是一类非丝状真核微生物，一般泛指能发酵糖类的各种单细胞真菌。通常，酵母菌以单细胞状态存在，细胞壁常含甘露聚糖，以芽殖或裂殖进行无性繁殖，能发酵糖类产能，喜在含糖量较高的偏酸性水生环境中生长。

酵母菌细胞的直径约为细菌的10倍，其直径一般为2～4 μm，长度为5～30 μm，最长可达100 μm。每种酵母菌的大小因生活环境、培养条件和培养时间长短而有较大的变化。最典型和最重要的酿酒酵母菌细胞大小为（2.5～10）μm×（4.5～21）μm，如图3-4所示。

酵母菌在自然界分布很广，主要分布于偏酸性含糖环境中，如水果、蔬菜、蜜饯的表面和果园土壤中。酵母菌与人类关系极为密切。千百年来，酵母菌及其发酵产品大大改善和丰富了人类的生活，如各种酒类生产，面包制作，甘油发酵，饲用、药用等。酵母菌也会给人类带来危害。例如，腐生型的酵母菌能使食品、纺织品和其他原料腐败变质；耐渗透压酵母菌可使果酱、蜜饯和蜂蜜变质。

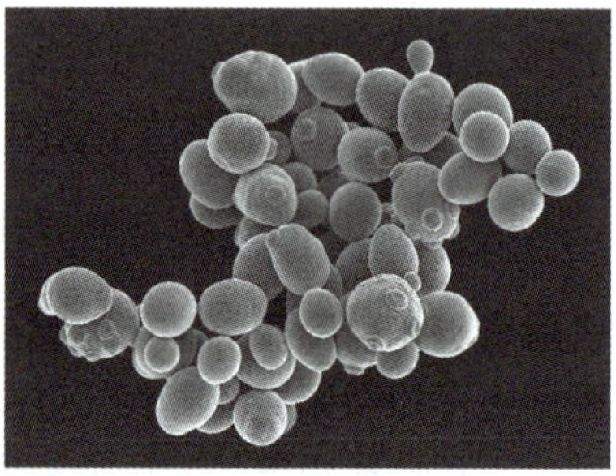

图3-4 酵母菌纯培养的镜下形态

### 二、酵母菌的繁殖

大多数酵母菌为单细胞，形状因品种而异。基本形态为球形、卵圆形、圆柱形或香肠形。某些酵母菌进行一连串的芽殖后，长大的子细胞与母细胞并不立即分离。其间仅以极狭小的接触面相连，这种藕节状的细胞串称为假菌丝。菌体无鞭毛，不能游动。

酵母菌具有无性繁殖和有性繁殖两种繁殖方式。大多数酵母菌以无性繁殖为主。无性繁殖包括芽殖、裂殖和产生无性孢子，有性繁殖主要是产生子囊孢子。繁殖方式对酵母菌的鉴定极为重要。

### 三、酵母菌的培养及菌落特征

酵母菌在有氧和无氧的环境中都能生长，其细胞生长最适温度为20～30 ℃，pH值为3.0～7.5。酵母菌必须有水才能存活，但其所需要的水比细菌需要的少。

酵母菌的菌落形态特征与细菌相似，但比细菌大而厚，湿润，表面光滑，多数不透明，黏稠，菌落颜色单调，多数呈乳白色，少数呈红色，个别呈黑色。酵母菌生长在固体培养基表面，容易用针挑起，菌落质地均匀，正、反面及中央与边缘的颜色一致。不产生假菌丝的酵母菌菌落更隆起，边缘十分圆整；形成大量假菌丝的酵母菌，菌落较平坦，表面和边缘粗糙。

酵母菌的菌落特征是分类鉴定的重要依据。酵母菌在液体培养基中的生长情况也不同，有的在液体中均匀生长，有的在底部生长并产生沉淀，有的在表面生长形成菌膜，菌膜的表面状况及厚薄也不同。以上特征对分类也具有重要的意义。

## 四、酵母菌的检测

酵母菌是真菌中的一大类，通常是单细胞，呈圆形、卵圆形、腊肠形，少数为短杆状。

酵母菌广泛分布于自然界中，并可作为食品中正常菌群的一部分。长期以来，人们利用酵母菌加工一些食品，如酿酒、制酱。在食品、化学、医药等领域都少不了酵母菌。但在某些情况下，酵母菌也可造成食品腐败变质。由于它们生长缓慢和竞争能力不强，故常常在不适合细菌生长的食品中出现，这些食品是 pH 值低、湿度低、含盐和含糖量高的食品，低温储藏的食品，含有抗生素的食品等。由于酵母菌能抗热、抗冷冻，对抗生素和辐射等保藏措施也有抵抗作用，它们能转换某些不利于细菌的物质，而促进致病细菌的生长。酵母菌往往可以使食品表面失去色、香、味。例如，酵母菌在新鲜的和加工的食品中繁殖，可使食品发生难闻的异味，它还可以使液体发生浑浊，产生气泡，形成薄膜，改变颜色及散发不正常的气味等。因此，酵母菌也可以作为评价食品卫生质量的指示菌，并以酵母菌计数来反映食品被污染的程度。

《食品安全国家标准　食品微生物学检验　霉菌和酵母计数》（GB 4789.15—2016）适合用来给食品中的霉菌和酵母菌计数。

# 知识点 4　霉菌的认知

霉菌并不是微生物分类系统的名词，而是丝状真菌的通称，也是一类在工农业生产中有广泛应用的微生物，与人类的生活也十分密切。它广泛存在于自然界，陆生性较强，种类繁多，在空气中到处散布它们的孢子。目前已知常见的霉菌有曲霉属的黄曲霉、寄生曲霉、杂色曲霉、构巢曲霉、赭曲霉；青霉属的黄绿青霉、橘青霉、圆弧青霉、岛青霉、展开青霉、纯绿青霉、皱褶青霉、产紫青霉；镰刀菌属的串珠镰刀菌、禾谷镰刀菌、三线镰刀菌、雪腐镰刀菌、梨孢镰刀菌、拟枝孢镰刀菌、木贼镰刀菌、茄病镰刀菌、尖孢镰刀菌；木霉属的木霉；头孢霉属的头孢霉；单端孢霉属的粉红单端孢霉；葡萄状穗霉属的黑葡萄状穗霉；交链孢霉属的交链孢霉；节菱孢霉属的节菱孢霉等。这些有毒霉菌虽然在已知数万种霉菌中只是极少数，但它们分布广泛，适应性强，对人类的威胁仍然很大。毒霉菌之所以能引起中毒，是因为它们会产生毒素，并且毒性一般很大。例如，黄曲霉能产生 12 种毒素，其中黄曲霉毒素 $B_1$，据试验报道，狗的半致死量是 1 mg/kg，猪是 0.62 mg/kg，鸭是 0.335 mg/kg。并且相当多的霉菌产生的毒素能在人体内蓄积，产生慢性中毒，使人体的肝脏、肾脏等发生病变，甚至导致癌症的发生。许多证据表明，黄曲霉毒素是典型的致肝癌毒素；橘青霉毒素是致肾脏病变毒素。

霉菌的菌落特征：霉菌的细胞呈丝状，在固体培养基上生长时形成营养菌丝和气生菌丝，气生菌丝间无毛细水管。因此，霉菌的菌落与细菌和酵母菌不同，与放线菌接近。但霉菌的菌落形态较大，质地比放线菌疏松，外观干燥，不透明，呈或紧或松的蛛网状、绒毛状或棉絮状。菌落与培养基连接紧密，不易挑取。菌落正反面的颜色及边缘与中心的颜色常不一致。菌落正反面颜色呈现明显差别，其原因是由气生菌丝分化出来的孢子的颜色往往比深入在固体基质内的营养菌丝的颜色深；菌落中心气生菌丝的生理年龄大于菌落边缘的气生菌丝，其发育分化和成熟度较高且颜色较深，形成菌落的中心与边缘气生菌丝在颜色与形态结构上有明显差异。

菌落特征是鉴定各类微生物的重要形态学指标，在实验室和生产实践中具有重要的意义。现将细菌、酵母菌、放线菌和霉菌这四大类微生物的细胞和菌落形态等特征进行比较，见表 3–1。

**表 3–1　四大类微生物的细胞形态和菌落特征的比较**

| 特征 | | 细菌 | 酵母菌 | 放线菌 | 霉菌 |
|---|---|---|---|---|---|
| 细胞 | 形态特征 | 小而均匀 | 大而分化 | 细而均匀 | 粗而分化 |
| | 相互关系 | 单个分散或按一定方式排列 | 单个分散或假丝状 | 丝状交织 | 丝状交织 |
| 菌落 | 含水情况 | 很湿或较湿 | 较湿 | 干燥或较干燥 | 干燥 |
| | 外观特征 | 小而凸起或大而平坦 | 大而凸起 | 小而紧密 | 大而疏松或大而致密 |
| 菌落 | 透明度 | 透明或稍透明 | 稍透明 | 不透明 | 不透明 |
| | 与培养基结合度 | 不结合 | 不结合 | 牢固结合 | 较牢固结合 |
| | 颜色 | 多样 | 单调 | 十分多样 | 十分多样 |
| | 正反面颜色差别 | 相同 | 相同 | 一般不同 | 一般不同 |
| | 生长速度 | 一般很快 | 较快 | 慢 | 一般较快 |
| | 气味 | 一般有臭味 | 多带酒香 | 常有泥腥味 | 霉味 |

在食品微生物检验中，主要根据霉菌菌丝体或孢子的颜色、形态特征等对有毒霉菌进行鉴别。关于霉菌的计数技术，可参考酵母菌计数技术。

# 知识点 5　肉毒梭菌的认知

## 一、肉毒梭菌的形态和大小

肉毒梭菌是肉毒梭状芽孢杆菌的简称，也称为肉毒杆菌，广泛分布于土壤、海洋湖泊沉积物和家畜粪便中。它是一种革兰氏阳性粗短杆菌，严格厌氧，有 A、B、C、D、E、F、G 7 个亚型，每个亚型都可产生一种有剧毒的大分子外毒素，即肉毒毒素。该种毒素是已知的最强毒素，可抑制胆碱神经末梢释放乙酰胆碱，导致肌肉松弛型麻痹。人们在食入和吸收这种毒素后，神经系统将被破坏，出现眼睑下垂、复视、斜视、吞咽困难、头晕、呼吸困难和肌肉乏力等症状，严重者可因呼吸麻痹而死亡。

肉毒梭菌属厌氧性梭状芽孢杆菌属，为（0.3～1.2）μm×（3～20）μm 的短杆菌，不同代谢群菌株的大小有差异，单独或成双排列，有时可见短链状。新鲜培养基的革兰氏染色为阳性，具有该菌的基本特性，即厌氧性的杆状菌，为多形态细菌，两侧平行，两端钝圆，直杆状或稍弯曲。肉毒梭菌具有 4～8 根周毛性鞭毛，运动迟缓，无荚膜。有芽孢，芽孢比繁殖体宽，呈梭状，芽孢椭圆形，大于菌体，位于次极端，使菌体似网球拍状，或偶有位于中央，常见很多游离芽孢。当菌体开始形成芽孢时，常有自溶现象出现，可见到阴影形，如图 3-5 所示。

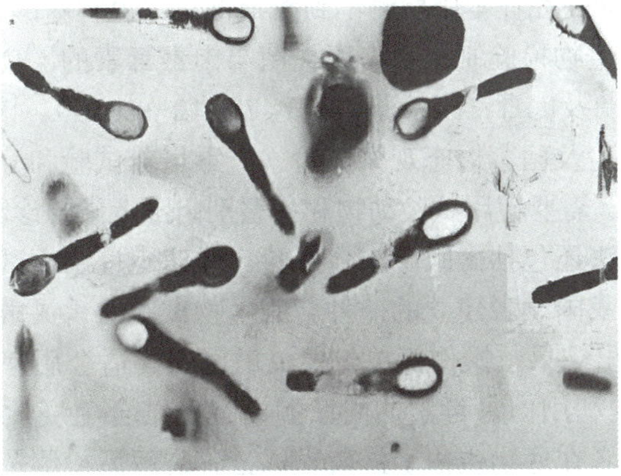

图 3-5　肉毒梭菌纯培养的镜下形态

## 二、肉毒梭菌的繁殖

通常，肉毒梭菌在有氧环境中、低于 4 ℃或 pH<4.5 条件下不生长。只有在厌氧、低盐、偏酸的特殊条件下，其才可生长繁殖并产生肉毒毒素。其中，具有蛋白分解功能的肉毒梭菌最适产毒培养温度为 37 ℃，不具有蛋白分解功能的菌株最适产毒培养温度为 30 ℃，甚至在 3～4 ℃的低温条件下也可产生肉毒毒素。

肉毒梭菌芽孢在自然界生命力极强，在干燥环境中可存活 30 年以上，沸水中可存活 3～4 h。对紫外线、酒精和酚类化合物不敏感，甚至对辐射照射也有一定抵抗力。在 180 ℃下干热 5～15 min，100 ℃下湿热 5 h，或高压蒸汽 121 ℃、30 min，才能杀死肉毒杆菌芽孢。肉毒毒素对酸的抵抗力特别强，胃酸溶液 24 h 内不能将其破坏，故可被胃肠道吸收，损害身心健康。

## 三、肉毒梭菌的培养及菌落特征

肉毒梭菌专性厌氧，对温度的要求因菌类的不同而存在区别，最适合的生长温度为 30～37 ℃，多数菌株在 25 ℃和 45 ℃也可生长。产毒素的最适温度为 25～30 ℃。培养基的最适 pH 值为 6.0～8.2，pH 值为 8.5 时可抑制其生长。该菌对营养要求不高，在普通培养基中均能生长。肉毒梭菌的生化性状很不规律，即使同型，也常见株间差异。在固体培养基表面上，形成不正圆形、直径 1～6 mm 的菌落，扁平或稍隆起。菌落透明或半透明，表面呈颗粒状，边缘不整齐，界线不明显，呈绒毛网状，常向外扩散成菌苔。在血平板上，出现与菌落等大或较大的溶血环。在乳糖卵黄牛奶平板上，菌落下培养基呈乳浊状态，菌落表面及周围形成彩虹薄层，不分解乳糖；分解蛋白的菌株，菌落周围出现透明环。能消化肉渣，使之变黑，有腐败恶臭。液化明胶，产生硫化氢，不形成吲哚。

### 四、肉毒梭菌及其毒素的检测

肉毒毒素中毒的实验室诊断，从患者的血清、粪便、呕吐物及可疑食品等样本中检测到毒素是最可靠的诊断依据。在粪便、胃肠道物和受伤组织等样本中检测或分离到肉毒梭菌，可支持诊断，但不能以此确诊。但在一些婴儿肉毒毒素中毒病例中，只要在粪便或胃肠物中发现肉毒梭菌，即使在样本中检测不到肉毒毒素，也有确诊意义。

在我国针对食品微生物检验制定了肉毒梭菌与肉毒毒素的《食品安全国家标准　食品微生物学检验　肉毒梭菌及肉毒毒素检验》(GB 4789.12—2016)。该标准中的内容主要包括检测毒素的小鼠致死试验及菌落形态观察试验、产毒培养试验和分离培养试验等。现行标准的缺点是耗费时间长、需要使用试验动物和各型别肉毒毒素的诊断血清。

肉毒毒素的检测方法还包括禽眼睑闭合试验、快速免疫层析试验、肽链内切酶 ELISA 等。禽眼睑闭合试验是我国学者建立的一种新的生物试验法，灵敏度高。基于金标记的免疫层析法可在 5 min 内出结果，操作简单，但灵敏度低，适合用来进行现场快速筛查。基于肽链内切酶 ELISA 是利用肉毒毒素的内肽酶活性，结合免疫学检测方法或光谱技术检测裂解的底物多肽，或者在底物蛋白上做荧光标记，裂解后检测荧光信号。该方法的最大特点是能检测有活性的毒素，且特异性强、灵敏度高，也可用于毒素的分型检测，值得推广。

肉毒梭菌的核酸检测方法已非常成熟，如 PCR、荧光定量 PCR 及多重 PCR 等检测 A–F 型肉毒梭菌的试验方法均有报道。现在还没有肉毒梭菌核酸检测的国家标准，仅有 A、B、E、F 型肉毒梭菌 PCR 检测的行业标准《食品中肉毒梭菌的 PCR 检测方法》（SN/T 2525—2010）。因此，相关部门有必要尽快制定 A ～ G 型肉毒梭菌的 PCR 或荧光定量 PCR 检测的国家标准，以满足食品生产企业的需求。

## 知识点 6　沙门氏菌的认知

### 一、沙门氏菌的形态和大小

沙门氏菌是一种常见的食源性致病菌（泛指 2 000 多种有紧密联系的细菌，包括引起食物中毒，导致胃肠炎、伤寒和副伤寒的细菌）。沙门氏菌属有的专对人类致病，有的专对动物致病，也有对人和动物都致病。沙门氏菌病是指由各种类型沙门氏菌所引起的对人类、家畜，以及野生禽兽不同形式的总称。感染沙门氏菌的人或带菌者的粪便可以污染食品，可导致其他人食物中毒。据统计在世界各国的细菌性食物中毒中，沙门氏菌引起的食物中毒常列榜首。沙门氏菌的菌体大小为（0.6 ～ 0.9）μm ×（1 ～ 3）μm，无芽孢，一般无荚膜，除鸡白痢沙门氏菌和鸡伤寒沙门氏菌外，大多有周生鞭毛，如图 3–6 所示。

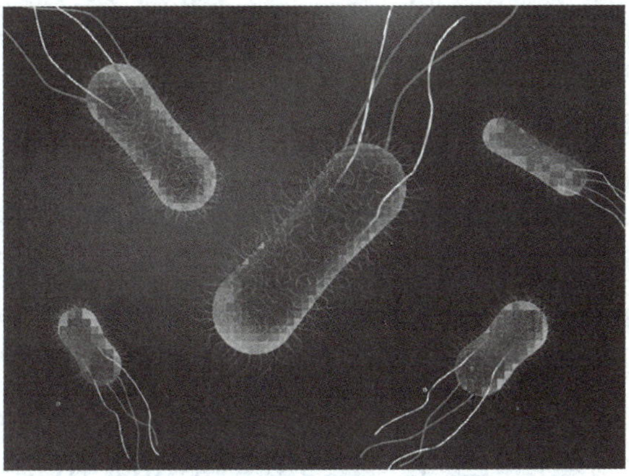

图 3-6　沙门氏菌纯培养的镜下形态

## 二、沙门氏菌的繁殖

沙门氏菌在水中不易繁殖，但可存活 2 ～ 3 周；在冰箱中可存活 3 ～ 4 个月；在自然环境的粪便中可存活 1 ～ 2 个月。最适合沙门氏菌繁殖的温度为 37 ℃，在 20 ℃以上即能大量繁殖，因此，低温储存食品是预防沙门氏菌感染的一项重要措施。

## 三、沙门氏菌的培养及菌落特征

（1）需氧及兼性厌氧菌。

（2）在普通琼脂培养基上生长状态良好，培养 24 h 后形成中等大小、圆形、表面光滑、无色半透明、边缘整齐的菌落，其菌落特征也与大肠杆菌相似（无粪臭味）。

（3）鉴别培养基（麦康凯、SS、伊红美蓝）：一般为无色菌落。

（4）三糖铁琼脂斜面：斜面为红色，底部变黑并产气。

## 四、沙门氏菌的检测

沙门氏菌病是公共卫生学中具有重要意义的人畜共患病种之一。其病原沙门氏菌属于肠道细菌科。虽然只有少数人因沙门氏菌而患病，但是在世界范围内的细菌性食物中毒事件中，由沙门氏菌引起的占大多数。因此，采用科学、合理的方法检验食品中沙门氏菌，已经成为人们关心的问题之一。《食品安全国家标准　食品微生物学检验　沙门氏菌检验》（GB 4789.4—2024）是目前我国规定的食品中沙门氏菌的标准检测方法，也是基层实验室普遍采用的检测方法，它根据沙门氏菌的生长特点和生化特性，采取前增菌、富集、分离、生化试验和血清学鉴定五个步骤进行。

（1）前增菌，是指在非选择性培养基中增加含有营养素的食物样品，以将受损的沙门氏菌细胞恢复至稳定的生理状态。

（2）富集，也称为选择性增菌，在含有选择性抑制剂的促生长培养基的中间进一步富集样品的步骤。这种培养基允许沙门氏菌继续增殖，同时，防止大多数其他细菌的增殖。

（3）分离，即选择性平板分离。此步骤使用固体选择性培养基来抑制非沙门氏菌的生长，并提供肉眼可见的沙门氏菌纯菌落的鉴定。

（4）生化试验，也称为生化筛选，通过此步骤可以消除大部分沙门氏菌。此外，其还可以对沙门氏菌属进行初步鉴定。

（5）血清学鉴定，即采用含有已知特异性抗体的免疫血清与分离培养得到的菌种进行血清学反应，从而确定病原菌的种或型。

值得注意的是，沙门氏菌主要通过食物的途径传播，如鸡蛋、家禽肉等食物。

# 知识点 7　诺如病毒的认知

## 一、诺如病毒的结构和大小

诺如病毒为无包膜单股正链 RNA 病毒，病毒粒子直径为 27 ～ 40 nm，基因组全长为 7.5 ～ 7.7 kb，可分为三个开放阅读框（ORFs），两端是 5′ 和 3′ 非翻译区（UTR），3′ 末端有多聚腺苷酸尾（PolyA）（图 3–7）。ORF1 编码一个聚蛋白，翻译后被裂解为与复制相关的 6 个非结构蛋白，其中包括 RNA 依赖的 RNA 聚合酶（RdRp）。ORF2 编码相对分子质量约为 56 kD 的 VP1 衣壳蛋白，VP1 由壳域（S）、突出域（P1）和 P 域的子域（P2）三个部分组成（图 3–8）。ORF3 编码一种相对分子质量约为 22.5 kD 的强碱性微小结构蛋白（VP2），VP2 位于病毒颗粒内，被认为可以在稳定的衣壳中发挥重要作用。

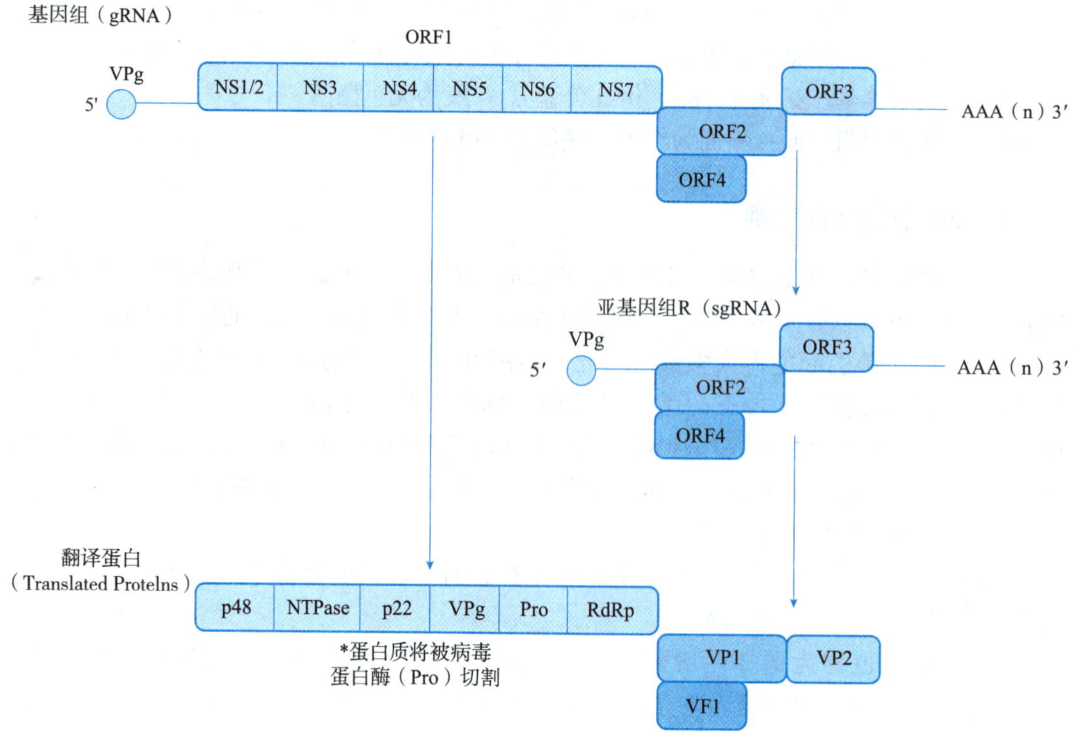


图 3–7　诺如病毒的基因组结构和翻译蛋白

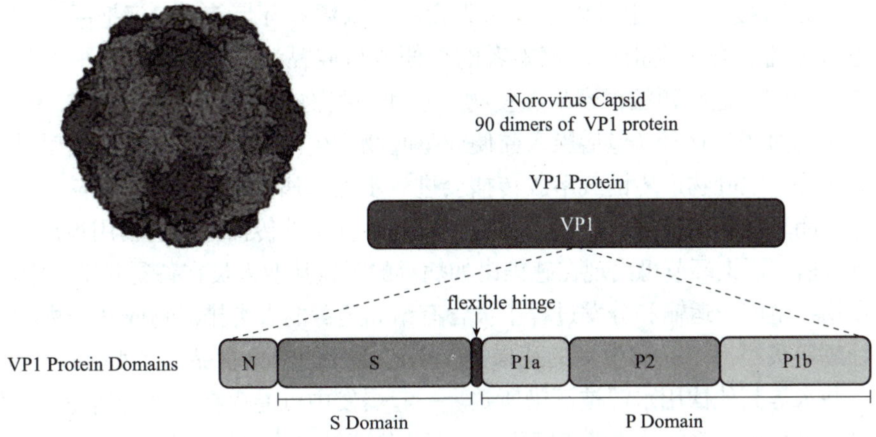


图 3-8　诺如病毒粒子结构

病毒衣壳由 90 个 VP1 的二聚体和 41 个 VP2 分子构成，形成二十面体对称的病毒粒子。根据蛋白在衣壳中的位置，每个衣壳蛋白可分为两个主要区域，分别为壳区（S 区）和突出区（P 区），两者之间是由 8 个氨基酸组成的铰链区（Hinge）连接（图 3-9）。S 区由衣壳蛋白的前 225 个氨基酸组成，形成病毒内壳，围绕病毒 RNA；P 区由剩余的氨基酸组成，进一步分为两个亚区 P1 区和 P2 区。P 区通过二聚体相互作用增加衣壳稳定性并形成电镜下可见的病毒粒子突出端。P2 区高度变异，包含潜在的抗原中和位点和受体组织血型抗原（HBGAs）识别位点。VP2 位于病毒粒子内部，被认为参与衣壳的聚集过程。

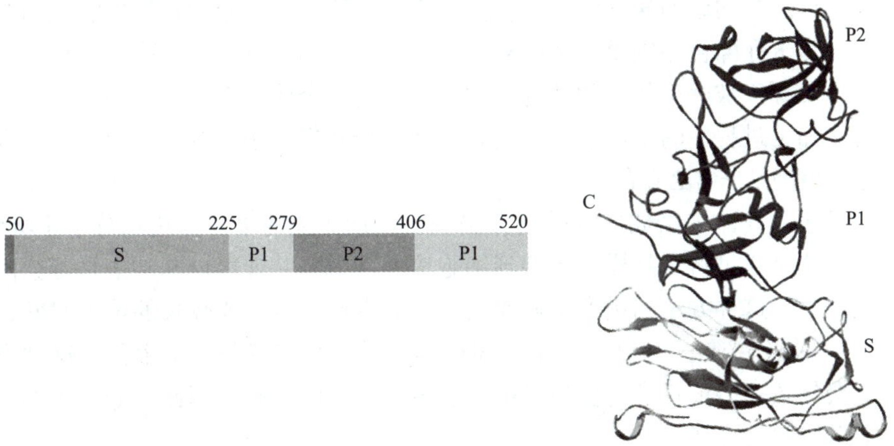


图 3-9　诺如病毒的衣壳蛋白结构

## 二、诺如病毒的变异与传播

诺如病毒的变异速度很快，每隔 2 ～ 3 年即可出现引起全球流行的新变异株。1995 年以来，已有 6 个 GII.4 基因型变异株与全球急性胃肠炎流行相关，包括 95/96 US 株（1996 年）、Farmington Hills 株（2002 年）、Hunter 株（2004 年）、DenHaag 株（2006 年）、New Orleans 株（2009 年）及 Sydney2012 株（2012 年）。

诺如病毒的传播途径包括人传人及经食物和经水传播。粪便和口腔黏液是病毒传播的主要途径，可以直接传播，也可以通过污染食物、水源和环境表面（门把手、家具和其他物品等）进行传播。有研究指出，感染者的粪便或口腔黏液能够排出 $10^7$ ～ $10^{10}$ 个病毒颗粒，持续 7 ～ 10 d，这些颗粒很容易随食物、水和一些物品表面进行传播。

人传人可通过粪口途径（包括摄入粪便或呕吐物产生的气溶胶）或间接接触被排泄物污染的环境而传播。呕吐物产生的气溶胶传播会进一步加速病毒在养老院、医院、酒店、游轮和幼儿园等封闭环境下的传播，从而导致集体发病。食源性传播是通过食用被诺如病毒污染的食物进行传播，污染环节可出现在感染诺如病毒的餐饮从业人员在备餐和供餐中污染食物，也可出现食物在生产、运输和分发过程中被含有诺如病毒的人类排泄物或其他物质（如水等）所污染。牡蛎等贝类海产品和生食的蔬果类是引起爆发的常见食品。经水传播可由桶装水、市政供水、井水等其他饮用水源被污染所致。一起爆发中可能存在多种传播途径。例如，食物暴露引起的点源爆发常会导致诺如病毒在一个机构或社区内出现续发的人与人之间传播。

## 三、诺如病毒的理化特性

病毒呈圆形，无包膜，表面光滑，也称作小圆状结构病毒（SRSVs）。诺如病毒在氯化铯（CsCl）密度梯度中的浮力密度为 1.36 ～ 1.41 g/cm$^3$，在 0 ～ 60 ℃的温度范围内可存活，且能耐受 pH 值为 2.7 的环境室温下 3 h、20% 乙醚 4 ℃ 18 h、普通饮用水中 3.75 ～ 6.25 mg/L 的氯离子浓度（游离氯 0.5 ～ 1.0 mg/L）。但使用 10 mg/L 的高浓度氯离子（处理污水采用的氯离子浓度）可灭活诺如病毒，酒精和免冲洗洗手液没有灭活效果。

## 四、诺如病毒的检测

近年来，食品中的诺如病毒引起了人们的广泛关注，它引起的常见疾病包括胃肠炎和呕吐等症状。为了保障食品安全，必须对食品中的诺如病毒进行及时准确的检测。食品中的诺如病毒主要源于被感染的人和动物，尤其是生病的个体。感染食品的途径主要包括食物污染、食品加工过程中的不洁操作、生熟食品混合及交叉污染等。因此，针对食品中的诺如病毒进行检测是非常必要的。

目前，常用的食品中诺如病毒检测方法主要包括传统的培养方法和分子生物学方法。传统的培养方法是通过将食品样本接种到细胞培养基中，并观察培养基中是否会出现明显的病毒感染症状。这种方法的优点是操作简单，成本低，但需要较长的培养时间，一般需要 3 ～ 7 d 才能得到结果。另外，由于诺如病毒不易在细胞培养基上生长，这种方法的灵敏度较低，会导致一些被感染的食品样本未能被准确检测出来。因此，分子生物学方法常用于食品中诺如病毒的检测。

相比传统的培养方法，分子生物学方法具有操作简便、灵敏度高、准确性强的优点，可以在较短的时间内得到结果。同时，使用分子生物学方法还可以定量检测病毒核酸的含量，从而判断食品样本的污染程度。检测诺如病毒，常用的方法包括以下几种。

### 1. 核酸检测和基因型鉴定

（1）Real-timeRT-PCR。ORF1/ORF2 区是诺如病毒基因组中最保守的区域，在同一基因型不同毒株间有相同的保守序列，根据这段保守区域可用于设计 TaqMan 为基础的 Real-timeRT-PCR 的引物和探针。除可检测病例临床标本中的诺如病毒 RNA 外，引物和探针经优化提高灵敏度后，还可用于环境样本（如食物和水）的检测。Real-timeRT-PCR 的敏感性高于传统 RT-PCR，可检测诺如病毒 GI 群和 GII 群。

（2）传统 RT-PCR。采用传统 RT-PCR 对 Real-timeRT-PCR 阳性标本的 PCR 产物进行测序，通过序列分析确定诺如病毒的基因型。测定 ORF2 完整衣壳蛋白基因序列，是诺如病毒基因分型的金标准。基因组中四种不同的区域（RegionA-D）均可用于诺如病毒基因分型，基于衣壳蛋白区 RegionC 和 D 两区域分型效果更好。但对于 GII.4 变异株的进一步分型，仅能根据 RegionC 序列不足来区分，需要进一步扩增 RegionD。此外，还有近几年刚刚发展起来的 LAMP、RPA、RAA 等新型核酸快速检测技术。

### 2. 抗原检测

由于诺如病毒抗原高度变异（基因型超过 29 个）且某些基因型存在抗原漂移（如 GII.4 型），开发广泛反应的 ELISA 方法存在较大挑战。虽然目前已有商品化的试剂盒如 IDEIA（Oxiod，英国）、SRSV（Ⅱ）-AD（Denka Seiken，日本）及 RIDASCREEN（德国），但其敏感性（36% ～ 80%）和特异性（47% ～ 100%）均不太理想。即使已通过美国 FDA 认证的 RIDASCREEN 诺如病毒第三代 ELISA 试剂盒，也没有在美国广泛应用。ELISA 可适用于暴发疫情中大量样本的筛查，但不适合散发病例的检测。ELISA 检测结果阴性的样本还需要通过 Real-timeRT-PCR 进行第二次检验确认。由于 ELISA 试剂盒成本高、敏感性低，仅可作为辅助检测手段。

## 任务演练

# 任务 3-1　饮用水中大肠菌群的测定

## 任务描述

检验总大肠菌群的方法有多管发酵法与滤膜法两种。多管发酵法使用历史较久，又称为水的标准分析方法，为我国大多数卫生单位与水厂所采用；滤膜法是一种快速的替代方法，而且结果重复性好，又能测定大体积的水样，目前国内已有很多大城市的水厂采用此法。本任务学习检测水中大肠菌群的方法，并了解大肠菌群数量与水质状况的关系。

动画：酶底物法检测

## 任务实施

### 一、试验仪器与材料

（1）培养基：复红亚硫酸钠培养基（远藤氏培养基）、乳糖蛋白胨半固体培养基、乳糖蛋白胨培养基、二倍浓乳糖蛋白胨培养基、伊红美蓝培养基（EMB 培养基）。

（2）仪器及用具：微孔滤膜（孔径为 0.45 μm）、滤器（容量为 500 mL）、抽气设备、镊子、发酵用试管、杜氏小管、培养皿、刻度吸管或移液管、接种环、酒精灯、显微镜。

（3）革兰氏染色液：草酸铵结晶紫染液、卢戈氏碘液、体积分数 95% 酒精、番红染液。

（4）药品：蛋白胨、乳糖、磷酸氢二钾、琼脂、无水亚硫酸钠、牛肉膏、NaCl、16 g/L 溴甲酚紫酒精溶液、50 g/L 碱性品红酒精溶液、20 g/L 伊红水溶液、5 g/L 亚甲蓝水溶液、100 g/L NaOH、体积分数 10% HCl、精密 pH 试纸（6.4 ～ 8.4）。

## 二、基本原理

水源若被粪便污染，则有可能也被肠道病原菌污染。然而，肠道病原菌在水中容易死亡与变异，因此数量较少，要从中分离出病原菌比较困难与费时，这样就需要找到一个合适的指示菌。该指示菌要符合下列要求：大量出现在粪便中，非病原菌，与水源病原菌相比较易检测出。若指示菌在水中不存在或数量很少，则说明大多数情况下没有病原菌。最广泛应用的指示菌是总大肠菌群。它的定义是一群在 37 ℃、培养 24 h 能发酵乳糖、产酸产气，好氧和兼性厌氧、革兰氏阴性、无芽孢的杆状细菌。根据水中总大肠菌群的数目可以判断水源是否被粪便污染并间接推测水源受肠道病原菌污染的可能性。我国规定生活饮用水中大肠菌群数不得检测出。

大肠菌群是一类革兰氏阴性无芽孢杆菌，24 h 内能发酵乳糖或半乳糖。滤膜法是采用滤膜过滤器过滤水样，使其中的细菌截留在滤膜上，然后将滤膜放在选择性培养基上进行培养，根据大肠菌群菌落特征进行分析和计数。多管发酵法包括初发酵、平板分离和复发酵 3 个部分。初发酵中大肠菌群发酵乳糖产酸、产气，根据培养基内指示剂颜色变化及杜氏小管内有无气体，判断是否为阳性。平板分离一般利用大肠菌群在复红亚硫酸钠琼脂或伊红美蓝琼脂上形成深红色或紫色金属光泽菌落并结合革兰氏染色进行判断。最后进行复发酵进一步证实。

## 三、操作步骤

### （一）培养基的配制

（1）乳糖蛋白胨培养基：供多管发酵法复发酵用。

配方：蛋白胨 10 g、牛肉膏 3 g、乳糖 5 g、NaCl 5 g、16 g/L 溴甲酚紫酒精溶液 1 mL、蒸馏水 1 000 mL，pH 值为 7.2 ～ 7.4。

制备：按配方分别称取蛋白胨、牛肉膏、乳糖及 NaCl 加热溶解于 1 000 mL 蒸馏水，调整 pH 值为 7.2 ～ 7.4。加入 16 g/L 溴甲酚紫酒精溶液 1 mL，充分混合均匀后分装于试管内，每管 10 mL，另取一小导管装满培养基倒放入试管。塞好棉塞、包扎。将其置于高压灭菌锅内，以 0.07 MPa、115 ℃，灭菌 20 min，取出置于阴冷处备用。

（2）二倍浓乳糖蛋白胨培养液：供多管发酵法初发酵用。

按上述乳糖蛋白胨培养基，除蒸馏水外，其他成分量加倍。接下来，将其分装于试管中，每管 5 mL。再分装于大试管，每管装 50 mL，然后在每管内倒放装满培养基的小导管。塞棉塞、包扎，置高压灭菌锅内以 0.07 MPa、115 ℃，灭菌 20 min，取出置于阴冷处备用。

（3）复红亚硫酸钠培养基（远藤氏培养基）：供多管发酵法平板划线用。

配方：蛋白胨 10 g、乳糖 10 g、磷酸氢二钾 3.5 g、琼脂 20 ～ 30 g、蒸馏水 1 000 mL、无水亚硫酸钠 5 g 左右、50 g/L 碱性品红酒精溶液 20 mL。

制备：先将琼脂加入 900 mL 蒸馏水中加热溶解，然后加入磷酸氢二钾及蛋白胨，混匀使之溶解，加入蒸馏水补足至 1 000 mL，将 pH 值调整为 7.2 ～ 7.4，随后加入乳糖，混合均匀并待其溶解后，于 0.07 MPa 的湿热条件下灭菌 20 min。再称取亚硫酸钠 5 g 至一无菌空试管中，用少许无菌水使其溶解，在水浴中煮沸 10 min 后，立即滴加于 20 mL 50 g/L 碱性品红酒精溶液中，直至深红色转变为淡粉红色为止。将此混合液全部加入上述已灭菌的并仍保持融化状态的培养基，混合均匀后立即倒平板，待凝固后存放冰箱备用，若颜色由淡红色变为深红色，则不能再使用。

可以在市场上购买配制好的乳糖发酵培养基，使用起来十分方便。

（4）伊红美蓝培养基（EMB 培养基）。

配方：蛋白胨 10 g、乳糖 10 g、磷酸氢二钾 2 g、琼脂 20 ～ 30 g、蒸馏水 1 000 mL、20 g/L 伊红水溶液 20 mL、5 g/L 亚甲蓝水溶液 13 mL。

制备：先将琼脂加入 900 mL 蒸馏水中加热溶解，再加入磷酸氢二钾及蛋白胨，混合均匀使之溶解，加入蒸馏水补足至 1 000 mL，将 pH 值调整为 7.2 ～ 7.4，随后加入乳糖，混合均匀溶解后，于 0.07 MPa 条件下湿热灭菌 20 min。然后加入已分别灭菌的伊红溶液和亚甲蓝溶液，充分混合均匀，防止产生气泡，待培养基冷却到 50 ℃左右，将其倒于平皿上。如果培养基太热，便会产生过多的凝结水，此时可将其在平板凝固后倒置存放于冰箱中备用。

### （二）水样的采集

（1）自来水。将自来水龙头用火焰烧灼 3 min 灭菌，再拧开水龙头流水 5 min，以排除管道内积存的死水，随后用已灭菌的三角烧瓶接取水样，以供检测。

（2）池水、河水或湖水。将无菌的带瓶塞的小口瓶浸入距离水面 10 ～ 15 cm 的水层中，瓶口朝上，除去瓶塞，待水流入瓶中装满后，盖好瓶塞，取出后立即进行检测，或临时存放在冰箱中，但不能超过 24 h。

### （三）多管发酵法（MPN 法）检测大肠菌群

（1）初发酵试验：取 5 支装有二倍浓乳糖蛋白胨培养基的初发酵管，每管分别加入水样 10 mL。另取 5 支装有乳糖蛋白胨培养基的初发酵管，每管分别加入水样 1 mL。再取 5 支装有乳糖蛋白胨培养基的初发酵管，每管分别加入按 1 : 10 稀释的水样 1 mL（相当于原水样 0.1 mL），均贴好标签。此即为 15 管法，接种待测水样量共计 55.5 mL。各管振摇均匀后在 37 ℃恒温箱中培养 24 h。

若待测水样污染严重，则可按上述 3 种梯度将水样稀释 10 倍（分别接种原水样 1 mL、0.1 mL、0.01 mL），甚至 100 倍（分别接种原水样 0.1 mL、0.01 mL、0.001 mL），以提高检测的准确度。此时，不必用三倍浓乳糖蛋白胨培养基，全用乳糖蛋白胨培养基。

MPN 法测定大肠菌群的结果情况分析如下。

1）若培养基保持红色，不变为黄色，小导管没有气体，即不产酸不产气，为阴性反应，表明无大肠菌群存在。

2）若培养基由红色变为黄色，小导管有气体产生，即产酸又产气，为阳性反应，表明可能有大肠菌群存在。

3）若培养基由红色变为黄色，说明产酸，但不产气，仍为阳性反应，表明可能有大肠菌群存在，结果为阳性者，说明水可能被粪便污染，需要进一步检验。

4）若小导管有气体，培养基中的红色不变，也不浑浊，是操作技术上有问题，应重新做检验。

（2）确定性试验：取出培养后的发酵管，观察管内发酵液颜色变为黄色者记录为产酸，杜氏小管内有气泡者记录为产气。将产酸、产气和只产酸的发酵管分别划线接种于伊红美蓝培养基（或品红亚硫酸钠培养基）上，在 37 ℃恒温箱中培养 18 ～ 24 h，挑选深紫黑色和紫黑色带有或不带有金属光泽的菌落、或淡紫红色和中心色较深的菌落，将其一部分分别取样进行涂片和革兰氏染色观察，结果为革兰氏阴性的无芽孢杆菌，则表明有大肠菌群存在。

伊红美蓝培养基平板上的菌落特征：深紫黑色，具有金属光泽的菌落；紫黑色，不带或略带金属光泽的菌落；淡紫红色，中心色较深的菌落。

品红亚硫酸钠培养基平板上的菌落特征：紫红色，具有金属光泽的菌落；深红色，不带或略带金属光泽的菌落；淡红色，中心色较深的菌落。

（3）复发酵试验：若经镜检证实为革兰氏阴性无芽孢杆菌，则将此菌落的另一部分接种于装有倒置杜氏小管的乳糖蛋白胨培养液的复发酵管中，每管可接种同一发酵管的典型菌落 1 ～ 3 个，37 ℃培养 24 h，若为产酸产气者表明试管内有大肠菌群存在，记录为阳性管。

（4）结果报告：根据 3 个梯度（10 mL、1 mL、0.1 mL）每 5 支管中出现的阳性管数（数量指标），查表 3-2 所列出的“15 管发酵法水中大肠菌群 5 次重复测数统计表”的细菌最近似数，再乘以 100 即换算成 1 L 水样中的总大肠菌样数。当所有发酵管均为阴性时，即可报告大肠菌群未检出。

**表 3-2　15 管发酵法水中大肠菌群 5 次重复测数统计表**

| 数量指标 | 细菌最近似数 | 数量指标 | 细菌最近似数 | 数量指标 | 细菌最近似数 | 数量指标 | 细菌最近似数 |
|---|---|---|---|---|---|---|---|
| 000 | 0.0 | 121 | 0.5 | 240 | 1.5 | 401 | 1.7 |
| 001 | 0.2 | 122 | 1.0 | 300 | 0.8 | 402 | 2.0 |
| 002 | 0.4 | 130 | 0.5 | 301 | 1.1 | 403 | 2.5 |
| 010 | 0.2 | 131 | 1.0 | 302 | 1.4 | 410 | 1.7 |
| 011 | 0.4 | 140 | 1.1 | 310 | 1.1 | 411 | 2.0 |
| 012 | 0.6 | 200 | 0.2 | 311 | 1.1 | 412 | 2.5 |
| 020 | 0.4 | 201 | 0.7 | 312 | 1.7 | 420 | 2.0 |
| 021 | 0.6 | 202 | 0.9 | 313 | 2.0 | 421 | 2.5 |
| 030 | 0.6 | 203 | 1.2 | 320 | 1.4 | 422 | 3.0 |
| 100 | 0.2 | 210 | 0.7 | 321 | 1.7 | 430 | 2.5 |
| 101 | 0.4 | 211 | 0.9 | 322 | 2.0 | 431 | 3.0 |
| 102 | 0.6 | 212 | 1.2 | 330 | 1.7 | 432 | 40 |
| 103 | 0.8 | 220 | 0.9 | 331 | 2.0 | 440 | 3.5 |
| 110 | 0.1 | 221 | 1.2 | 340 | 2.0 | 441 | 4.9 |
| 111 | 0.3 | 222 | 1.4 | 341 | 2.5 | 450 | 4.0 |
| 112 | 0.5 | 230 | 1.2 | 350 | 2.5 | 451 | 5.0 |
| 120 | 0.3 | 231 | 1.4 | 400 | 1.3 | 500 | 2.5 |

续表

| 数量指标 | 细菌最近似数 | 数量指标 | 细菌最近似数 | 数量指标 | 细菌最近似数 | 数量指标 | 细菌最近似数 |
|---|---|---|---|---|---|---|---|
| 501 | 3.0 | 520 | 5.0 | 532 | 14.0 | 544 | 35.0 |
| 502 | 4.0 | 521 | 7.0 | 533 | 17.5 | 545 | 45.0 |
| 503 | 6.0 | 522 | 9.5 | 534 | 20.0 | 550 | 25.0 |
| 504 | 7.5 | 523 | 12.0 | 535 | 25.0 | 551 | 35.0 |
| 510 | 3.5 | 524 | 15.0 | 540 | 13.0 | 552 | 60.0 |
| 511 | 4.5 | 525 | 17.5 | 541 | 17.0 | 553 | 90.0 |
| 512 | 6.0 | 530 | 8.0 | 542 | 25.0 | 554 | 160.0 |
| 513 | 8.5 | 531 | 11.0 | 543 | 30.3 | 555 | 100.0 |

### （四）滤膜法检测大肠菌群

滤膜法检测大肠菌群的原理：滤膜是一种微孔薄膜，孔径为 0.45 ～ 0.65 μm，能滤过大量水样并将水中含有的细菌截留在滤膜上，然后将滤膜贴在选择性培养基上，经培养后，直接计数滤膜上生长的典型大肠菌群菌落，计算出每升水样中含有的大肠菌群数。

（1）滤膜滤器（图 3–10）的灭菌：滤膜灭菌时，将滤膜放入烧杯，加入蒸馏水，置于沸水浴中煮沸灭菌 3 次，每次 15 min，前两次煮沸后需更换蒸馏水洗涤 2 ～ 3 次，以除去残留溶剂。滤器灭菌使用高压灭菌锅在 0.1 MPa、121 ℃，灭菌 20 min。

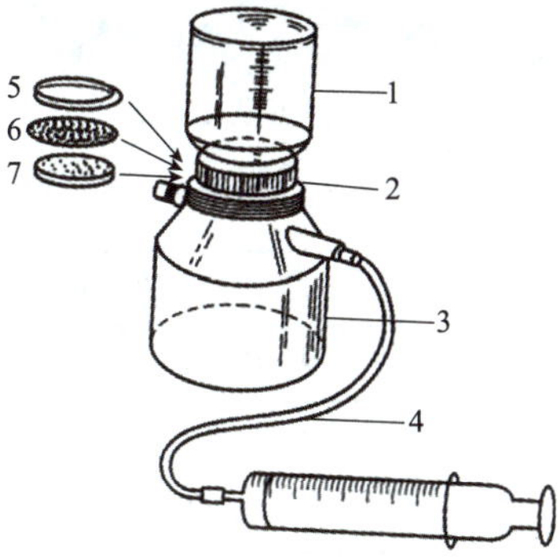


图 3–10　微孔滤膜滤器

1—滤杯；2—滤杯和接瓶结合处（内装有滤膜）；3—接瓶；4—抽滤系统（可接针筒）；5—硅树脂垫圈；6—微孔滤膜（0.45 μm）；7—滤膜承受器

（2）过滤水样：用无菌镊子将一无菌滤膜置于滤器的承受器中，将滤杯装于滤膜承受器上，旋紧使接口处能密封，将真空泵与滤器下部的抽气口连接。加入水样 100 mL 于滤杯，启动抽真空系统抽滤，使水通过滤膜流到下部，水中的细菌被留在滤膜上。水样用量可适当增减以获得适量菌落。

（3）培养：用无菌镊子小心将截留有细菌的滤膜取出，平移贴于复红亚硫酸钠固体培养基上（注意无菌操作，滤膜截留细菌面朝上，滤膜与培养基间贴紧，无气泡），将平板倒置，于 37 ℃培养 16 ～ 18 h。挑选深红色或紫红色、带有或不带金属光泽的菌落，或淡红色、中心色较深的菌落，进行涂片和革兰氏染色观察，镜检。

（4）经染色证实为革兰氏阳性无芽孢杆菌者，再接种在乳糖蛋白胨半固体培养基上，37 ℃培养 6 ～ 8 h 后观察，产气者证实为阳性大肠菌群。在培养过程中应及时观察，若因为时间过长，气泡便可能消失。

（5）结果计算（滤膜上菌样量以 20 ～ 60 个 / 片较为适宜）：

水样中总大肠菌群数（个 /L）=［滤膜生长的菌落数 / 过渡水样量（mL）］×100

## 任务报告

### 1. 多管发酵法检测结果

| 初发酵管 | | | 复发酵管 | 阳性管数 |
|---|---|---|---|---|
| 初发酵管数 | 每管取样数 /mL | 产酸产气管数 | | |
| 5 | 10 | | | |
| 5 | 1 | | | |
| 5 | 0.1 | | | |

### 2. 微孔滤膜法

过滤水样________mL，在 37 ℃温度条件下培养后的特征菌落数为________，接种乳糖培养基后的阳性管数为________，总大肠菌群数为________个 /L。

## 任务思考

（1）检测饮用水中的大肠菌群有何意义？

（2）为什么选取大肠菌群数作为水的卫生标准？

任务考核单（任务 3-1）

专业：______________ 学号：______________ 姓名：______________ 成绩：______________

| 任务名称 | | 饮用水中大肠菌群的测定 | | | 时间：360 min | | |
|---|---|---|---|---|---|---|---|
| 序号 | 考核内容 | 考核要点 | 配分 | 评分标准 | 扣分 | 得分 | 备注 |
| 1 | 操作前的准备（10 分） | （1）穿工作服 | 5 | 未穿工作服扣 5 分 | | | |
| | | （2）设备试剂的准备 | 5 | 未准备设备试剂扣 5 分 | | | |
| 2 | 操作过程（80 分） | （1）培养基的制备 | 10 | 操作不规范扣 5 分 | | | |
| | | （2）样品的制备 | 10 | 操作不规范扣 5 分 | | | |
| | | （3）样品的稀释 | 10 | 操作不规范扣 5 分 | | | |
| | | （4）样品的接种 | 10 | 操作不规范扣 5 分 | | | |
| | | （5）培养 | 10 | 操作不规范扣 5 分 | | | |
| | | （6）典型菌落计数 | 10 | 操作不规范扣 5 分 | | | |
| | | （7）试验结果计算 | 20 | 记录不规范、信息不完全扣 1～5 分 | | | |
| 3 | 文明操作（10 分） | 清理仪器用具、试验台面 | 10 | 试验结束后未清理扣 10 分 | | | |
| 4 | 安全及其他 | （1）不得损坏仪器用具 | — | 损坏一般仪器、用具按每件 10 分从总分中扣除 | | | |
| | | （2）不得发生事故 | — | 由于操作不当发生安全事故时停止操作扣 5 分 | | | |
| | | （3）在规定时间内完成操作 | — | 每超时 1 min 从总分中扣 5 分，超时达 3 min 即停止操作 | | | |
| 合计 | | | 100 | | | | |

# 任务 3-2　食品中金黄色葡萄球菌的检验

## 任务描述

金黄色葡萄球菌隶属于葡萄球菌属，它是革兰氏阳性菌的典型代表，为一种常见的食源性致病微生物。该菌最适宜生长温度为 37℃，pH=7.4，耐高盐，可在 NaCl 浓度接近 10% 的环境中生长。金黄色葡萄球菌常寄生于人和动物的皮肤、呼吸道和消化道中，空气、污水等环境中也无处不在。因此，食品及其生产原料的金黄色葡萄球菌检验具有非常重要的卫生学意义。

## 任务实施

### 一、试验设备及试剂

（1）设备：除微生物实验室常规灭菌及培养设备外，其他设备和材料有恒温培养箱、冰箱、恒温水浴箱、天平、均质器、振荡器、无菌吸管［1 mL（具 0.01 mL 刻度）和 10 mL（具 0.1 mL 刻度）］或微量移液器及吸头、无菌三角烧瓶、无菌培养皿、涂布棒、pH 计或 pH 比色管或精密 pH 试纸。

（2）培养基和试剂：7.5% NaCl 肉汤、血琼脂平板、Baird–Parker 琼脂平板、脑心浸出液肉汤（BHI）、兔血浆、稀释液、磷酸盐缓冲液、营养琼脂小斜面、革兰氏染色液、无菌生理盐水。

### 二、试验步骤

动画：金黄色葡萄球菌的检验

#### （一）金黄色葡萄球菌定性检验

金黄色葡萄球菌定性检验程序如图 3–11 所示。

**1. 样品的处理**

称取 25 g 样品放至盛有 225 mL 7.5% NaCl 肉汤的无菌均质杯内，以 8 000 ～ 10 000 r/min 的转速均质 1 ～ 2 min，或放入盛有 225 mL 7.5% NaCl 肉汤无菌均质袋中，用拍击式均质器拍打 1 ～ 2 min。若样品为液态，则吸取 25 mL 样品至盛有 225 mL 7.5% NaCl 肉汤的无菌三角烧瓶（瓶内可预置适当数量的无菌玻璃珠）中，振荡混合均匀。

**2. 增菌**

将上述样品匀液于（36 ± 1）℃培养 18 ～ 24 h。金黄色葡萄球菌在 7.5% NaCl 肉汤中呈混浊生长。

**3. 分离**

将增菌后的培养物分别划线接种至 Baird–Parker 平板和血平板，血平板（36 ± 1）℃培养 18 ～ 24 h，Baird-Parker 平板（36 ± 1）℃培养 24 ～ 48 h。

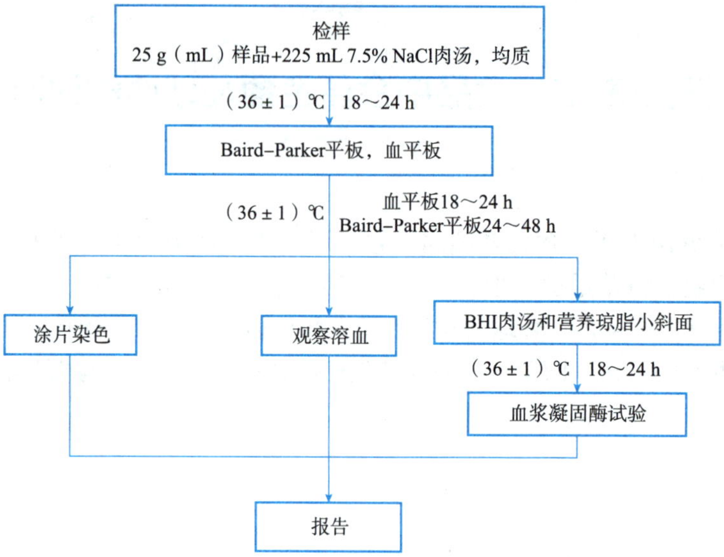


图 3-11　金黄色葡萄球菌定性检验程序

### 4. 初步鉴定

金黄色葡萄球菌在 Baird-Parker 平板上呈圆形，表面光滑、凸起、湿润，菌落直径为 2 ～ 3 mm，颜色呈灰黑色至黑色，有光泽，常有浅色（非白色）边缘，周围绕以不透明圈（沉淀），其外常有一清晰带。当用接种针触及菌落时具有黄油样黏稠感。有时可见到不分解脂肪的菌株，除没有不透明圈和清晰带外，其他外观基本相同。从长期储存的冷冻或脱水食品中分离的菌落，其黑色较典型菌落浅些，且外观可能较粗糙，质地较干燥。在血平板上，形成菌落较大，圆形、光滑凸起、湿润、金黄色（有时为白色），菌落周围可见完全透明溶血圈。挑取上述可疑菌落进行革兰氏染色镜检及血浆凝固酶试验。

### 5. 确证鉴定

染色镜检：金黄色葡萄球菌为革兰氏阳性菌，排列呈葡萄球状，无芽孢，无荚膜，直径为 0.5 ～ 1 μm。

血浆凝固酶试验：挑取 Baird-Parker 平板或血平板上至少 5 个可疑菌落（小于 5 个全选），分别接种到 5 mL BHI 和营养琼脂小斜面，（36 ± 1）℃培养 18 ～ 24 h。

取新鲜配制兔血浆 0.5 mL，放入小试管，再加入 BHI 培养物 0.2 ～ 0.3 mL，振荡摇匀，置于（36 ± 1）℃恒温培养箱或恒温水浴箱内，每 0.5 h 观察一次，观察 6 h，如呈现凝固（将试管倾斜或倒置时，呈现凝块）或凝固体积大于原体积的一半，被判定为阳性结果。同时，以血浆凝固酶试验阳性和阴性葡萄球菌菌株的肉汤培养物作为对照，也可用商品化的试剂，按说明书操作，进行血浆凝固酶试验。

如果结果可疑，则挑取营养琼脂小斜面的菌落到 5 mL BHI，（36 ± 1）℃培养 18 ～ 48 h，进行重复鉴定。

### 6. 结果与报告

结果判定：符合初步鉴定、确证鉴定，可判定为金黄色葡萄球菌。

结果报告：在 25 g（mL）样品中检测出或未检测出金黄色葡萄球菌。

## （二）金黄色葡萄球菌平板计数法

金黄色葡萄球菌平板计数法检验程序如图 3–12 所示。

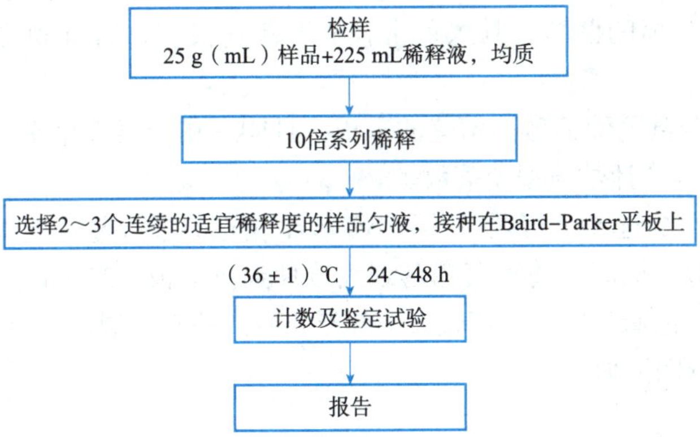


图 3–12　金黄色葡萄球菌平板计数法检验程序

### 1. 样品的稀释

（1）固体和半固体样品：称取 25 g 样品置于盛有 225 mL 磷酸盐缓冲液或生理盐水的无菌均质杯内，8 000 ～ 10 000 r/min 均质 1 ～ 2 min，或置于盛有 225 mL 稀释液的无菌均质袋中，用拍击式均质器拍打 1 ～ 2 min，配制成 1∶10 的样品匀液。

（2）液体样品：以无菌吸管吸取 25 mL 样品置于盛有 225 mL 磷酸盐缓冲液或生理盐水的无菌三角烧瓶（瓶内预置适当数量的无菌玻璃珠）中，充分混合均匀，配制成 1∶10 的样品匀液。

（3）用 1 mL 无菌吸管或微量移液器吸取 1∶10 样品匀液 1 mL，沿管壁缓慢注于盛有 9 mL 磷酸盐缓冲液或生理盐水的无菌试管中（注意吸管或吸头尖端不要触及稀释液面），振摇试管或换用 1 支 1 mL 无菌吸管反复吹打使其混合均匀，配制成 1∶100 的样品匀液。

（4）按上述操作程序，制备 10 倍系列稀释样品匀液。每递增稀释一次，换用 1 次 1 mL 无菌吸管或吸头。

### 2. 样品的接种

根据对样品污染状况的估计，选择 2 ～ 3 个适宜稀释度的样品匀液（液体样品可包括原液），在进行 10 倍递增稀释的同时，每个稀释度分别吸取 1 mL 样品匀液以 0.3 mL、0.3 mL、0.4 mL 接种量分别加入 3 块 Baird–Parker 平板，然后用无菌涂布棒涂布整个平板。注意，不要触及平板边缘。在使用前，如果 Baird–Parker 平板的表面有水珠，则可将其放在 25 ～ 50 ℃的培养箱里干燥，直到平板表面的水珠消失。

### 3. 培养

在通常情况下，涂布后，将平板静置 10 min，如果样液不易吸收，则可将平板放在培养箱（36±1）℃培养 1 h；待样品匀液吸收后翻转平板，倒置后于（36±1）℃培养 24～48 h。

### 4. 典型菌落计数和确认

金黄色葡萄球菌在 Baird-Parker 平板上呈圆形，表面光滑、凸起、湿润，菌落直径为 2～3 mm，颜色呈灰黑色至黑色，有光泽，常有浅色（非白色）的边缘，周围绕以不透明圈（沉淀），其外常有一清晰带。当用接种针触及菌落时具有黄油样黏稠感。有时可见到不分解脂肪的菌株，除没有不透明圈和清晰带外，其他外观基本相同。从长期储存的冷冻或脱水食品中分离的菌落，其黑色常较典型菌落浅些，且外观可能较粗糙，质地较干燥。

选择有典型的金黄色葡萄球菌菌落的平板，且同一稀释度 3 个平板所有菌落数合计在 20～200 CFU 的平板，计数典型菌落数。

从典型菌落中至少选 5 个可疑菌落（小于 5 个全选）进行鉴定试验。分别进行染色镜检、血浆凝固酶试验。同时，将可疑菌落划线接种到血平板（36±1）℃培养 18～24 h 后观察菌落形态，金黄色葡萄球菌菌落较大，圆形、光滑凸起、湿润、金黄色（有时为白色），菌落周围可见完全透明溶血圈。

### 5. 结果计算

若只有一个稀释度平板的典型菌落数在 20～200 CFU，计数该稀释度平板上的典型菌落，则按式（3-1）计算。

$$T=\frac{AB}{CD} \tag{3-1}$$

式中 $T$——样品中金黄色葡萄球菌菌落数；

$A$——某一稀释度典型菌落的总数；

$B$——某一稀释度鉴定为阳性的菌落数；

$C$——某一稀释度用于鉴定试验的菌落数；

$D$——稀释因子。

若最低稀释度平板的典型菌落数小于 20 CFU，计数该稀释度平板上的典型菌落，则按式（3-1）计算；若某一稀释度平板的典型菌落数大于 200 CFU，但下一稀释度平板上没有典型菌落，计数该稀释度平板上的典型菌落，则按式（3-1）计算；若某一稀释度平板的典型菌落数大于 200 CFU，而下一稀释度平板上虽有典型菌落但不在 20～200 CFU 范围内，应计数该稀释度平板上的典型菌落，则按式（3-1）计算。

若两个连续稀释度的平板典型菌落数均在 20～200 CFU，按式（3-2）计算。

$$T=\frac{A_1B_1/C_1+A_2B_2/C_2}{1.1D} \tag{3-2}$$

式中 $T$——样品中金黄色葡萄球菌菌落数；

$A_1$——第一稀释度（低稀释倍数）典型菌落的总数；

$B_1$——第一稀释度（低稀释倍数）鉴定为阳性的菌落数；

$C_1$——第一稀释度（低稀释倍数）用于鉴定试验的菌落数；

$A_2$——第二稀释度（高稀释倍数）典型菌落的总数；

$B_2$——第二稀释度（高稀释倍数）鉴定为阳性的菌落数；

$C_2$——第二稀释度（高稀释倍数）用于鉴定试验的菌落数；

1.1——计算系数；

$D$——稀释因子（第一稀释度）。

### 6. 结果与报告

根据公式计算结果，报告每 g（mL）样品中金黄色葡萄球菌数，以 CFU/g（mL）表示；如 $T$ 值为 0，则以小于 1 乘以最低稀释倍数报告。

## （三）金黄色葡萄球菌 MPN 计数法

金黄色葡萄球菌 MPN 计数法检验程序如图 3-13 所示。

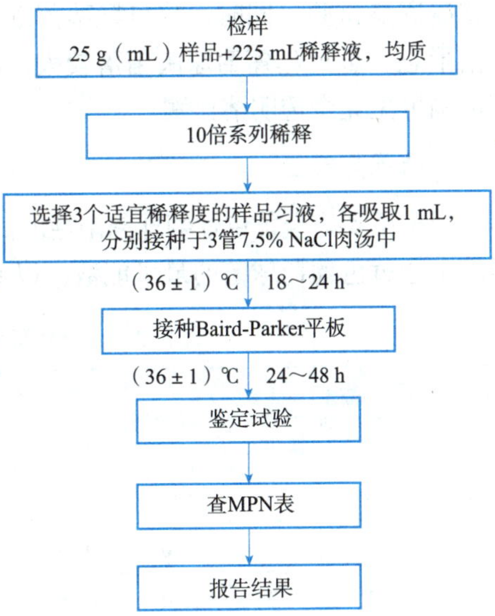


图 3-13　金黄色葡萄球菌 MPN 计数法检验程序

### 1. 样品的稀释

（1）固体和半固体样品：称取 25 g 样品置于盛有 225 mL 磷酸盐缓冲液或生理盐水的无菌均质杯内，8 000 ～ 10 000 r/min 均质 1 ～ 2 min，或置于盛有 225 mL 稀释液的无菌均质袋中，用拍击式均质器拍打 1 ～ 2 min，配制成 1∶10 的样品匀液。

（2）液体样品：以无菌吸管吸取 25 mL 样品置于盛有 225 mL 磷酸盐缓冲液或生理盐水的无菌三角烧瓶（瓶内预置适当数量的无菌玻璃珠）中，充分混合均匀，配制成 1∶10 的样品匀液。

（3）用 1 mL 无菌吸管或微量移液器吸取 1∶10 样品匀液 1 mL，沿管壁缓慢注于盛有 9 mL 磷酸盐缓冲液或生理盐水的无菌试管中（注意吸管或吸头尖端不要触及稀释液面），振摇试管或换用 1 支 1 mL 无菌吸管反复吹打使其混合均匀，配制成 1∶100 的样品匀液。

（4）按上述操作程序，制备 10 倍系列稀释样品匀液。每递增稀释 1 次，换用 1 支 1 mL 无菌吸管或吸头。

### 2. 接种和培养

根据对样品污染状况的估计，选择 3 个适宜稀释度的样品匀液（液体样品可包括原液），在进行 10 倍递增稀释的同时，每个稀释度分别接种 1 mL 样品匀液至 7.5% NaCl 肉汤管（如接种量超过 1 mL，则用双料 7.5% NaCl 肉汤），每个稀释度接种 3 管，将上述接种物（36 ± 1）℃培养，18 ～ 24 h。

用接种环从培养后的 7.5% NaCl 肉汤管中分别取培养物 1 环，移种于 Baird-Parker 平板（36 ± 1）℃培养，24 ～ 48 h。

### 3. 典型菌落确认

金黄色葡萄球菌在 Baird-Parker 平板上呈圆形，表面光滑、凸起、湿润，菌落直径为 2 ～ 3 mm，颜色呈灰黑色至黑色，有光泽，常有浅色（非白色）的边缘，周围绕以不透明圈（沉淀），其外常有一清晰带。当用接种针触及菌落时具有黄油样黏稠感。有时可见到不分解脂肪的菌株，除没有不透明圈和清晰带外，其他外观基本相同。从长期储存的冷冻或脱水食品中分离的菌落，其黑色常较典型菌落浅些，且外观可能较粗糙，质地较干燥。

从典型菌落中至少选 5 个可疑菌落（小于 5 个全选）进行鉴定试验。分别做染色镜检、血浆凝固酶试验。同时，将可疑菌落划线接种到血平板（36 ± 1）℃培养 18 ～ 24 h 后观察菌落形态，金黄色葡萄球菌菌落较大，圆形、光滑凸起、湿润、金黄色（有时为白色），菌落周围可见完全透明溶血圈。

### 4. 结果与报告

根据证实为金黄色葡萄球菌阳性的试管管数，查 MPN 检索表（表 3–3），报告每 g（mL）样品中金黄色葡萄球菌的最可能数，以 MPN/g（mL）表示。

表 3–3 金黄色葡萄球菌最可能数（MPN）检索表

| 阳性管数 | | | MPN | 95% 置信区间 | | 阳性管数 | | | MPN | 95% 置信区间 | |
|---|---|---|---|---|---|---|---|---|---|---|---|
| 0.10 | 0.01 | 0.001 | | 下限 | 上限 | 0.10 | 0.01 | 0.001 | | 下限 | 上限 |
| 0 | 0 | 0 | <3.0 | — | 9.5 | 2 | 2 | 0 | 21 | 4.5 | 42 |
| 0 | 0 | 1 | 3.0 | 0.15 | 9.6 | 2 | 2 | 1 | 28 | 8.7 | 94 |
| 0 | 1 | 0 | 3.0 | 0.15 | 11 | 2 | 2 | 2 | 35 | 8.7 | 94 |
| 0 | 1 | 1 | 6.1 | 1.2 | 18 | 2 | 3 | 0 | 29 | 8.7 | 94 |
| 0 | 2 | 0 | 6.2 | 1.2 | 18 | 2 | 3 | 1 | 36 | 8.7 | 94 |
| 0 | 3 | 0 | 9.4 | 3.6 | 38 | 3 | 0 | 0 | 23 | 4.6 | 94 |
| 1 | 0 | 0 | 3.6 | 0.17 | 18 | 3 | 0 | 1 | 38 | 8.7 | 110 |
| 1 | 0 | 1 | 7.2 | 1.3 | 18 | 3 | 0 | 2 | 64 | 17 | 180 |
| 1 | 0 | 2 | 11 | 3.6 | 38 | 3 | 1 | 0 | 43 | 9 | 180 |
| 1 | 1 | 0 | 7.4 | 1.3 | 20 | 3 | 1 | 1 | 75 | 17 | 200 |
| 1 | 1 | 1 | 11 | 3.6 | 38 | 3 | 1 | 2 | 120 | 37 | 420 |
| 1 | 2 | 0 | 11 | 3.6 | 42 | 3 | 1 | 3 | 160 | 40 | 420 |
| 1 | 2 | 1 | 15 | 4.5 | 42 | 3 | 2 | 0 | 93 | 18 | 420 |
| 1 | 3 | 0 | 16 | 4.5 | 42 | 3 | 2 | 1 | 150 | 37 | 420 |
| 2 | 0 | 0 | 9.2 | 1.4 | 38 | 3 | 2 | 2 | 210 | 40 | 430 |
| 2 | 0 | 1 | 14 | 3.6 | 42 | 3 | 2 | 3 | 290 | 90 | 1 000 |
| 2 | 0 | 2 | 20 | 4.5 | 42 | 3 | 3 | 0 | 240 | 42 | 1 000 |
| 2 | 1 | 0 | 15 | 3.7 | 42 | 3 | 3 | 1 | 460 | 90 | 2 000 |
| 2 | 1 | 1 | 20 | 4.5 | 42 | 3 | 3 | 2 | 1 100 | 180 | 4 100 |
| 2 | 1 | 2 | 27 | 8.7 | 94 | 3 | 3 | 3 | >1 100 | 420 | — |

注：1. 本表采用 3 个稀释度［0.1 g（mL）、0.01 g（mL）和 0.001 g（mL）］，每个稀释度接种 3 管；

2. 表内所列检样量如改用 1 g（mL）、0.1 g（mL）和 0.01 g（mL）时，表内数字应为原来的 1/10；如改用 0.01 g（mL）、0.001 g（mL）、0.000 1 g（mL）时，则表内数字应相应增高 10 倍，其余类推

## 任务报告

（1）金黄色葡萄球菌定性检验结果。

（2）金黄色葡萄球菌平板计数法检验结果。

（3）金黄色葡萄球菌 MPN 计数法检验结果。

## 任务思考

检验食品中的金黄色葡萄球菌有何意义？

**任务考核单（任务 3-2）**

专业：＿＿＿＿＿＿　学号：＿＿＿＿＿＿　姓名：＿＿＿＿＿＿　成绩：＿＿＿＿＿＿

| 任务名称 | | 金黄色葡萄球菌平板计数法 | | | 时间：360 min | | |
|---|---|---|---|---|---|---|---|
| 序号 | 考核内容 | 考核要点 | 配分 | 评分标准 | 扣分 | 得分 | 备注 |
| 1 | 操作前的准备（10 分） | （1）穿工作服 | 5 | 未穿工作服扣 5 分 | | | |
| | | （2）设备试剂的准备 | 5 | 未准备设备试剂扣 5 分 | | | |
| 2 | 操作过程（80 分） | （1）培养基的制备 | 10 | 操作不规范扣 10 分 | | | |
| | | （2）样品的制备 | 10 | 操作不规范扣 10 分 | | | |
| | | （3）样品的稀释 | 10 | 操作不规范扣 10 分 | | | |
| | | （4）样品的接种 | 10 | 操作不规范扣 10 分 | | | |
| | | （5）培养 | 10 | 操作不规范扣 10 分 | | | |
| | | （6）典型菌落计数 | 10 | 操作不规范扣 10 分 | | | |
| | | （7）试验结果计算 | 20 | 记录不规范、信息不完全扣 1～5 分 | | | |
| 3 | 文明操作（10 分） | 清理仪器用具、试验台面 | 10 | 试验结束后未清理扣 10 分 | | | |
| 4 | 安全及其他 | （1）不得损坏仪器用具 | — | 损坏一般仪器、用具按每件 10 分从总分中扣除 | | | |
| | | （2）不得发生事故 | — | 由于操作不当发生安全事故时停止操作扣 5 分 | | | |
| | | （3）在规定时间内完成操作 | — | 每超时 1 min 从总分中扣 5 分，超时达 3 min 即停止操作 | | | |
| 合计 | | | 100 | | | | |

# 任务 3-3　酵母菌的计数

## 任务描述

酵母菌可以在马铃薯 – 葡萄糖 – 琼脂培养基（PDA 培养基）上生长，酵母菌的菌落一般大而厚，湿润、黏稠，易被挑起，菌落多为乳白色，少数为红色，质地均匀，正面与反面及边缘与中心部位的颜色一致。本任务学习食品中酵母菌的检测方法，并且了解酵母菌与人体健康的关系。

## 任务实施

### 一、试验设备及试剂

（1）设备：恒温培养箱、冰箱、恒温振荡器、电子天平、均质器、显微镜、振荡器、无菌吸管［1 mL（具 0.01 mL 刻度）和 10 mL（具 0.1 mL 刻度）］或微量移液器及吸头、无菌三角烧瓶、无菌广口瓶、无菌培养皿等。

（2）培养基和试剂：马铃薯 – 葡萄糖 – 琼脂培养基：马铃薯 300 g，葡萄糖 20 g，琼脂 20 g，氯霉素 0.1 g，蒸馏水 1 000 mL。将马铃薯去皮切块，加 1 000 mL 蒸馏水，煮沸 10 ～ 20 min。用纱布过滤，补加蒸馏水至 1 000 mL。加入葡萄糖和琼脂，加热溶解，分装后，121 ℃灭菌 15 mim。

孟加拉红培养基：蛋白胨 5 g，葡萄糖 10 g，磷酸二氢钾 1 g，硫酸镁（无水）0.5 g，琼脂 20 g，孟加拉红 0.033 g，氯霉素 0.1 g，蒸馏水 1 000 mL。将上述各成分混合均匀，加热溶解，补足蒸馏水至 1 000 mL，分装后，121 ℃灭菌 15 min，避光保存。

### 二、试验步骤

#### 1. 样品的稀释

（1）称取固体样品 25 g 或液体样品 25 mL 放至盛有 225 mL 灭菌蒸馏水的三角烧瓶（可在瓶内预置适当数量的无菌玻璃珠）中，充分振荡摇匀，即 1∶10 稀释液。或放入盛有 225 mL 无菌蒸馏水的均质袋，用拍击式均质器拍打 2 min，配制成 1∶10 的样品匀液。

（2）取 1 mL 1∶10 稀释液注入含有 9 mL 无菌水的试管，另换 1 支 1 mL 无菌吸管反复吹吸，此液为 1∶100 稀释液。按同样操作程序，制备 10 倍系列稀释样品匀液。每递增稀释 1 次，换用 1 支 1 mL 无菌吸管。

### 2. 接种与培养

根据对样品污染状况的估计，选择 2 ～ 3 个适宜稀释度的样品匀液（液体样品可包括原液），每个稀释度分别吸取 1 mL 样品匀液于 2 个无菌平皿内，再将 20 ～ 25 mL 冷却至 46 ℃的马铃薯 – 葡萄糖 – 琼脂培养基或孟加拉红培养基［可放置于（46 ± 1）℃恒温水浴箱中保温］倾注平皿中，并转动平皿使其混合均匀，待琼脂凝固后，将平板倒置，（28 ± 1）℃培养 5 d，观察并记录结果。同时，还要做 2 个空白对照试验。

### 3. 菌落计数

肉眼观察，必要时可用放大镜，记录各稀释倍数和相应的酵母菌。以菌落形成单位（CFU）表示。

选取菌落数在 10 ～ 150 CFU 的平板，根据菌落形态为酵母菌计数。菌落数应采用 2 个平板的平均数。

## 任务报告

### 1. 结果计算

计算同一稀释度的 2 个平板菌落数的平均值，再将平均值乘以相应稀释倍数。

（1）若所有平板上菌落数均大于 150 CFU，则对稀释度最高的平板进行计数，其他平板可记录为多不可计，结果按平均菌落数乘以最高稀释倍数计算。

（2）若所有平板上菌落数均小于 10 CFU，则应按稀释度最低的平均菌落数乘以稀释倍数计算。

（3）若所有稀释度（包括液体样品原液）平板均无菌落生长，则以小于 1 乘以最低稀释倍数计算。

### 2. 报告

（1）菌落数按“四舍五入”原则修约。菌落数在 10 CFU 以内时，采用 1 位有效数字报告；菌落数在 10 ～ 100 CFU 时，采用两位有效数字报告。

（2）菌落数大于或等于 100 CFU 时，将前 3 位数字采用“四舍五入”的原则修约后，取前 2 位数字，后面用 0 代替位数来表示结果；也可用 10 的指数形式来表示，此时也按“四舍五入”原则修约，采用 2 位有效数字。

（3）若空白对照平板上有菌落出现，则此次检验结果无效。

（4）称重取样以 CFU/g 为单位报告，体积取样以 CFU/mL 为单位报告并以此来报告酵母菌数。

## 任务思考

（1）在酵母菌的平板计数过程中应注意什么？

（2）应如何处理污染区域？

（3）酵母菌的平板计数与细菌菌落总数的测定有何区别？

任务考核单（任务 3-3）

专业：______ 学号：______ 姓名：______ 成绩：______

| 任务名称 | | 酵母菌的计数 | | | 时间：360 min | | |
|---|---|---|---|---|---|---|---|
| 序号 | 考核内容 | 考核要点 | 配分 | 评分标准 | 扣分 | 得分 | 备注 |
| 1 | 操作前的准备（10 分） | （1）穿工作服 | 5 | 未穿工作服扣 5 分 | | | |
| | | （2）设备试剂的准备 | 5 | 未准备设备试剂扣 5 分 | | | |
| 2 | 操作过程（80 分） | （1）制备 PDA 培养基 | 10 | 操作不规范扣 10 分 | | | |
| | | （2）制备孟加拉红培养基 | 10 | 操作不规范扣 10 分 | | | |
| | | （3）样品稀释液的制备 | 10 | 操作不规范扣 10 分 | | | |
| | | （4）接种 | 10 | 操作不规范扣 10 分 | | | |
| | | （5）培养 | 5 | 未调试培养箱温度扣 5 分 | | | |
| | | （6）菌落计数 | 15 | 计数不规范扣 5 ～ 10 分 | | | |
| | | （7）记录试验结果 | 20 | 记录不规范、信息不完全扣 1 ～ 5 分 | | | |
| 3 | 文明操作（10 分） | 清理仪器用具、试验台面 | 10 | 试验结束后未清理扣 10 分 | | | |
| 4 | 安全及其他 | （1）不得损坏仪器用具 | — | 损坏一般仪器、用具按每件 10 分从总分中扣除 | | | |
| | | （2）不得发生事故 | — | 由于操作不当发生安全事故时停止操作扣 5 分 | | | |
| | | （3）在规定时间内完成操作 | — | 每超时 1 min 从总分中扣 5 分，超时达 3 min 即停止操作 | | | |
| 合计 | | | 100 | | | | |

# 任务 3-4　霉菌的形态观察技术

## 任务描述

人们常用载玻片培养法观察霉菌在自然生长状态下的形态。此法是接种霉菌孢子于载玻片上的适宜培养基上，即在一定湿度的培养皿中放入一霉菌载片培养物，并盖上一块盖玻片，使霉菌在一狭窄的空隙中生长、繁殖，便于在显微镜下观察霉菌的特殊形态构造，如曲霉的足细胞、分生孢子、顶囊等生长情况。

## 任务实施

### 一、试验设备及试剂

（1）设备：恒温培养箱、无菌培养皿、显微镜、目镜测微计、物镜测微计、恒温箱、冰箱、无菌接种罩、放大镜、酒精灯、解剖针或接种钩针、分离针、滴瓶、载玻片、盖玻片、小刀等。

（2）培养基和试剂：霉菌、PDA 培养基（马铃薯 – 葡萄糖 – 琼脂培养基）、乳酸 – 石炭酸棉蓝染色液、甘油。

## 二、试验原理

霉菌是由交织在一起的菌丝体构成的。菌营养体的基本形态单位是菌丝，菌丝较粗大，有分枝或不分枝的。菌丝体为无色透明或暗褐色至黑色，或呈现鲜艳的颜色。在显微镜观察时，菌丝皆呈管状。菌丝包括有隔菌丝（如青霉、曲霉）和无隔菌丝（如毛霉、根霉）。霉菌菌丝体除基本结构外，有的霉菌还有一些特化形态，如假根、匍匐菌丝、吸器等。霉菌的繁殖体不仅包括无性繁殖体，如分生孢子等各类无性孢子；还包括有性繁殖结构，如子囊果，其内形成有性孢子。霉菌形态比细菌、酵母菌复杂，个体比较大，菌丝直径一般比放线菌菌丝大几倍到几十倍。霉菌菌丝体易收缩变形，而且孢子很容易飞散，所以，制作标本时常用乳酸 – 石炭酸棉蓝染色液，以保持菌丝体原形。此染色液制成的霉菌标本片的特点是细胞不变形；具有杀菌防腐的作用，且不易干燥，能保持较长时间；溶液本身呈蓝色，有一定的染色效果。

## 三、试验步骤

霉菌形态观察有多种方法，其中较常见的有水浸制片法，它是通过制取水浸片进行形态观察的。除此之外，还可以使用载玻片培养法、玻璃纸透析培养方法。下面介绍水浸制片法。

预先将检验中的霉菌或检验中分离出的霉菌孢子培养后的霉菌进行纯培养。

### 1. 倒平板

制备 PDA 培养基，倒 10 ～ 12 mL 于灭菌培养皿内，凝固后使用。

### 2. 接种与培养

将霉菌接种在平皿中。若有多种霉菌，则每个菌种接种 2 个平板。置于 28 ～ 30 ℃的恒温箱中培养 3 ～ 7 d。

### 3. 观察

经培养后的平板从恒温培养箱中取出，观察，并记录菌落颜色和形态特征。

### 4. 制水浸片

取 1 块洁净的载玻片，滴加 1 滴乳酸 – 石炭酸棉蓝染色液，用解剖针或接种钩针从霉菌菌落的边缘处取一小块霉菌培养物，置于载玻片上的染色液中，用两只分离针细心地把菌丝挑散开，切忌涂抹，以免破坏霉菌结构。然后小心地盖上盖玻片。注意，不要产生气泡（用记号笔标记菌株名称），如有气泡，可在酒精灯上加热去除。制片时，最好在接种罩内操作，以免孢子飞扬。

### 5. 镜检

置于显微镜下先用低倍镜观察，必要时再换高倍镜。观察霉菌的菌丝和孢子的形态特征并做好详细记录。

## 任务报告

（1）观察根霉、毛霉、曲霉、青霉和红曲霉的菌落形态。

（2）制片观察根霉、毛霉、曲霉、青霉和红曲霉的形态构造。

（3）对根霉、曲霉、青霉和红曲霉做载片培养，观察其形态构造。

1）绘制出所观察到的各种霉菌的形态图，注明各部分的名称。

2）列表比较根霉、毛霉、曲霉、青霉和红曲霉的菌落形态、个体形态及繁殖方式的异同点。

## 任务思考

（1）为什么要使用染色液？

（2）为什么挑取菌落边缘处进行染色？

（3）霉菌菌落的形态与细菌菌落有何区别？

### 任务考核单（任务 3-4）

专业：__________ 学号：__________ 姓名：__________ 成绩：__________

| 任务名称 | | 霉菌的形态观察技术 | | | 时间：270 min | | |
|---|---|---|---|---|---|---|---|
| 序号 | 考核内容 | 考核要点 | 配分 | 评分标准 | 扣分 | 得分 | 备注 |
| 1 | 操作前的准备（10 分） | （1）穿工作服 | 5 | 未穿工作服扣 5 分 | | | |
| | | （2）设备试剂的准备 | 5 | 未准备设备试剂扣 5 分 | | | |
| 2 | 操作过程（80 分） | （1）制备 PDA 平板培养基 | 10 | 操作不规范扣 10 分 | | | |
| | | （2）接种 | 5 | 接种不规范扣 5 分 | | | |
| | | （3）培养 | 5 | 未调制培养箱温度扣 5 分 | | | |
| | | （4）记录霉菌形态与颜色 | 10 | 记录不规范、信息不完全扣 1 ～ 5 分 | | | |
| | | （5）制备水浸片 | 15 | 操作不规范扣 5 ～ 10 分 | | | |
| | | （6）显微镜下观察霉菌菌丝和孢子形态 | 15 | 显微镜使用不规范扣 5 分 | | | |
| | | （7）记录试验结果 | 20 | 记录不规范、信息不完全扣 1 ～ 5 分 | | | |
| 3 | 文明操作（10 分） | 清理仪器用具、实验台面 | 10 | 试验结束后未清理扣 10 分 | | | |
| 4 | 安全及其他 | （1）不得损坏仪器用具 | — | 损坏一般仪器、用具按每件 10 分从总分中扣除 | | | |
| | | （2）不得发生事故 | — | 由于操作不当发生安全事故时停止操作扣 5 分 | | | |
| | | （3）在规定时间内完成操作 | — | 每超时 1 min 从总分中扣 5 分，超时达 3 min 即停止操作 | | | |
| 合计 | | | 100 | | | | |

# 任务 3-5　豆豉中肉毒梭菌及肉毒毒素的测定

## 任务描述

肉毒梭菌广泛存在于自然界中，也可以在腊肠、火腿、鱼及鱼制品和罐头食品等中存活。在美国以罐头发生中毒较多，日本以鱼制品较多，在我国主要以发酵食品为主，如臭豆腐、豆瓣酱、面酱、豆豉等。检验食品，特别是不经加热处理而直接食用的食品中有无肉毒毒素或肉毒梭菌（如罐头等密封性保存的食品），至为重要。

除 G 型菌外，其他各型菌的分布相当广泛。我国各地发生的肉毒毒素中毒主要是 A 型菌和 B 型菌。E 型菌和 C 型菌也发现过肉毒毒素中毒。至于 D 型菌和 F 型菌，我国尚未发现由此而发生的肉品中毒事件。肉毒梭菌检验目标主要是毒素，无论食品中的肉毒毒素检验还是肉毒梭菌检验，均以毒素的检测及定型试验为判定的主要依据。

肉毒梭菌或肉毒毒素检验的目的大体包括肉毒毒素中毒的实验室诊断、食品卫生检验及芽孢分布调查三个方面。供检标本主要是食品、患者血清及粪便、土壤及自然环境中的其他种种物件。创伤性肉毒毒素中毒、患者创伤内的坏死组织或渗出液是重要的待检标本。当调查芽孢在海、湖、河中的分布状态时，可采集水中动物的内脏或水底沉积物进行检验。

## 任务实施

### 一、试验仪器及材料

（1）培养基：庖肉培养基、胰蛋白酶胰蛋白胨葡萄糖酵母膏肉汤（TPGYT）、卵黄琼脂培养基。

（2）仪器及用具：天平（感量 0.1 g），无菌手术剪、镊子、试剂勺，均质器或无菌乳钵，离心机，厌氧培养装置，恒温培养箱，恒温水浴箱，显微镜，PCR 仪，电泳仪或毛细管电泳仪，凝胶成像系统或紫外检测仪，核酸蛋白分析仪或紫外分光光度计，可调微量移液器，无菌吸管，无菌三角烧瓶，培养皿（直径为 90 mm），离心管，PCR 反应管，无菌注射器。

（3）小鼠（15～20 g），每一批次试验应使用同一品系的 KM 或 ICR 小鼠。

（4）药品：明胶磷酸盐缓冲液；革兰氏染色液；10% 胰蛋白酶溶液；磷酸盐缓冲液（PBS）；1 mol/L 氢氧化钠溶液；1 mol/L 盐酸溶液；肉毒毒素诊断血清；无水酒精和 95% 酒精；10 mg/mL 溶菌酶溶液；10 mg/mL 蛋白酶 K 溶液；3 mol/L 乙酸钠溶液（pH 值为 5.2）；TE 缓冲液；引物：临用时用超纯水配制引物浓度为 10 μmol/L；10×PCR 缓冲液；25 mmol/L $MgCl_2$；dNTPs：dATP、dTTP、dCTP、dGTP；Taq 酶；琼脂糖：电泳级；溴化乙锭或 Goldview；5×TBE 缓冲液；6× 加样缓冲液；DNA 分子量标准。

本试验适用于检验食品中的肉毒梭菌及肉毒毒素。

## 二、基本原理

肉毒梭菌检验的ELISA技术已经广泛应用于食品和临床样本中毒素的检测。与其相比，肽链内切酶ELISA的免疫学检测方法的优越性大些，不但可以检测有活性的毒素，而且特异性强，直接检测毒素作用的底物蛋白，内切酶活性检测方法的灵敏度通常和时间相关，即延长时间可以获得更高的灵敏度。

## 三、检验程序

肉毒梭菌及肉毒毒素检验程序如图3–14所示。

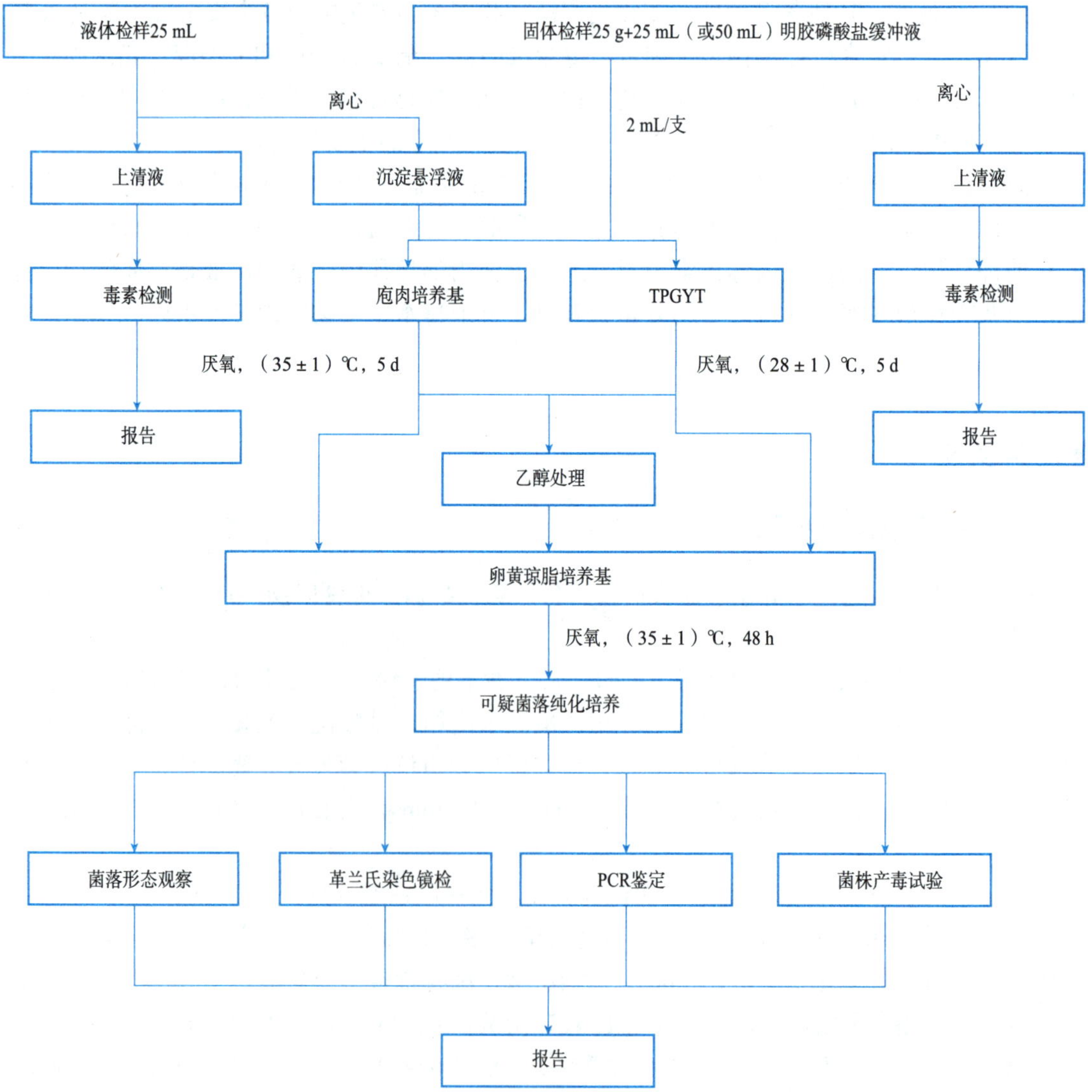


图3–14 肉毒梭菌及肉毒毒素检验程序

## 四、操作步骤

### （一）样品制备

#### 1. 样品保存

待检样品应放置于 2 ～ 5 ℃冰箱中冷藏。

#### 2. 固态与半固态食品（豆豉）

固体或游离液体很少的半固态食品，以无菌操作称取样品 25 g，放入无菌均质袋或无菌乳钵，块状食品以无菌操作切碎，含水率较高的固态食品加入 25 mL 明胶磷酸盐缓冲液，乳粉、牛肉干等含水率低的食品加入 50 mL 明胶磷酸盐缓冲液，浸泡 30 min，用拍击式均质器拍打 2 min 或用无菌研杵研磨制备样品匀液，收集备用。

#### 3. 液态食品

液态食品摇匀，以无菌操作量取 25 mL 检验。

#### 4. 剩余样品处理

取样后的剩余样品放在 2 ～ 5 ℃冰箱中冷藏，直至检验结果报告发出后，按感染性废弃物要求进行无害化处理，检测出阳性的样品应采用压力蒸汽灭菌方式进行无害化处理。

### （二）肉毒毒素检测

#### 1. 毒素液制备

取样品匀液约 40 mL 或均匀液体样品 25 mL 放入离心管，3 000 r/min 离心 10 ～ 20 min，收集上清液分为两份放入无菌试管：一份直接用于毒素检测，另一份用于胰酶处理后进行毒素检测。液体样品保留底部沉淀及液体约 12 mL，重悬，制备沉淀悬浮液备用。

胰酶处理：用 1 mol/L 氢氧化钠或 1 mol/L 盐酸调节上清液 pH 值至 6.2，按 9 份上清液加 1 份 10% 胰酶（活力 1∶250）水溶液的比例混合均匀，在 37 ℃条件下孵育 60 min，期间间或轻轻摇动反应液。

#### 2. 检出试验

用 5 号针头注射器分别取离心上清液和胰酶处理上清液腹腔为 3 只小鼠注射，每只 0.5 mL，观察和记录小鼠 48 h 内的中毒表现。典型肉毒毒素中毒症状多在 24 h 内出现，通常在 6 h 内发病和死亡，其主要表现为竖毛、四肢瘫软，呼吸困难，呈现风箱式呼吸、腰腹部凹陷、宛如峰腰，多因呼吸衰竭而死亡，可初步判定为肉毒毒素所致。若小鼠在 24 h 后发病或死亡，则应仔细观察小鼠症状，必要时浓缩上清液进行重复试验，以排除肉毒毒素中毒。若小鼠出现猝死（30 min 内）导致症状不明显，则应对毒素上清液进行适当稀释，重复试验。

注：对动物进行毒素检测时应遵循《食品安全国家标准　食品毒理学实验室操作规范》（GB 15193.2—2014）的规定。

#### 3. 确证试验

上清液或（和）胰酶处理上清液的毒素试验阳性者，取相应试验液 3 份，每份 0.5 mL，其中第一份加等量多型混合肉毒毒素诊断血清，混合均匀，37 ℃孵育 30 min；第二份加等量明胶磷酸盐缓冲液，混合均匀后煮沸 10 min；第三份加等量明胶磷酸盐缓冲液，混合均匀。将三份混合液分别腹腔注射小鼠各 2 只，每只 0.5 mL，观察小鼠 96 h 内的中毒和死亡情况。

结果判定：若注射第一份和第二份混合液的小鼠未死亡，而第三份混合液小鼠发病死亡，并出现肉毒毒素中毒的特有症状，则判定检测样品中检出肉毒毒素。

#### 4. 毒力测定（选做项目）

取确证试验阳性的试验液，用明胶磷酸盐缓冲液稀释制备一定倍数稀释液，如 10 倍、50 倍、100 倍、500 倍等，分别给 2 只小鼠进行腹腔注射，每只 0.5 mL，观察和记录小鼠发病与死亡情况至 96 h，计算最低致死剂量（MLD/mL 或 MLD/g），评估样品中肉毒毒素毒力，MLD 等于小鼠全部死亡的最高稀释倍数乘以样品试验液稀释倍数。例如，样品稀释两倍制备的上清液，再稀释 100 倍试验液使小鼠全部死亡，而 500 倍稀释液组存活，则该样品毒力为 200 MLD/g。

#### 5. 定型试验（选做项目）

根据毒力测定结果，用明胶磷酸盐缓冲液将上清液稀释至 10 ～ 1 000 MLD/mL 作为定型试验液，分别与各单型肉毒毒素诊断血清等量混合（国产诊断血清一般为冻干血清，用 1 mL 生理盐水溶解），37 ℃孵育 30 min，分别给 2 只小鼠腹腔注射，每只 0.5 mL，观察和记录小鼠发病与死亡情况至 96 h。同时，还要用明胶磷酸盐缓冲液代替诊断血清，与试验液等量混合作为小鼠试验对照。

结果判定：某一单型诊断血清组动物未发病且正常存活，而对照组和其他单型诊断血清组动物发病死亡，则判定样品中所含肉毒毒素为该型肉毒毒素。

注：未经胰酶激活处理的样品上清液的毒素检测出试验或确证试验为阳性者，则毒力测定和定型试验可省略胰酶激活处理试验。

### （三）肉毒梭菌检验

#### 1. 增菌培养与检出试验

（1）取出庖肉培养基 4 支和 TPGY 肉汤管 2 支，隔水煮沸 10 ～ 15 min，排除溶解氧，迅速冷却，切勿摇动，在 TPGY 肉汤管中缓慢加入胰酶液至液体石蜡液面下肉汤，每支 1 mL，制备成 TPGYT。

（2）吸取样品匀液或毒素制备过程中的离心沉淀悬浮液 2 mL 接种至庖肉培养基中，每份样品接种 4 支，2 支直接放置（35 ± 1）℃厌氧培养至 5 d，另 2 支放 80 ℃保温 10 min，再放置（35 ± 1）℃厌氧培养至 5 d；同样方法接种 2 支 TPGYT 肉汤管，（28 ± 1）℃厌氧培养至 5 d。

注：接种时，用无菌吸管轻轻吸取样品匀液或离心沉淀悬浮液，将吸管口小心插入肉汤管底部，缓缓放出样液至肉汤中，切勿搅动或吹气。

（3）检查记录增菌培养物的浊度、产气、肉渣颗粒消化情况并应注意气味。肉毒梭菌培养物为产气、肉汤浑浊（庖肉培养基中 A 型和 B 型肉毒梭菌肉汤变黑）、消化或不消化肉粒、有异臭味。

（4）取增菌培养物进行革兰氏染色镜检，观察菌体形态，注意是否有芽孢、芽孢的相对比例、芽孢在细胞内的位置。

（5）若增菌培养物 5 d 无菌生长，应延长培养至 10 d，观察其生长情况。

（6）取增菌培养物阳性管的上清液，按肉毒毒素检测中的检出试验方法进行毒素检出和确证试验，必要时进行定型试验，阳性结果可证明样品中有肉毒梭菌存在。

注：TPGYT 增菌液的毒素试验无须添加胰酶处理。

### 2. 分离与纯化培养

（1）增菌液前处理，吸取 1 mL 增菌液至无菌螺旋帽试管中，加入等体积过滤除菌的无水酒精，混合均匀，在室温下放置 1 h。

（2）取增菌培养物和经酒精处理的增菌液分别划线接种至卵黄琼脂平板，（35 ± 1）℃厌氧培养 48 h。

（3）观察平板培养物菌落形态，肉毒梭菌菌落隆起或扁平、光滑或粗糙，易成蔓延生长，边缘不规则，在菌落周围形成乳色沉淀晕圈（E 型较宽，A 型和 B 型较窄），在斜视光下观察，菌落表面呈现珍珠样虹彩，这种光泽区可随蔓延生长扩散到不规则边缘区外的晕圈。

（4）菌株纯化培养，在分离培养平板上选择 5 个肉毒梭菌可疑菌落，分别接种于卵黄琼脂平板，（35 ± 1）℃，厌氧培养 48 h，观察菌落形态及其纯度。

### 3. 鉴定试验

（1）染色镜检：挑取可疑菌落进行涂片、革兰氏染色和镜检，肉毒梭菌菌体形态为革兰氏阳性粗大杆菌、芽胞卵圆形、大于菌体、位于次端，菌体呈网球拍状。

（2）毒素基因检测。

1）菌株活化：挑取可疑菌落或待鉴定菌株接种 TPGY，（35 ± 1）℃厌氧培养 24 h。

2）DNA 模板制备：吸取 TPGY 培养液 1.4 mL 至无菌离心管中，14 000 × g 离心 2 min，弃上清液，加入 1.0 mL PBS 悬浮菌体，14 000 × g 离心 2 min，弃上清液，用 400 μL PBS 重悬沉淀，加入 10 mg/mL 溶菌酶溶液 100 μL，振摇均匀，37 ℃水浴 15 min，加入 10 mg/mL 蛋白酶 K 溶液 10 μL，振摇均匀，60 ℃水浴 1 h，再沸水浴 10 min，14 000 × g 离心 2 min，上清液转移至无菌小离心管中，加入 3 mol/L NaAc 溶液 50 μL 和 95% 酒精 1.0 mL，振摇均匀，–70 ℃或 –20 ℃放置 30 min，14 000 × g 离心 10 min，弃去上清液，沉淀干燥后溶于 200 μL TE 缓冲液，置于 –20 ℃保存备用。

注：根据实验室实际情况，也可采用常规水煮沸法或商品化试剂盒制备 DNA 模板。

3）核酸浓度测定（必要时）：取 5 μL DNA 模板溶液，加超纯水稀释至 1 mL，用核酸蛋白分析仪或紫外分光光度计分别检测 260 nm 和 280 nm 波段的吸光值 $A_{260}$ 和 $A_{280}$。按式（3–3）计算 DNA 浓度。当浓度在 0.34 ～ 340 μg/mL 或 $A_{260}/A_{280}$ 比值为 1.7 ～ 1.9 时，适合使用 PCR 扩增。

$$C=A_{260}\times N\times 50 \tag{3–3}$$

式中 $C$——DNA 浓度（μg/mL）；

$A_{260}$——260 nm 处的吸光值；

$N$——核酸稀释倍数。

4）PCR 扩增：

①分别采用针对各型肉毒梭菌毒素基因设计的特异性引物（表 3-4）进行 PCR 扩增，包括 A 型肉毒毒素（botulinumneurotoxinA，bont/A）、B 型肉毒毒素（botulinumneurotoxinB，bont/B）、E 型肉毒毒素（botulinumneurotoxinE，bont/E）和 F 型肉毒毒素（botulinumneurotoxinF，bont/F），每个 PCR 反应管检测一种型别的肉毒梭菌。

表 3-4　肉毒梭菌毒素基因 PCR 检测的引物序列及其扩增长度

| 检测肉毒梭菌类型 | 引物序列 | 扩增长度 /bp |
|---|---|---|
| A 型 | F 5′–GTG ATA CAA CCA GAT GGT AGT TAT AG–3′<br>R 5′–AAA AAA CAA GTC CCA ATT ATT AAC TTT–3′ | 983 |
| B 型 | F 5′–GAG ATG TTT GTG AAT ATT ATG ATC CAG–3′<br>R 5′–GTT CAT GCA TTA ATA TCA AGG CTG G–3′ | 492 |
| E 型 | F 5′–CCA GGC GGT TGT CAA GAA TTT TAT–3′<br>R 5′–TCA AAT AAA TCA GGC TCT GCT CCC–3′ | 410 |
| F 型 | F 5′–GCT TCA TTA AAG AAC GGA AGC AGT GCT–3′<br>R 5′– GTG GCG CCT TTG TAC CTT TTC TAG G–3′ | 1 137 |

②肉毒梭菌毒素基因 PCR 检测的反应体系见表 3-5。反应体系中各试剂的量可根据具体情况或不同的反应总体积进行相应的调整。

表 3-5　肉毒梭菌毒素基因 PCR 检测的反应体系

| 试剂 | 终浓度 | 加入体积 /μL |
|---|---|---|
| 10 × PCR 缓冲液 | 1 × | 5.0 |
| 25 mmol/L $MgCl_2$ | 2.5 mmol/L | 5.0 |
| 10 mmol/L dNTPs | 0.2 mmol/L | 1.0 |
| 10 μmol/L 正向引物 | 0.5 μmol/L | 2.5 |
| 10 μmol/L 反向引物 | 0.5 μmol/L | 2.5 |
| 5 U/μL Taq 酶 | 0.05 U/μL | 0.5 |
| DNA 模板 | — | 1.0 |
| $ddH_2O$ | — | 32.5 |
| 总体积 | — | 50.0 |

③反应程序，预变性 95 ℃、5 min；循环参数 94 ℃、1 min，60 ℃、1 min，72 ℃、1 min；循环数 40；后延伸 72 ℃，10 min；4 ℃保存备用。

④ PCR 扩增体系应设置阳性对照、阴性对照和空白对照。用含有已知肉毒梭菌菌株或含肉毒毒素基因的质控品做阳性对照、非肉毒梭菌基因组 DNA 做阴性对照、无菌水做空白对照。

5）凝胶电泳检测 PCR 扩增产物，用 0.5 × TBE 缓冲液配制 1.2% ～ 1.5% 的琼脂糖凝胶，凝胶加热融化后冷却至 60 ℃左右，加入溴化乙锭至 0.5 μg/mL 或 Goldview5 μL/100 mL 制备胶块，取 10 μL PCR 扩增产物与 2.0 μL 6 × 加样缓冲液混合，点样，其中一孔加入 DNA 分子量标准。0.5 × TBE 电泳缓冲液，10 V/cm 恒压电泳，根据溴酚蓝的移动位置确定电泳时间，用紫外检测仪或凝胶成像系统观察和记录结果。PCR 扩增产物也可采用毛细管电泳仪进行检测。

结果判定：阴性对照和空白对照均未出现条带，阳性对照出现预期大小的扩增条带（表 3–4），判定本次 PCR 检测成立；待测样品出现预期大小的扩增条带，判定为 PCR 结果阳性，根据表 3–4 判定肉毒梭菌菌株型别，待测样品未出现预期大小的扩增条带，判定 PCR 结果为阴性。

注：PCR 试验环境条件和过程控制应参照《实验室质量控制规范　食品分子生物学检测》（GB/T 27403—2008）中的规定执行。

（3）菌株产毒试验。将 PCR 阳性菌株或可疑肉毒梭菌菌株接种庖肉培养基或 TPGYT 肉汤（用于 E 型肉毒梭菌），按肉毒梭菌检验条件厌氧培养 5 d，进行毒素检测和（或）定型试验，毒素确证试验阳性者，判定为肉毒梭菌，根据定型试验结果判定肉毒梭菌型别。

注：根据 PCR 阳性菌株型别，可直接用相应型别的肉毒毒素诊断血清进行确证试验。

### （四）结果报告

#### 1. 肉毒毒素检测结果报告

根据检测出试验和确证试验结果，报告 25 g（mL）样品中检测出或未检测出肉毒毒素。根据肉毒毒素检测的定型试验结果，报告 25 g（mL）样品中检测出某型肉毒毒素。

#### 2. 肉毒梭菌检验结果报告

根据“（三）肉毒梭菌检验”中的各项试验结果，报告样品中检测出或未检测出肉毒梭菌或检测出某型肉毒梭菌。

## 任务报告

#### 1. 检样中肉毒梭菌检测结果

| 序号 | 菌落形态观察结果 | 革兰氏染色镜检结果 | PCR 鉴定结果 | 菌株产毒试验 | 毒素检测 |
|---|---|---|---|---|---|
| 1 | | | | | |
| 2 | | | | | |
| 3 | | | | | |

### 2. 综合评价

在检测样中，肉毒梭菌检测出情况为________（+/–），毒素检测出情况为________（+/–），37 ℃培养后特征菌落数为________，革兰氏染色结果为________，PCR 鉴定结果为________。

## 任务思考

（1）检测自制发酵豆制品中的肉毒毒素有何意义？

（2）在检测过程中，检验人员应如何做好个人安全防护措施？

**任务考核单（任务 3–5）**

专业：______________ 学号：______________ 姓名：______________ 成绩：______________

| 任务名称 | | 豆豉中肉毒梭菌及肉毒素的测定 | | | 时间：360 min | | |
|---|---|---|---|---|---|---|---|
| 序号 | 考核内容 | 考核要点 | 配分 | 评分标准 | 扣分 | 得分 | 备注 |
| 1 | 操作前的准备（10 分） | （1）穿工作服 | 5 | 未穿工作服扣 5 分 | | | |
| | | （2）设备试剂的准备 | 5 | 未准备设备试剂扣 5 分 | | | |
| 2 | 操作过程（80 分） | （1）培养基的制备 | 10 | 操作不规范扣 5 分 | | | |
| | | （2）样品的制备 | 10 | 操作不规范扣 5 分 | | | |
| | | （3）样品的稀释 | 10 | 操作不规范扣 5 分 | | | |
| | | （4）样品的接种 | 10 | 操作不规范扣 5 分 | | | |
| | | （5）培养 | 10 | 操作不规范扣 5 分 | | | |
| | | （6）典型菌落计数 | 10 | 操作不规范扣 5 分 | | | |
| | | （7）试验结果计算 | 20 | 记录不规范、信息不完全扣 1～5 分 | | | |
| 3 | 文明操作（10 分） | 清理仪器用具、试验台面 | 10 | 试验结束后未清理扣 10 分 | | | |
| 4 | 安全及其他 | （1）不得损坏仪器用具 | — | 损坏一般仪器、用具按每件 10 分从总分中扣除 | | | |
| | | （2）不得发生事故 | — | 由于操作不当发生安全事故时停止操作扣 5 分 | | | |
| | | （3）在规定时间内完成操作 | — | 每超时 1 min 从总分中扣 5 分，超时达 3 min 即停止操作 | | | |
| 合计 | | | 100 | | | | |

# 任务 3-6 鸡蛋中沙门氏菌的测定

## 任务描述

沙门氏菌属是一大群寄生于人类和动物肠道、生化反应和抗原构造相似的革兰氏阴性杆菌。其种类繁多，少数只对人致病。其他对动物致病，偶尔可传染给人，主要引起人类患伤寒、副伤寒及食物中毒或败血症。在食物中毒案例中，沙门氏菌食物中毒常占首位或第二位。

## 任务实施

### 一、试验仪器及材料

（1）仪器及用具：天平（感量 0.1 g）、恒温培养箱、均质器、振荡器、无菌三角烧瓶、无菌均质杯、无菌均质袋、无菌吸管、无菌培养皿、无菌试管、无菌接种环。

（2）培养基和试剂：缓冲蛋白胨水（BPW）、四硫磺酸钠煌绿增菌液（TTB）、氯化镁孔雀绿大豆胨（RVS）增菌液、亚硫酸铋（BS）琼脂、HE 琼脂、木糖赖氨酸脱氧胆盐（XLD）琼脂、三糖铁（TSI）琼脂、营养琼脂（NA）、半固体琼脂、蛋白胨水、靛基质试剂、尿素琼脂（pH 值为 7.2）、氰化钾（KCN）培养基、赖氨酸脱羧酶试验培养基、糖发酵培养基、邻硝基酚 β–D 半乳糖苷（ONPG）培养基、丙二酸钠培养基、沙门氏菌显色培养基、沙门氏菌诊断血清，生化鉴定试剂盒。

### 二、基本原理

食品中沙门氏菌的检验方法有五个基本步骤：前增菌；选择性增菌；选择性平板分离沙门氏菌；生化试验，鉴定到属；血清学分型鉴定。目前，检验食品中的沙门氏菌是按统计学取样方案为基础，25 g 食品为标准分析单位。本试验以鸡蛋为检测样品，以已知的沙门氏菌和大肠埃希氏菌为对照。

### 三、检验程序

沙门氏菌检验程序如图 3–15 所示。

### 四、操作步骤

#### （一）预增菌

无菌操作称取 25 g（mL）样品，置于盛有 225 mL BPW 的无菌均质杯中，以 8 000 ～ 10 000 r/min 均质 1 ～ 2 min，或置于盛有 225 mL BPW 的无菌均质袋内，用拍击式均质器拍打 1 ～ 2 min。对于液态样品，也可置于盛有 225 mL BPW 的无菌三角烧瓶或其他合适容器中振荡混合均匀。如果需要调节 pH 值，用 1 mol/L NaOH 或 HCl 调节 pH 值至 6.8 ± 0.2。

无菌操作将样品转至 500 mL 三角烧瓶或其他合适容器内（如均质杯本身具有无孔盖或使用均质袋时，可不转移样品），置于（36 ± 1）℃培养 8 ～ 18 h。对于乳粉，无菌操作称取 25 g 样品，缓缓倾倒在广口瓶或均质袋内 225 mL BPW 的液体表面，勿调节 pH 值，也暂不混合均匀，室温静置（60 ± 5）min 后再混合均匀，置于（36 ± 1）℃培养 16 ～ 18 h。冷冻样品如果需要解冻，应在取样前将其置于 40 ～ 45 ℃的水浴中。注意，不可超过 15 min，或在 2 ～ 8 ℃的冰箱中缓慢化冻不超过 18 h。

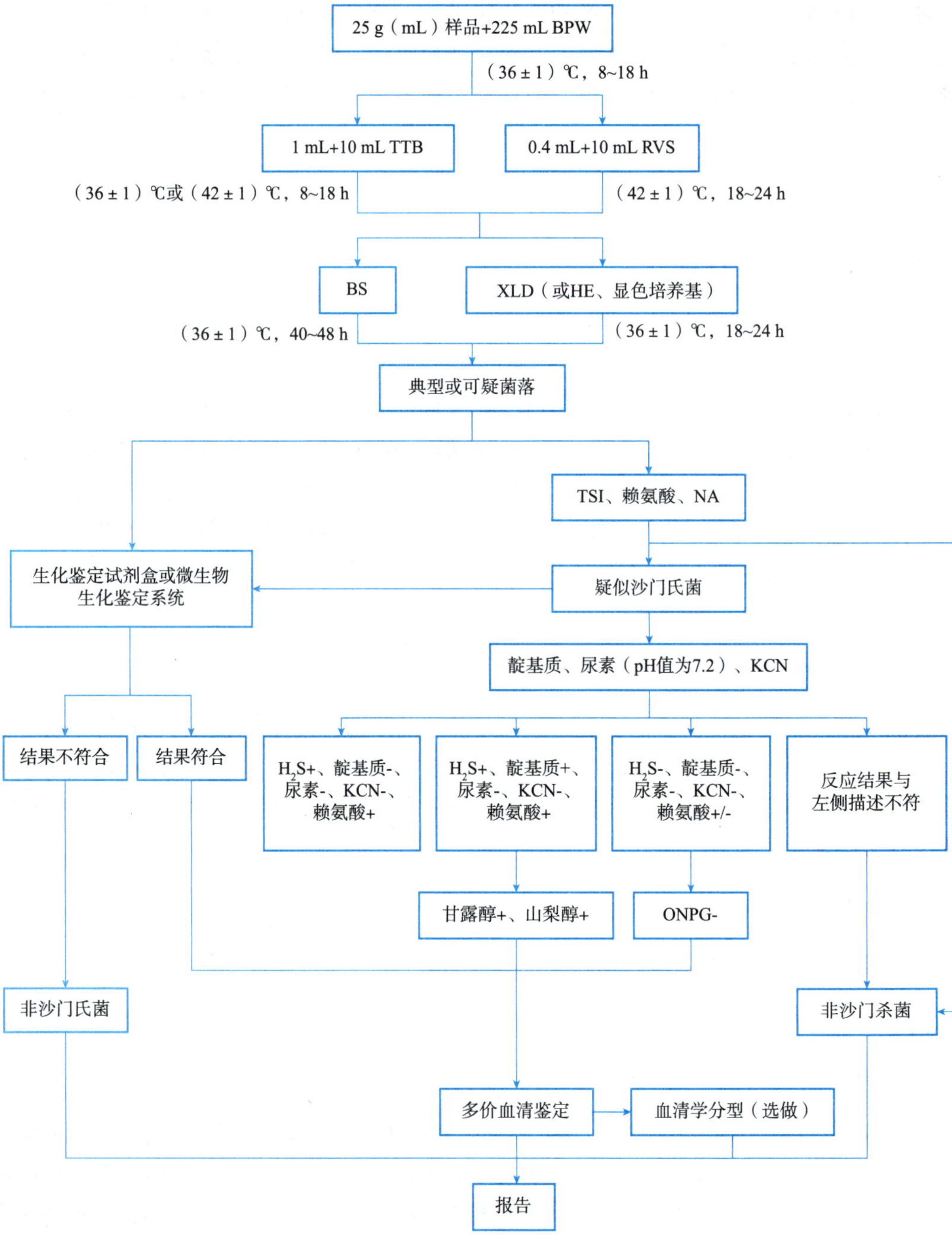


图 3-15　沙门氏菌检验程序

### （二）选择性增菌

轻轻摇动预增菌的培养物，移取 0.1 mL 转种于 10 mL RVS 中，混合均匀后于（42 ± 1）℃培养 18 ～ 24 h。同时，另取 1 mL 转种于 10 mL TTB 中后混合均匀，低背景菌的样品（如深加工的预包装食品等）置于（36 ± 1）℃培养 18 ～ 24 h，高背景菌的样品（如生鲜禽肉等）置于（42 ± 1）℃培养 18 ～ 24 h。如有需要，可将预增菌的培养物在 2 ～ 8 ℃的冰箱中保存，不可超过 72 h，再进行选择性增菌。

### （三）分离

振荡混合均匀选择性增菌的培养物后，用直径为 3 mm 的接种环取每种选择性增菌的培养物各一环，分别划线接种于一个 BS 琼脂平板和一个 XLD 琼脂平板（也可使用 HE 琼脂平板、沙门氏菌显色培养基平板或其他合适的分离琼脂平板），于（36 ± 1）℃分别培养 40 ～ 48 h（BS 琼脂平板）或 18 ～ 24 h（XLD 琼脂平板、HE 琼脂平板、沙门氏菌显色培养基平板），观察各个平板上生长的菌落是否应符合表 3–6 的菌落特征。

如有需要，可将选择性增菌的培养物在 2 ～ 8 ℃冰箱保存不超过 72 h，再进行分离。

表 3–6　不同分离琼脂平板上沙门氏菌的菌落特征

| 分离琼脂平板 | 菌落特征 |
|---|---|
| BS 琼脂 | 菌落为黑色有金属光泽、棕褐色或灰色、菌落周围培养基可呈黑色或棕色；有些菌株形成灰绿色的菌落，周围培养基不变色 |
| XLD 琼脂 | 菌落呈粉红色，带或不带黑色中心，有些菌株可呈现大的带光泽的黑色中心，或呈现全部黑色的菌落；有些菌株为黄色菌落，带或不带黑色中心 |
| HE 琼脂 | 蓝绿色或蓝色，多数菌落中心黑色或几乎全黑色；有些菌株为黄色，中心黑色或接近全黑色 |
| 沙门氏菌显色培养基 | 符合相应产品说明书的描述 |

### （四）生化试验

（1）挑取 4 个以上典型或可疑菌落进行生化试验，这些菌落宜分别来自不同选择性增菌液的不同分离琼脂；也可先选择其中一个典型或可疑菌落进行试验，若鉴定为非沙门氏菌，再取余下菌落进行鉴定。将典型或可疑菌落接种三糖铁琼脂，先在斜面上划线，再将底层穿刺；同时，接种赖氨酸脱羧酶试验培养基和营养琼脂（或其他合适的非选择性固体培养基）平板，于（36 ± 1）℃培养 18 ～ 24 h。三糖铁和赖氨酸脱羧酶试验的结果及初步判断见表 3–7。将已挑菌落的分离琼脂平板于 2 ～ 8 ℃保存，以备必要时复查。

表 3–7　三糖铁（TSI）和赖氨酸脱羧酶试验结果及初步判断

| 三糖铁 | | | | 赖氨酸脱羧酶 | 初步判断 |
|---|---|---|---|---|---|
| 斜面 | 底层 | 产气 | 硫化氢 | | |
| K | A | +（–） | +（–） | + | 疑似沙门氏菌 |

续表

| 三糖铁 | | | | 赖氨酸脱羧酶 | 初步判断 |
|---|---|---|---|---|---|
| 斜面 | 底层 | 产气 | 硫化氢 | | |
| K | A | + (–) | + (–) | – | 疑似沙门氏菌 |
| A | A | + (–) | + (–) | + | 疑似沙门氏菌 |
| A | A | +/– | +/– | – | 非沙门氏菌 |
| K | K | +/– | +/– | +/– | 非沙门氏菌 |
| 注：K：产减；A：产酸；+：阳性；–：阴性；+ (–)：多数阳性，少数阴性；+/–：阳性或阴性 | | | | | |

（2）对初步判断为非沙门氏菌者，直接报告结果。对疑似沙门氏菌者，从营养琼脂平板上挑取其纯培养物接种蛋白胨水（供做靛基质试验）、尿素琼脂（pH 值为 7.2）、氰化钾（KCN）培养基，也可在接种三糖铁琼脂和赖氨酸脱羧酶试验培养基的同时，接种以上 3 种生化试验培养基，于（36 ± 1）℃培养 18 ～ 24 h，按表 3–8 的规定判定结果。

表 3–8　生化试验结果鉴别表（一）

| 序号 | 硫化氢 | 靛基质 | 尿素（pH 值为 7.2） | 氰化钾 | 赖氨酸脱羧酶 |
|---|---|---|---|---|---|
| A1 | + | – | – | – | + |
| A2 | + | + | – | – | + |
| A3 | – | – | – | – | +/– |
| 注：+：阳性；–：阴性；+/–：阳性或阴性 | | | | | |

1）符合表 3–8 中 A1 者，为沙门氏菌典型的生化反应，进行血清学鉴定后报告结果。尿素、氰化钾和赖氨酸脱羧酶中如有 1 项不符合 A1，按表 3–9 的规定制定结果；尿素、氰化钾和赖氨酸脱羧酶中如有两项不符合 A1，判断为非沙门氏菌并报告结果。

表 3–9　生化试验结果鉴别表（二）

| 尿素（pH 值为 7.2） | 氰化钾 | 赖氨酸脱羧酶 | 判断结果 |
|---|---|---|---|
| – | – | – | 甲型副伤寒沙门氏菌（要求血清学鉴定结果） |
| – | + | + | 沙门氏菌Ⅳ或Ⅴ（符合该亚种生化特性并要求血清学鉴定结果） |
| + | – | + | 沙门氏菌个别变体（要求血清学鉴定结果） |
| 注：+：阳性；–：阴性 | | | |

2）生化试验结果符合表 3–8 中的 A2 者，补做甘露醇和山梨醇试验，沙门氏菌（靛基

质阳性变体）的甘露醇和山梨醇试验结果均为阳性，其结果报告还需要进行血清学鉴定。

3）对生化试验结果符合表 3-2 中 A3 者，补做 ONPG 试验。沙门氏菌的 ONPG 试验结果为阴性，且赖氨酸脱羧酶试验结果为阳性，但甲型副伤寒沙门氏菌的赖氨酸脱羧酶试验结果为阴性。对生化试验结果符合沙门氏菌特征者，进行血清学鉴定。

4）必要时，按表 3-10 进行沙门氏菌种和亚种的生化鉴定。

（3）如果选择生化鉴定试剂盒或微生物生化鉴定系统，应用分离平板上典型或可疑菌落的纯培养物，或者根据表 3-7 初步判断为疑似沙门氏菌的纯培养物，按生化鉴定试剂盒或微生物生化鉴定系统的操作说明鉴定。

表 3-10　沙门氏菌种和亚种的生化鉴定

| 种 | 肠道沙门氏菌 | | | | | | 邦戈尔沙门菌 |
|---|---|---|---|---|---|---|---|
| 亚种 | 肠道亚种 | 萨拉姆亚种 | 亚利桑那亚种 | 双相亚利桑那亚种 | 豪顿亚种 | 印度亚种 | |
| 项目 | Ⅰ | Ⅱ | Ⅲa | Ⅲb | Ⅳ | Ⅵ | Ⅴ |
| 卫矛醇 | + | + | – | – | – | d | + |
| ONPG（2 h） | – | – | + | + | – | d | + |
| 丙二酸盐 | – | + | + | + | – | – | – |
| 明效酶 | – | + | + | + | + | + | – |
| 山梨醇 | + | + | + | + | + | – | + |
| 氰化钾 | – | – | – | – | + | – | + |
| L（+）–酒石酸盐 | + | – | – | – | – | – | – |
| 半乳糖醛酸 | – | + | – | + | + | + | + |
| γ– 谷氨酰转肽酶 | + | + | – | + | + | + | + |
| β– 葡萄糖醛酸苷醇 | d | d | – | + | – | d | – |
| 黏液酸 | + | + | + | –（70%） | – | + | + |
| 水杨苷 | – | – | – | – | + | – | – |
| 乳糖 | – | – | （75%） | +（75%） | – | d | – |
| O1 噬菌体裂解 | + | + | – | + | – | + | d |

注：+：阳性；–：阴性；d：不定

## （五）结果与报告

根据生化试验鉴定的结果，报告 25 g（mL）样品中检测出或未检测出沙门氏菌。

## 任务报告

| | | | |
|---|---|---|---|
| 受理编号 | | 受检单位 | |
| 样品名称 | | 检验依据 | 《食品国家安全标准　食品中卫生微生物学检验　沙门氏菌检验》(GB 4789.4—2010) |
| 收样日期 | 20　年　月　日 | 检测仪器 | HHB11-420 型电热恒温培养箱(编号:025)、3J0484 型奥林巴斯显微镜(编号:032)、TN-100B 型托盘式扭力天平(编号:001) |
| 检验日期 | 20　年　月　日 | 检测项目 | 沙门氏菌 |

1. 前增菌:(20　年　月　日)

取检样________加入含 BPW225 mL 的均质杯中,以____ r/min 均质____ min,转入三角烧瓶____ ℃培养____ h;

2. 增菌:(20　年　月　日)

轻轻摇动培养过的样品混合物,移取 1 mL,转种于 10 mL TTB 内,于____ ℃培养____ h。同时,另取 1 mL,转种于 10 mL SC 内,于____ ℃培养____ h;

3. 分离:(20　年　月　日)

分别用接种环取增菌液 1 环,划种接种于一个 BS 琼脂平板和一个 XLD 琼脂平板。于____ ℃分别培养____ h(XLD 琼脂平板)____ h(BS 琼脂平板),观察各个平板上生长的菌落;

BS 上可疑菌落形态:※ 菌落颜色:□黑色有金属光泽□棕褐色□灰色□灰绿色

※ 周围培养基:□呈黑色或棕色□不变□

※ 其他;

XLD 上可疑菌落形态:□粉红色□黄色□黑色中心□全部黑色的菌落□其他;

4. 生化试验:(20　年　月　日)

自选择性琼脂平板上分别挑取____个典型或可疑菌落,接种三糖铁琼脂,先在斜面划线,再于底层穿刺;接种针不要灭菌,直接接种赖氨酸脱羧酶试验培养基、蛋白胨水(供做靛基质试验)、尿素琼脂(pH=7.2)、氰化钾(KCN)培养基和营养琼脂平板,于____ ℃培养____ h,将已挑菌落的平板储存于室温保留 24 h,以备必要时复查。反应结果见表 1、表 2,表 3 为补做试验。

**表 1　在三糖铁琼脂和赖氨酸脱羧试验培养基因的反应结果**

| 三糖铁琼脂 | | | | 赖氨酸脱羧酶试验培养基 | 初步判断 |
|---|---|---|---|---|---|
| 斜面 | 底层 | 产气 | 硫化氢 | | |
| | | | | | |
| | | | | | |
| | | | | | |
| | | | | | |
| | | | | | |
| 注:K:产碱;A:产酸;+:阳性;-:阴性;初步判断:可疑沙门氏菌属或非沙门氏菌属 | | | | | |

**表 2　生化反应初步鉴别表**

| 硫化氢(H2S) | 靛基质 | pH 7.2 尿素 | 氰化钾(KCN) | 赖氨酸脱羧酶 | 反应序号(判断) |
|---|---|---|---|---|---|
| | | | | | |
| 注:+:阳性;阴性:-;/:阳性或阴性;反应序号判断:A1、A2、A3 或非沙门氏菌属 | | | | | |

**表 3　补做试验(选做)**

| 甘露醇 | 山梨醇 | ONPG | 结果判断 |
|---|---|---|---|
| | | | |
| 注:+:阳性;-:阴性;结果判断:沙门氏菌属或非沙门氏菌属 | | | |

5. 血清学鉴定:(20　年　月　日)

玻片上划出 2 个约 1 cm × 2 cm 的区域,挑取 1 环待测菌,各放 1/2 环于玻片上的每一区域上部,在其中一个区域下部加 1 滴多价菌体(O)抗血清;在另一个区域下部加入 1 滴生理盐水作为对照。接下来,用无菌的接种环或针分别将两个区域内的菌落研成乳状液。将玻片倾斜摇动混合 1 min,并观察黑暗背景。

血清凝集结果:________(+ 或 -)

6. 结果:(20　年　月　日)

________沙门氏菌。

## 任务思考

（1）检查蛋类及其制品中的沙门氏菌有何意义？

（2）检验之前对样品进行前增菌的目的是什么？

任务考核单（任务 3-6）

专业：__________　学号：__________　姓名：__________　成绩：__________

| 任务名称 | | 鸡蛋中沙门氏菌的测定 | | | 时间：360 min | | |
|---|---|---|---|---|---|---|---|
| 序号 | 考核内容 | 考核要点 | 配分 | 评分标准 | 扣分 | 得分 | 备注 |
| 1 | 操作前的准备（10 分） | （1）穿工作服 | 5 | 未穿工作服扣 5 分 | | | |
| | | （2）设备试剂的准备 | 5 | 未准备设备试剂扣 5 分 | | | |
| 2 | 操作过程（80 分） | （1）培养基的制备 | 10 | 操作不规范扣 10 分 | | | |
| | | （2）样品的制备 | 10 | 操作不规范扣 10 分 | | | |
| | | （3）样品的稀释 | 10 | 操作不规范扣 10 分 | | | |
| | | （4）样品的接种 | 10 | 操作不规范扣 10 分 | | | |
| | | （5）培养 | 10 | 操作不规范扣 10 分 | | | |
| | | （6）典型菌落计数 | 10 | 操作不规范扣 10 分 | | | |
| | | （7）试验结果计算 | 20 | 记录不规范、信息不完全扣 1～5 分 | | | |
| 3 | 文明操作（10 分） | 清理仪器用具、试验台面 | 10 | 试验结束后未清理扣 10 分 | | | |
| 4 | 安全及其他 | （1）不得损坏仪器用具 | — | 损坏一般仪器、用具按每件 10 分从总分中扣除 | | | |
| | | （2）不得发生事故 | — | 由于操作不当发生安全事故时停止操作扣 5 分 | | | |
| | | （3）在规定时间内完成操作 | — | 每超时 1 min 从总分中扣 5 分，超时达 3 min 即停止操作 | | | |
| 合计 | | | 100 | | | | |

# 任务 3-7　果蔬中诺如病毒的测定

## 任务描述

诺如病毒是一组杯状病毒属病毒，其原型株诺瓦克病毒于 1968 年在美国诺瓦克市被分离出来。诺如病毒感染可引起胃肠炎，胃肠炎是指胃、小肠和大肠的炎症，主要症状是恶心、呕吐、腹部痉挛性腹泻。部分人主诉有头痛、发热、寒战、肌肉疼痛。症状通常持续

1～2 d。普遍感到病情严重，可发生多次剧烈呕吐。症状一般摄入病毒后 24～48 h 出现，但是暴露后 12 h 也可能出现症状。没有证据表明感染者能成为长期病毒携带者，但是从发病到康复后的 2 周，感染者的粪便和呕吐物中可以检测出病毒。

诺如病毒感染性强，以肠道传播为主，可通过污染的水源、食物、物品、空气等传播，常在社区、学校、餐馆、医院、托儿所、孤老院及军队等处引起集体暴发。感染者发病突然，主要症状为恶心、呕吐、发热、腹痛和腹泻。世界上很多地区都有暴发的案例，因此，诺如病毒是全球流行性与散发性腹泻的重要病原之一，受污染的食品、水源是诺如病毒传播的重要污染源，如贝类、水果、蔬菜、饮用水、水源水等。目前，我国在食品与水样中诺如病毒检测方面已有相关的国家标准。根据文献报道，诺如病毒的检测方法主要包括电镜法、免疫法及分子扩增法（主要为 PCR 方法）。其中，分子扩增方法被认为是食品中检测诺如病毒的唯一方法（其他两种方法的灵敏度差），而 PCR 为“金标准”，被广泛采用。因此，完整的食品与水样中诺如病毒检测的主要流程共包括病毒的提取、核酸的纯化及病毒的分子检测。本项目以果蔬为原料，进行样品中诺如病毒的检测及报告。

## 任务实施

### 一、主要仪器与材料

GⅠ、GⅡ基因型诺如病毒实时荧光 RT-PCR 引物和探针见表 3-11。

表 3-11 GⅠ、GⅡ基因型诺如病毒实时荧光 RT-PCR 引物和探针

| 病毒名称 | | 扩增产物长度 /bp | 序列位置 |
|---|---|---|---|
| 诺如病毒 GⅠ | QNIF4（上游引物）：5′-CGC TGG ATG CGN TTC CAT-3′；<br>NV1LCR（下游引物）：5′-CCT TAG ACG CCA TCA TCA TTT AC-3′；<br>NVGG1p（探针）：5′-FAM-TGG ACA GGA GAY CGC RAT CT-TAMRA-3′ | 86 | 位于诺如病毒（GenBand 登录号 m87661）的 5 291～5 376 |
| 诺如病毒 GⅡ | QNIF2（上游引物）：5′-ATG TTC AGR TGG ATG AGR TTC TCW GA-3′；<br>COG2R（下游引物）：5′-TCG ACGCCATCTTCA TTC ACA-3′；<br>QNIFs（探针）：5′-FAM-AGC ACG TGG GAG GGC GAT CG-TAMRA-3′ | 89 | 位于 Lordsdale 病毒（GenBand 登录号 x865577）的 5 212～5 100 |

过程控制病毒，外加扩增控制 RNA，Tris/ 甘氨酸 / 牛肉膏（TGBE）缓冲液，5×PEG/NaCl 溶液（500 g/L 聚乙二醇 PEG8000，1.5 mol/L NaCl），磷酸盐缓冲液（PBS），氯仿 / 正丁醇的混合液，蛋白酶 K 溶液，75% 酒精，Trizol 试剂。

设备和材料：实时荧光 PCR 仪，冷冻离心机，无菌刀片或等效均质器，涡旋仪，天平：感量为 0.1 g，振荡器，水浴锅，离心机，高压灭菌锅，低温冰箱，-80 ℃，微量移液器，pH 计或精密 pH 试纸，网状过滤袋，400 mL，无菌棉拭子，无菌贝类剥刀，橡胶垫，无菌剪刀，无菌钳子，无菌培养皿，无 RNase 玻璃容器，无 RNase 离心管、无 RNase 移液器吸嘴、无 RNase 药匙、无 RNase PCR 薄壁管。

## 二、基本原理

最常用的分子生物学检测方法是聚合酶链式反应（PCR），检测粪便、环境中的病毒核酸，通过扩增和检测病毒基因序列来实现对诺如病毒的迅速定性与定量检测。例如，通过采用实时荧光 PCR 技术，针对诺如病毒 GⅠ、GⅡ等特异性基因设计引物和探针。PCR 扩增过程中，与模板结合的探针被 Taq 酶分解产生荧光信号，荧光定量 PCR 仪根据检测到的荧光信号绘制出实时扩增曲线，从而实现诺如病毒 GⅠ、GⅡ在核酸水平上的定性检测。除基本的荧光定量法外，还有反转录聚合酶链式反应和逆转录 – 环介导等温扩增法检测。近年来，还出现了一种更加先进的方法——数字 PCR。

数字 PCR（digital PCR）是在荧光 PCR 基础上发展起来的基因拷贝数定量检测技术，用于核酸模板的绝对拷贝数测定。通过将含有模板、引物 / 探针、Taq 酶及其缓冲液的荧光 PCR 反应体系充分混合均匀之后等量均分为相互隔离的大数量（大于 10 000 个）微反应体系，使每个模板独立随机地分配至微反应体系。所有微反应体系同时在相同的规定条件下进行 PCR 扩增反应后，根据设定的荧光阈值判断每个微反应体系的扩增结果。依据微反应体系的阳性率和泊松分布公式计算得到数字 PCR 反应体系中的模板浓度。

## 三、检验程序

具体检验程序如图 3–16 所示。

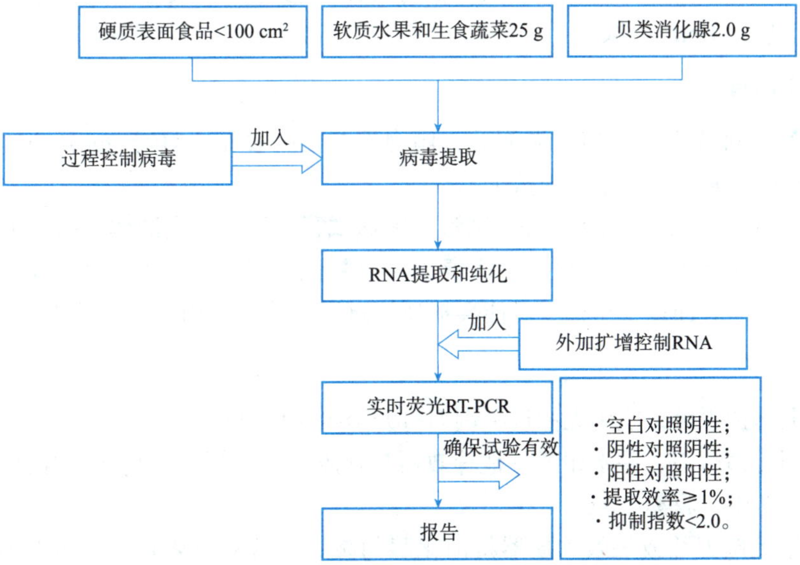


图 3–16　诺如病毒检验程序

## 四、操作步骤

### （一）病毒提取

样品处理一般应在 4 ℃以下的环境中进行运输。实验室在接到样品后应尽快开始检测，如果暂时不能检测，应将样品保存在 –80 ℃冰箱中，试验前解冻。样品处理和 PCR 反应应在单独的工作区域或房间进行。每个样品可设置 2 ～ 3 个平行处理。

### 1. 软质水果和生食蔬菜

（1）将 25 g 软质水果或生食蔬菜切成约 2.5 cm × 2.5 cm × 2.5 cm 的小块（如水果或蔬菜小于该体积，可不切）。

（2）将样品小块移动至带有 400 mL 网状过滤袋的样品袋，加入 40 mL TGBE 溶液（软质水果样品需加入 30 UA.niger 果胶酶或 1 140 UA.aculeatus 果胶酶），加入 10 μL 过程控制病毒。

（3）室温，60 次 /min，振荡 20 min。酸性软质水果需在振荡过程中，每隔 10 min 检测 pH 值，如 pH 值低于 9.0 时，使用 1 mol/L NaOH 调节 pH 值至 9.5，每调节一次 pH 值，延长振荡时间 10 min。

（4）将振荡液转移至离心管，如果体积较大，可使用两根离心管。10 000 r/min，4 ℃，离心 30 min。取上清液至干净试管或三角烧瓶，用 1 mol/L HCl 调节 pH 值至 7.0。

（5）加入 25% 体积 5 × PEG/NaCl 溶液，使终溶液浓度为 100 g/L PEG，0.3 mol/L NaCl。60 s 振摇均匀，4 ℃，60 次 /min，振荡 60 min。10 000 r/min，4 ℃，离心 30 min，弃上清液。10 000 r/min，4 ℃，离心 5 min 紧实沉淀，弃上清液。

（6）500 μL PBS 悬浮沉淀。如食品样品为生食蔬菜，可直接将悬浮液转移至干净试管，测定并记录悬浮液毫升数，用于后续 RNA 提取。如食品样品为软质水果，将悬浮液转移至耐氯仿试管。加入 500 μL 氯仿 / 丁醇混合液，涡旋混合均匀，室温静置 5 min。10 000 r/min，4 ℃，离心 15 min，将液相部分仔细转移至干净试管中，测定并记录悬浮液毫升数，用于后续 RNA 提取。

### 2. 硬质表面食品

（1）将无菌棉拭子使用 PBS 湿润后，用力擦拭食品表面（<100 $cm^2$），记录擦拭面积。将 10 μL 过程控制病毒添加至该棉拭子。

（2）将棉拭子浸入含 490 μL PBS 试管，紧贴试管一侧挤压出液体。如此重复浸入和挤压 3 ～ 4 次，以确保挤压出最大量的病毒，测定并记录液体毫升数，用于后续的 RNA 提取。由于硬质食品表面过于粗糙，可能会损坏棉拭子，故可使用多个棉拭子。

### 3. 贝类

（1）戴上防护手套，使用无菌贝类剥刀打开至少 10 个贝类。

（2）使用无菌剪刀、手术钳或其他等效器具在胶垫上解剖出贝类软体组织中的消化腺，置于干净培养皿中，收集 2.0 g。

（3）使用无菌刀片或等效均质器将消化腺匀浆后，转移至离心管。加入 10 μL 过程控制病毒。加入 2.0 mL 蛋白酶 K 溶液并混合均匀。

（4）使用恒温摇床或等效装置，37 ℃，320 次 /min，振荡 60 min。

（5）将试管放入水浴或等效装置，60 ℃，15 min。室温，3 000 r/min，5 min 离心，将上清液转移至干净试管，测定并记录上清液毫升数，用于后续的 RNA 提取。

## （二）病毒 RNA 提取和纯化

病毒 RNA 可手工提取和纯化，也可使用商品化病毒 RNA 提取纯化试剂盒。待提取完成后，为延长 RNA 保存时间可选择性加入 RNAse 抑制剂。操作过程中应佩戴一次性橡胶或乳胶手套，并经常更换。提取出来的 RNA 立即进行反应，或保存在 4 ℃小于 8 h。如果长期储存，建议 −80 ℃保存。

（1）病毒裂解：将病毒提取液加入离心管，加入病毒提取液等体积 Trizol 试剂，混合均匀，激烈振荡，室温放置 5 min，加入 20% 体积氯仿，涡旋剧烈混匀 30 s（不能过于强烈，以免产生乳化层，也可用手颠倒混合均匀），12 000 r/min，离心 5 min，上层水相移入新离心管，不能吸出中间层。

（2）病毒 RNA 提取：离心管中加入等体积异丙醇，颠倒混合均匀，室温放置 5 min，12 000 r/min，离心 5 min，弃上清，倒置于吸水纸上，沾干液体（不同样品须在吸水纸不同地方沾干）。

（3）病毒 RNA 纯化。

1）每次加入等体积 75% 酒精，颠倒洗涤 RNA 沉淀两次。

2）于 4 ℃，12 000 r/min，离心 10 min，小心弃上清液，倒置于吸水纸上，沾干液体（不同样品须在吸水纸不同地方沾干）；或小心倒去上清液，用微量加样器将其吸干，一份样本换用一个吸头，吸头不要碰到有沉淀，室温干燥 3 min，不能过于干燥，以免 RNA 不溶解。

3）加入 16 μL 无 RNAse 超纯水，轻轻混合均匀，溶解管壁上的 RNA，2 000 r/min，离心 5 s，冰上保存备用。

### （三）质量控制

（1）空白对照：以无 RNAse 超纯水作为空白对照（A 反应孔）。

（2）阴性对照：以不含有诺如病毒的贝类，提取 RNA，作为阴性对照（B 反应孔）。

（3）阳性对照：以外加扩增控制 RNA，作为阳性对照（J 反应孔）。

（4）过程控制病毒。

1）以食品中过程控制病毒 RNA 的提取效率表示食品中诺如病毒 RNA 的提取效率，作为病毒提取过程控制。

2）将过程控制病毒按病毒 RNA 提取和纯化步骤提取和纯化 RNA。可大量提取，分装为 10 μL 过程控制病毒的 RNA 量，−80 ℃保存，每次检测时取出使用。

3）将 10 μL 过程控制病毒的 RNA 进行数次 10 倍梯度稀释（D–G 反应孔），加入过程控制病毒引物、探针，采用与诺如病毒实时荧光 RT–PCR 反应相同的反应条件确定未稀释和梯度稀释过程病毒 RNA 的 CT 值。

4）以未稀释和梯度稀释过程控制病毒 RNA 的浓度 lg 值为 $X$ 轴，以其 CT 值为 $Y$ 轴，建立标准曲线；标准曲线 $R^2$ 应 $\geqslant 0.98$。未稀释过程控制病毒 RNA 浓度为 1，梯度稀释过程控制 RNA 浓度分别为 $10^{-1}$、$10^{-2}$、$10^{-3}$ 等。

5）将含过程控制病毒食品样品 RNA（C 反应孔），加入过程控制病毒引物、探针，采用诺如病毒实时荧光 RT–PCR 反应相同的反应体系和参数，进行实时荧光 RT–PCR 反应，确定 $CT$ 值，代入标准曲线，计算经过病毒提取等步骤后的过程控制病毒 RNA 浓度。

6）计算提取效率，提取效率 = 经病毒提取等步骤后的过程控制病毒 RNA 浓度 × 100%，即（C 反应孔）CT 值对应浓度 × 100%。

（5）外加扩增控制。

1）通过外加扩增控制 RNA 并计算扩增抑制指数，然后以此作为扩增控制。

2）外加扩增控制 RNA 分别加入含过程控制病毒食品样品 RNA（H 反应孔）、10–1 稀释的含过程控制病毒食品样品 RNA（I 反应孔）、无 RNAse 超纯水（J 反应孔），加入 GⅠ型或 GⅡ型引物探针，采用附录 2 反应体系和参数，进行实时荧光 RT–PCR 反应，确定 CT 值。

3）计算扩增抑制指数，抑制指数 =（含过程控制病毒食品样品 RNA+ 外加扩增控制 RNA）CT 值 –（无 RNAse 超纯水 + 外加扩增控制 RNA）CT 值，即抑制指数 =（H 反应孔）CT 值 –（J 反应孔）CT 值。如抑制指数 ≥ 2.00，需比较 10 倍稀释食品样品的抑制指数，即抑制指数 =（I 反应孔）CT 值 –（J 反应孔）CT 值。

### （四）实时荧光 RT–PCR

实时荧光 RT–PCR 反应体系和反应参数见表 3–12。反应体系中各试剂的量可根据具体情况或不同的反应总体积进行适当的调整。

**表 3–12　实时荧光 RT–PCR 反应体系和反应参数**

| 名称 | 储存液浓度 | 终浓度 | 加样量 /μL | | |
|---|---|---|---|---|---|
| | | | GⅠ | GⅡ | 过程控制病毒 |
| RT–PCR 缓冲溶液 | 5 × | 1 × | 5 | 5 | 5 |
| $MgSO_4$ | 25 mmol/L | 1 mmol/L | 1 | 1 | 1 |
| dNTPs | 10 mmol/L | 0.2 mmol/L | 0.5 | 0.5 | 0.5 |
| 正义引物 | 50 μmol/L | 1 μmol/L | 0.5 | 0.5 | 0.5 |
| 反义引物 | 50 μmol/L | 1 μmol/L | 0.5 | 0.5 | 0.5 |
| 逆转录酶 | 5 U/μL | 0.1 U/μL | 0.5 | 0.5 | 0.5 |
| DNA 聚合酶 | 5 U/μL | 0.1 U/μL | 0.5 | 0.5 | 0.5 |
| 探针 | 5 μmol/L | 0.1 μmol/L | 0.5 | 0.5 | 0.5 |
| RNA 模板 | — | — | 5 | 5 | 5 |
| 水（无 RNAse） | — | — | 11 | 11 | 11 |
| 总体积 | — | — | 25 | 25 | 25 |

可采用商业化实时荧光 RT–PCR 试剂盒。另外，也可以增加调整反应孔，实现一次反应完成 GⅠ和 GⅡ型诺如病毒的独立检测。将 18.5 μL 实时荧光 RT–PCR 反应体系添加至反应孔中，并在不同反应孔中加入下述不同物质，检测 GⅠ或 GⅡ基因型诺如病毒（表 3–13）。

**表 3–13　实时荧光 RT–PCR 反应参数**

| 步骤 | | 温度和时间 | 循环数 |
|---|---|---|---|
| RT | | 55°，1 h | 1 |
| 预热 | | 95 ℃，5 min | 1 |
| 扩增 | 变性 | 95 ℃，15 s | 45 |
| | 退火延伸 | 60 ℃，1 min | |
| | | 60 ℃，1 min | |

（1）A 反应孔：空白对照，加入 5 μL 无 RNAse 超纯水 +1.5 μL GⅠ或 GⅡ型引物探针。

（2）B 反应孔：阴性对照，加入 5 μL 阴性提取对照 RNA+1.5 μL GⅠ或 GⅡ型引物探针。

（3）C 反应孔：病毒提取过程控制 1，加入 5 μL 含过程控制病毒食品样品 RNA+1.5 μL 过程控制病毒引物探针。

（4）D 反应孔：病毒提取过程控制 2，加入 5 μL 过程控制病毒 RNA+1.5 μL 过程控制病毒引物探针。

（5）E 反应孔，病毒提取过程控制 3，加入 5 μL$10^{-1}$ 倍稀释过程控制病毒 RNA+1.5 μL 过程控制病毒引物探针。

（6）F 反应孔：病毒提取过程控制 4，加入 5 μL$10^{-2}$ 倍稀释过程控制病毒 RNA+1.5 μL 过程控制病毒引物探针。

（7）G 反应孔：病毒提取过程控制 5，加入 5 μL$10^{-3}$ 倍稀释过程控制病毒 RNA+1.5 μL 过程控制病毒引物探针。

（8）H 反应孔；扩增控制 1，加入 5 μL 含过程控制病毒食品样品 RNA+1 μL 外加扩增控制 RNA+1.5 μL GⅠ；或 GⅡ型引物探针。

（9）I 反应孔：扩增控制 2，加入 5 μL$10^{-1}$ 倍稀释的含过程控制病毒食品样品 RNA+1 μL 外加扩增控制 RNA+1.5 μL GⅠ或 GⅡ型引物探针。

（10）J 反应孔：扩增控制 3/ 阳性对照，加入 5 μL 无 RNase 超纯水 +1 μL 外加扩增控制 RNA+1.5 μL GⅠ或 GⅡ型引物探针。

（11）K 反应孔：样品 1，加入 5 μL 含过程控制病毒食品样品 RNA+1.5 μL GⅠ或 GⅡ型引物探针。

（12）L 反应孔：样品 2，加入 5 μL$10^{-1}$ 倍稀释的含过程控制病毒食品样品 RNA+1.5 μL GⅠ或 GⅡ型引物探针。

### （五）结果与报告

（1）检测有效性判定。

1）需要满足以下质量控制要求，检测方有效，空白对照阴性（A 反应孔）；阴性对照阴性（B 反应孔）；阳性对照（J 反应孔）阳性。

2）过程控制（C–G 反应孔）需满足，提取效率≥ 1%；如提取效率 <1%，需要重新检测；但如提取效率 <1%，检测结果为阳性，也可酌情判定为阳性。

3）扩增控制（H–J 反应孔）需满足，抑制指数 <2.00；如抑制指数≥ 2.00，需要比较 10 倍稀释食品样品的抑制指数；如 10 倍稀释食品样品扩增的抑制指数 <2.00，则扩增有效，且需要采用 10 倍稀释食品样品 RNA 的 CT 值作为结果；10 倍稀释食品样品扩增的抑制指数也≥ 2.00 时，扩增可能无效，需要重新检测；但如抑制指数≥ 2.00，检测结果为阳性，也可酌情判定为阳性。

（2）结果判定：待测样品的 CT 值大于等于 45 时，判定为诺如病毒阴性；待测样品的 CT 值小于等于 38 时，判定为诺如病毒阳性；待测样品的 CT 值大于 38 且小于 45 时，应重新检测；重新检测结果大于等于 45 时，判定为诺如病毒阴性；小于等于 38 时，判定为诺如病毒阳性。

（3）报告：根据检测结果，报告“检出诺如病毒基因”或“未检出诺如病毒基因”。

## 任务报告

### 1. 检样中诺如病毒的检测结果

| 样本序号 | 样本数量 | 检出情况 | | 阳性率 |
|---|---|---|---|---|
| | | GⅠ | GⅡ | |
| 1 | | | | |
| 2 | | | | |
| 3 | | | | |

### 2. 综合评价

检测样中诺如病毒的检出情况为________（+/–），其中 GI 为________（+/–），GⅡ为________，阳性率为________。

## 任务思考

（1）除果蔬外，还有哪些食品容易被诺如病毒污染？

（2）在诺如病毒的检测过程中，如何减小操作误差？

（3）根据所学知识列出预防诺如病毒感染的措施。

任务考核单（任务 3–7）

专业：____________ 学号：____________ 姓名：____________ 成绩：____________

| 任务名称 | | 果蔬中诺如病毒的测定 | | | 时间：360 min | | |
|---|---|---|---|---|---|---|---|
| 序号 | 考核内容 | 考核要点 | 配分 | 评分标准 | 扣分 | 得分 | 备注 |
| 1 | 操作前的准备（10 分） | （1）穿工作服 | 5 | 未穿工作服扣 5 分 | | | |
| | | （2）设备试剂的准备 | 5 | 未准备设备试剂扣 5 分 | | | |
| 2 | 操作过程（80 分） | （1）培养基的制备 | 10 | 操作不规范扣 5 分 | | | |
| | | （2）样品的制备 | 10 | 操作不规范扣 5 分 | | | |
| | | （3）样品的稀释 | 10 | 操作不规范扣 5 分 | | | |
| | | （4）样品的接种 | 10 | 操作不规范扣 5 分 | | | |
| | | （5）培养 | 10 | 操作不规范扣 5 分 | | | |
| | | （6）典型噬菌斑计数 | 10 | 操作不规范扣 5 分 | | | |
| | | （7）试验结果计算 | 20 | 记录不规范、信息不完全扣 1 ～ 5 分 | | | |
| 3 | 文明操作（10 分） | 清理仪器用具、实验台面 | 10 | 试验结束后未清理扣 10 分 | | | |

续表

| 任务名称 | | 果蔬中诺如病毒的测定 | | | 时间：360 min | | |
|---|---|---|---|---|---|---|---|
| 序号 | 考核内容 | 考核要点 | 配分 | 评分标准 | 扣分 | 得分 | 备注 |
| 4 | 安全及其他 | （1）不得损坏仪器用具 | — | 损坏一般仪器、用具按每件 10 分从总分中扣除 | | | |
| | | （2）不得发生事故 | — | 由于操作不当发生安全事故时停止操作扣 5 分 | | | |
| | | （3）在规定时间内完成操作 | — | 每超时 1 min 从总分中扣 5 分，超时达 3 min 即停止操作 | | | |
| 合计 | | | 100 | | | | |

## 课后小测验

1. 下列属于大肠杆菌形态学特征的是（　　）。

A. 周生鞭毛　　B. 能运动　　C. 无芽孢　　D. 革兰氏阴性

2. 下列对金黄色葡萄球菌特性的描述中正确的是（　　）。

A. 对高温有一定的耐受能力，在 80 ℃以上的高温环境下 30 min 才可以将其彻底杀死

B. 可存活于高盐环境，最高可以耐受 15% 浓度的 NaCl 溶液

C. 利用 70% 的酒精可以在几分钟之内将其快速杀死

D. 需氧或兼性厌氧，对环境要求不高，37 ℃为其最佳生长温度

3. 真菌菌落特点有（　　）。

A. 白色　　B. 少数红色　　C. 黑色　　D. 绒羽状

4. 在肉毒中毒的实验室诊断中，从患者的（　　）等样本中检测到毒素是最可靠的诊断依据。

A. 血清　　B. 粪便　　C. 呕吐物　　D. 可疑食品

5.《食品安全国家标准　食品微生物学检验　沙门氏菌检验》（GB 4789.4—2024）是目前食品中沙门氏菌的标准检测方法，也是基层实验室普遍采用的检测方法，它根据沙门氏菌的生长特点和生化特性，分为________、________、________、________和________5 个步骤进行。

6. 诺如病毒的传播途径包括________以及________和________传播。________和________是病毒传播的主要途径，可以直接传播，也可以间接传播。

A. 人传人　　B. 食物、水　　C. 粪便　　D. 口腔黏液

7. 根据 GB 4789 系列标准，食品样品中微生物的检测步骤主要包括哪三个大项？每项中的检测步骤主要有什么？

# 模块 4　保障农畜产品安全助力高质量发展

## 案例引入

### 案例 1　比利时出口牛肉检出沙门氏菌

据欧盟食品和饲料快速预警系统（RASFF）消息，2024 年 4 月 1 日，比利时通过 RASFF 通报本国出口牛肉不合格。

| 通报时间 | 通报国 | 通报产品 | 编号 | 通报原因 | 销售状态 / 采取措施 | 通报类型 |
|---|---|---|---|---|---|---|
| 2024 年 4 月 16 日 | 比利时 | 牛肉 | 2024.3052 | 检出沙门氏菌 | 产品不再投放市场 / 物理处理 – 热处理 | 注意信息通报 |

食品伙伴网提醒出口企业，严格按照欧盟成员国要求进行产品出口，注意产品中各种致病菌的存在，保证产品的安全性，规避出口风险。

### 案例 2　巴氏奶微生物严重超标

在 × 月 × 日的出厂检验中，发现前一天生产的巴氏奶（包括花色奶）出现大面积的微生物超标，即当天生产的所有产品，除新鲜屋包装线合格外，其他 5 个产品都是微生物严重超标，细菌总数 >10 万个 /mL，大肠菌群均出现不同程度的超标。

调查分析过程如下。

（1）查生产记录与清洗消毒记录，并询问相关人员，一切按照操作规程执行，无异常情况发生（因员工中存在按体系要求做生产记录而非按实际情况填写记录的情况，所以记录的可信度不高）。

（2）软包装线产品均不合格，而新鲜屋包装线产品合格。

（3）两条包装线的清洗消毒是分开进行的，由不同的操作工进行清洗和消毒。

（4）超标产品为长假第一天生产。

根据以上的调查分析可知，从板式消毒器到软包装机这段的管道、容器和设备存在二次污染，可能是节日期间，车间的监管力度不够，部分员工思想松懈，如软包装线清洗消毒人员未能严格按照规程清洗、消毒。

## 学习目标

**知识目标**

1. 了解肉和肉制品、乳与乳制品的概念。

2. 熟悉肉制品微生物检验、乳制品微生物检验的工作流程。
3. 熟悉粮食种植土壤中微生物分离和纯化方法。
4. 熟悉微生物对粮食存储过程中的潜在危害性。

**能力目标**

1. 能够正确使用食品微生物检验肉及肉制品国家标准并规范操作。
2. 能够遵守食品微生物检验人员的职业道德规范。
3. 能够使用国标方法对粮食如小麦的不完善粒进行辨别。

**素质目标**

1. 具备遵守法律法规、爱岗敬业、乐于奉献、吃苦耐劳的职业素养。
2. 具备诚实守信、实事求是、团结协作的道德情操。
3. 培养爱国情怀，增强专业自信，树立质量意识、安全意识、无菌意识和责任意识。

## 模块导学

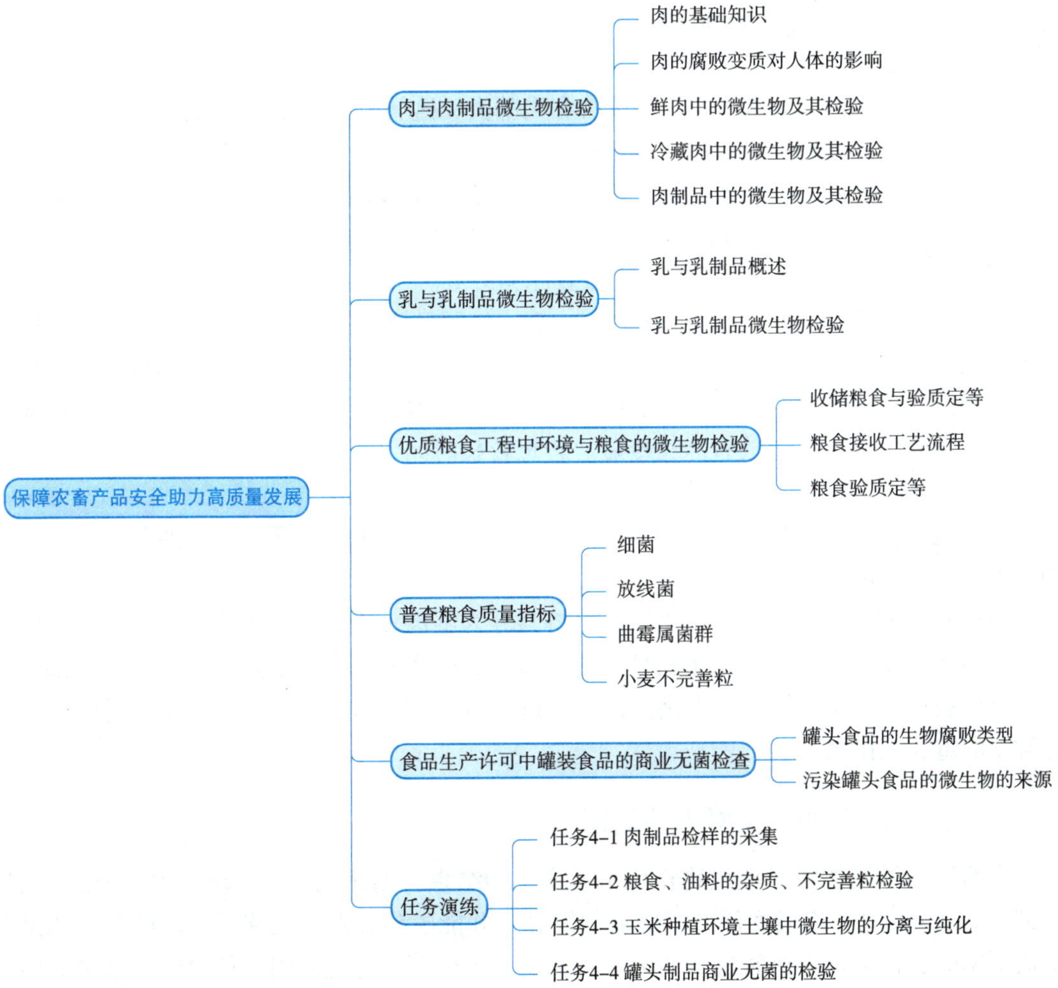

# 知识点 1　肉与肉制品微生物检验

## 一、肉的基础知识

广义上的肉是指适合人类作为食品动物机体的所有构成部分。

在商品学上，肉则专指去皮（毛）、头、蹄、尾和内脏的动物胴体或白条肉，它包括肌肉、脂肪、骨、软骨、筋膜、神经、血管、淋巴结等多种成分。头、尾、蹄爪和内脏统称为副产品或下水。

在肉制品生产中，所谓的肉称为“软肉”，仅指肌肉组织及其中包含的骨以外的其他组织。肉制品是指以鲜、冻畜禽肉为主要原料，经选料、修整、调味、成型、熟化（或不熟化）和包装等工艺制成的食品，根据性质可分为生制品和熟制品两种。所谓肉制品加工，实际上就是运用物理或化学的方法，配上适当的辅料和添加剂，对原料肉进行工艺处理的过程，而通过这个过程最终制成的产品称为肉制品。

肉制品通常分为以下几项。

（1）肉类干制品。如肉松类、肉干类和肉脯类，这类产品水分含量较低，产品较稳定，常温保存即可，开封后尽快食用。

（2）高温蒸煮肠（俗称火腿肠）、真空包装熟肉制品及罐头类熟肉制品。这类产品经高温高压灭菌处理，产品已达到商业无菌要求，所以只需要常温保存，没有必要冷藏，产品一旦开封应尽快食用，未食用完的，应放置冰箱冷藏。

（3）熏煮肠类和熏煮火腿类。如西式火腿、红肠及酱卤肉类产品，这类产品含水率高，且未达到商业无菌要求，所以这类产品应全过程冷藏，冷藏温度最好在 5 ℃以下，这样才能保证肉制品不会变质。最好是什么时候吃就什么时候购买，即买即吃，产品开封后应尽快食用，未食用完的，应放置冰箱冷藏。若想较长时间保存，也可冷冻，但解冻后产品的口感会有所下降。

肉与肉制品是营养价值很高的动物性食品，含有大量的全价蛋白质、脂肪、碳水化合物、维生素及无机盐等。

根据对肉的处理及储藏方法不同，可将其分为鲜肉、冷藏肉及各类肉制品。肉及肉制品的营养极为丰富，是多种微生物良好的培养基，肉类从屠宰到食用的各个环节，都可能受到不同程度的污染。因此，对肉及肉制品进行微生物检验，是确保其卫生质量及维护人体健康的重要工作之一。

## 二、肉的腐败变质及对人体的影响

肉腐败的原因主要是微生物作用引起变化的结果。据研究，每 1 $cm^2$ 内的微生物数量达到 $5\times10^7$ cfu 时，肉表面便产生明显的发黏，并能嗅到腐败的气味。肉内的微生物是在畜禽屠宰时，由血液及肠管侵入肌肉。当温度、水分等条件适宜时，便会迅速繁殖而使肉质发生腐败。肉的腐败过程使蛋白质分解成蛋白胨、多肽、氨基酸，再进一步分解成氨、硫化氢、酚、吲哚、粪臭素、胺及二氧化碳等，这些腐败产物具有浓厚的臭味，对人体健康有很大的危害。

## 三、鲜肉中的微生物及其检验

### （一）肉在保存中的变化

在保存过程中，由于肉的组织酶和外界微生物的作用，一般要经过僵直（rigor）—成熟（ripening）—腐败（spoilage）等变化。

**1. 热肉**

动物在屠宰后初期，尚未失去体温时，称为热肉。热肉呈中性或略偏碱性，pH 值为 7.0 ～ 7.2，富有弹性，因未经过成熟，鲜味较差，也不易消化。屠宰后的动物，随着正常代谢的中断，体内自体分解酶活性作用占优势，肌糖原在糖原分解酶的作用下，逐渐发生酵解，产生乳酸，一般宰后 1 h，pH 值降至 6.2 ～ 6.3，经 24 h 可降至 5.6 ～ 6.0。

**2. 肉的僵直**

当肉的 pH 值降至 6.7 以下时，肌肉会由于失去弹性而变得僵硬，这种状态叫作肉的僵直。肌肉僵直出现的早晚和持续时间与动物的种类、年龄、环境温度、生前状态及屠宰方法有关。动物宰前过度疲劳，由于肌糖原大量消耗，尸僵往往不明显。处于僵直期的肉，肌纤维粗糙、强韧、保水性低，缺乏风味，食用价值及滋味都不佳。

**3. 肉的成熟**

继僵直之后，肌肉开始出现酸性反应，组织比较柔软嫩化，具有弹性，切面富有水分，且有美妙的香气和滋味，易煮烂和咀嚼，肉食用性的改善过程称为肉的成熟。

成熟对提高肉的风味是完全必要的，成熟的速度与肉中肌糖原含量、储藏温度等有密切关系。在 10 ～ 15 ℃下，2 ～ 3 d 即可完成肉的成熟，在 3 ～ 5 ℃下需 7 d 左右，0 ～ 2 ℃则 2 ～ 3 周才能完成。成熟好的肉表面形成一层干膜，能阻止肉表面的微生物向深层组织蔓延，并能阻止微生物在肉的表面生长繁殖。

**4. 肉的腐败**

肉的腐败变质指肉在组织酶和微生物作用下发生质的变化，最终失去食用价值。如果说肉成熟的变化主要是糖酵解过程（也有核蛋白的分解，脂肪不分解），那么肉变质时的变化主要是蛋白质和脂肪分解过程。肉在自溶酶作用下的蛋白质分解过程称为肉的自家溶解；由微生物作用引起的蛋白质分解过程称为肉的腐败；肉中脂肪的分解过程称为酸败。

### （二）鲜肉中微生物的来源

在一般情况下，健康动物的胴体（尤其是深部组织），本应是无菌的，但从解体到消费要经过许多环节，不可能保证绝对无菌。

鲜肉中微生物的来源与许多因素有关，如动物生前的饲养管理条件、机体健康状况及屠宰加工的环境条件、操作程序等。

#### 1. 宰前微生物的污染

（1）健康动物本身存在的微生物。健康动物的体表及一些与外界相通的腔道，某些部位的淋巴结内都不同程度地存在着微生物，尤其在消化道内的微生物类群更多。通常情况下，这些微生物不侵入肌肉等机体组织，在动物机体抵抗力下降的情况下，某些病原性或条件致病性微生物，如沙门氏菌，可进入淋巴液、血液并侵入肌肉组织或实质脏器。

（2）体表的创伤、感染。

（3）患传染病或处于潜伏期或康复后带菌（毒）。

相应的病原微生物可能在生前即蔓延于肌肉和内脏器官，如炭疽杆菌、猪丹毒杆菌、多杀性巴氏杆菌，耶尔森氏菌等。

（4）动物在运输、宰前等过程中微生物的传染。由于过度疲劳、拥挤、饥渴等不良因素的影响，可通过个别病畜或带菌动物传播病原微生物，造成宰前对肉品的污染。

#### 2. 屠宰及保藏过程中微生物的污染

（1）健康动物的皮肤和被毛上的微生物，其种类与数量和动物生前所处的环境有关。屠宰前对动物进行淋浴或水浴，可减少皮毛上的微生物对鲜肉的污染。

（2）胃肠道内的微生物有可能沿组织间隙侵入邻近的组织和脏器。

（3）呼吸道和泌尿生殖道中的微生物。

（4）屠宰加工场所的卫生状况。

水是不容忽视的微生物污染来源，必须符合《生活饮用水卫生标准》（GB 5749—2022）的规定，尽以减少因冲洗而造成的污染。

屠宰加工车间的设备：如放血、剥皮所用刀具有污染，则微生物可随之进入血液，经由大静脉管而侵入胴体深部。挂钩、电锯等多种用具也会污染鲜肉。

（5）坚持正确操作及注意个人卫生。

此外，在鲜肉的分割、包装、运输、销售、加工等各个环节中也不能忽视微生物的污染问题。

### （三）鲜肉中常见的微生物类群

鲜肉中的微生物来源广泛，种类甚多，包括真菌、细菌、病毒等，可分为致腐性微生物、致病性微生物及中毒性微生物三大类群。

#### 1. 致腐性微生物

致腐性微生物就是在自然界里广泛存在的一类被营腐物寄生的、能产生蛋白分解酶，使动植物组织发生腐败分解的微生物。其包括细菌和真菌等，可引起肉品腐败变质。

（1）细菌。细菌是造成鲜肉腐败的主要微生物，常见的致腐性细菌主要包括以下几项。

1）革兰氏阳性产芽孢需氧菌：如蜡样芽孢杆菌、小芽孢杆菌、枯草杆菌等。

2）革兰氏阴性无芽孢细菌：如阴沟产气杆菌、大肠杆菌、奇异变形杆菌、普通变形杆菌、绿脓假单胞菌、荧光假单胞菌、腐败假单胞菌等。

3）球菌：均为革兰氏阳性菌，如凝聚性细球菌、嗜冷细球菌、金黄八联球菌、金黄色葡萄球菌、粪链球菌等。

4）厌氧性细菌：如腐败梭状芽孢杆菌、双酶梭状芽孢杆菌、溶组织梭状芽孢杆菌、产芽孢梭状芽孢杆菌等。

（2）真菌。真菌在鲜肉中不仅没有细菌数量多，而且分解蛋白质的能力也较细菌弱，生长较慢，在鲜肉变质中起一定作用。经常可从肉上分离到的真菌有交链孢霉、曲霉、青霉、枝孢霉、毛霉、芽枝霉，而以毛霉及青霉为最多。

### 2. 致病性微生物

致病性微生物主要是细菌和病毒。

（1）人畜共患病的病原微生物。常见的细菌有炭疽杆菌、布氏杆菌、李氏杆菌、鼻疽杆菌、土拉杆菌、结核分枝杆菌、猪丹毒杆菌等。常见的病毒有口蹄疫病毒、狂犬病病毒、水泡性口炎病毒等。

（2）只感染畜禽的病原微生物。常见的有多杀性巴氏杆菌、坏死杆菌、猪瘟病毒、兔病毒性出血症病毒、鸡传染性支气管炎病毒、鸡传染性法氏囊病毒、鸡马立克氏病毒、鸭瘟病毒等。

### 3. 中毒性微生物

有些致病性微生物或条件致病性微生物，可通过污染食品或细菌污染后产生大量毒素，从而引起以急性过程为主要特征的食物中毒。

（1）常见的致病性细菌有沙门氏菌、志贺氏菌、致病性大肠杆菌等。

（2）常见的条件致病菌有变形杆菌、蜡样芽孢杆菌等。

（3）毒素型中毒菌有蜡样芽孢杆菌、肉毒梭菌、魏氏梭菌等。

（4）常见的致食物中毒性微生物有链球菌、空肠弯曲菌、小肠结肠炎耶尔森氏菌等。

（5）真菌有麦角菌、赤霉、黄曲霉、黄绿青霉、毛霉、冰岛青霉等。

## （四）鲜肉中微生物的检验

鲜肉中微生物的检验应符合《食品安全国家标准　食品微生物学检验肉与肉制品采样和检样处理》(GB 4789.17—2024）中的规定。

### 1. 范围

此方法适用于肉与肉制品的采样和检样处理。

### 2. 设备和材料

（1）采样工具。采样工具应使用不锈钢或其他强度合适的材料，表面光滑且无缝隙，边角圆润。采样工具应清洗和灭菌，使用前保持干燥。采样工具包括托盘、刀具、剪刀、镊子、采样勺（或匙）、凿子、圆盘锯、绞肉器、采样钻、研磨器具、搅拌器具等。

（2）样品容器。样品容器的材料（如玻璃、不锈钢、塑料等）和结构应能充分保证样品的原有状态。容器和盖子应清洁、无菌、干燥。样品容器应有足够的体积，使样品可在检验前充分混合均匀。样品容器包括采样袋、采样管、采样瓶等。

（3）其他用品。其包括酒精灯、温度计、铝箔、封口膜、记号笔、采样登记表等。

### 3. 采样

（1）采样原则和采样方案。采样原则和采样方案按《食品安全国家标准　食品微生物

学检验　总则》(GB 4789.1—2016）的规定执行。

采样件数 *n* 应根据相关食品安全标准要求执行，每件样品的采样量不小于 5 倍检验单位的样品，或根据检验目的确定。

（2）预包装肉与肉制品。独立包装小于或等于 1 000 g 的肉与肉制品，取相同批次的独立包装；独立包装大于 1 000 g 的肉与肉制品，可采集独立包装，也可用无菌采样工具从同一包装的不同部位分别采取适量样品，放入同一个无菌采样容器；独立包装大于 1 000 mL 的液态肉制品，应在采样前摇动或用无菌棒搅拌液体，先使其达到均质后再采集适量样品。

（3）散装肉与肉制品或现场制作肉制品。样品混合均匀后应立即取样，用无菌采样工具从样品的不同部位采集，放入同一个无菌采样容器内作为一件食品样品。如果样品无法混合均匀，应选择更多的不同部位采集样品。

（4）样品的储存和运输。样品的储存和运输应按照《食品安全国家标准　食品微生物学检验　总则》(GB 4789.1—2016）的规定执行。

### 4. 检样的处理

（1）开启包装。以无菌操作开启包装或放置样品的无菌采样容器。塑料或纸盒（袋）装用 75% 酒精棉球消毒盒盖或袋口，用灭菌剪刀剪开；瓶（桶）装用 75% 酒精棉球或经火焰消毒，无菌操作去掉瓶（桶）盖，瓶（桶）口再次经火焰消毒。

（2）处理原则。

1）对于冷冻样品，应在 45 ℃以下解冻，不可超过 15 min，或在 18 ～ 27 ℃下解冻，不可超过 3 h，或在 2 ～ 5 ℃下解冻，不可超过 18 h（检验方法中有特殊规定的除外）。

2）对于酸度或碱度过高的样品，可添加适量的浓度为 1 mol/L 的 NaOH 或 HCl 溶液，调节样品稀释液 pH 值在 7.0 ± 0.5。

3）对于坚硬、干制的样品，应将样品无菌剪切破碎或磨碎进行混合均匀（单次磨碎时间应控制在 1 min 以内）。

4）对于脂肪含量超过 20% 的产品，可根据脂肪含量加入适当比例的灭菌吐温 -80 进行乳化混合均匀，添加量可按照每 10% 的脂肪含量加 1 g/L 计算（如脂肪含量为 40%，加 4 g/L）。也可将稀释液或增菌液预热（44 ～ 47 ℃）。

5）对于皮层不可食用的样品，对皮层进行消毒后只采取其中的可食用部分。

6）对于盐分较高的样品，不适合使用生理盐水，可根据情况使用灭菌蒸馏水或蛋白胨水等。

7）对于含有多种原料的样品，应参照各成分在初始产品中所占比例对每个成分进行取样，也可将整件样品均质后进行取样。

（3）固态肉与肉制品。用合适的无菌器具从固态食品的表层和内层的不同部位（尽量避免尖锐的骨头等）进行代表性取样，分别称取 25 g 检样，加入盛有相应稀释液或增菌液的均质袋（或杯），均质混合均匀。

注：对于整禽等样品，检样处理时应按照相关检验方法标准执行。

（4）液态肉制品。将检样充分混合均匀，称取 25 mL 检样，加入盛有 225 mL 灭菌稀释液或增菌液的均质袋（或杯），均质混合均匀。

（5）要求进行商业无菌检验的肉制品。要求进行商业无菌检验肉制品应按照《食品安全国家标准　食品微生物学检验　商业无菌检验》（GB 4789.26—2023）的规定执行。

### 5. 微生物检验

依据食品安全国家标准规定的相关方法进行微生物项目检验。

（1）菌落总数的测定依据《食品安全国家标准　食品微生物学检验　菌落总数测定》（GB/T 4789.2—2022）进行。

（2）大肠菌群的测定依据《食品安全国家标准　食品微生物学检验　大肠菌群计数》（GB/T 4789.3—2016）进行。

（3）沙门氏菌的检验依据《食品安全国家标准　食品微生物学检验　沙门氏菌检验》（GB/T 4789.4—2024）进行。

（4）志贺氏菌的检验依据《食品安全国家标准　食品微生物学检验　志贺氏菌检验》（GB/T 4789.5—2012）进行。

（5）金黄色葡萄球菌的检验依据《食品安全国家标准　食品微生物学检验　金黄色葡萄球菌检验》（GB/T 4789.10—2016）进行。

### 6. 鲜肉压印片镜检

细菌镜检简便、快速，通过对样品中细菌数目、染色特性及触片着色强度三个指标的检查，即可判断肉的品质。同时，也能为细菌、霉菌及致病菌等检验提供必要的参考依据。

（1）检验方法。

1）触片准备：从样品中切去 3 $cm^3$ 左右的肉块，浸入酒精并立即取出点燃灼烧，如此处理 2 ～ 3 次，从表层以下 0.1 cm 处及深层各剪取 0.5 $cm^3$ 大小的肉块，分别进行触片或抹片。

2）染色镜检：将已干燥的触片用甲醇固定 1 min，革兰氏染色检查 5 个视野，并分别记下每个视野中细菌的平均数。

（2）新鲜度判定。

1）新鲜肉：触片印迹着色不良；表层触片中可见到少数的球菌和杆菌；深层触片无菌或偶见个别细菌；触片上看不到分解的肉组织。

2）次新鲜肉：触片印迹着色良好；表层触片上平均每个视野中可见到 20 ～ 30 个球菌和少数杆菌；深层触片也可见到 20 个左右的细菌；触片上明显见到分解的肉组织。

3）变质肉：触片印迹着色极浓；表层及深层触片上每个视野中均可见到 30 个以上的细菌，且大都为杆菌；严重腐败的肉触片上绝大多数为杆菌，数量可达数百个或不可计数；触片上有大量分解的肉组织。

肉腐败初期出现各种需氧球菌，然后为大肠杆菌、普通变形杆菌、化脓杆菌，之后是兼性厌氧菌（产气荚膜杆菌和芽孢杆菌），最后全为厌氧菌。因此，根据细菌变化更替可以确定肉的腐败程度。

我国现行的食品卫生标准中还没有制定鲜肉细菌指标。根据试验资料分析提出下列参考数据细菌总数：新鲜肉在 1 万 /g 以下；次鲜肉为 1 万～ 100 万 /g；变质肉则超过 100 万 /g。

## 四、冷藏肉中的微生物及其检验

### （一）冷藏肉分类

冷藏肉包括冷却肉、冷冻肉、解冻肉三类。

#### 1. 冷却肉

冷却肉是指在 –4 ℃下储藏肉温不超过 3 ℃的肉类。冷却肉质地柔软，气味芳香，肉表面常形成一层干膜，可阻止微生物的生长繁殖，但由于温度较高，不宜久存。

#### 2. 冷冻肉

冷冻肉又称为冻肉，是指屠宰后经过预冷，并进一步在 –（20 ± 2）℃的低温下急冻，使深层肉温达到 –6 ℃以下的肉类，呈硬固冻结状，切开肉的断面可见细致均匀的冰晶体。

#### 3. 解冻肉

解冻肉又称为冷冻融化肉，冻肉在受到外界较高温度的作用下缓慢解冻，并使深层温度高至 0 ℃左右。在通常情况下，经过缓慢解冻，溶解的组织液大多可被细胞重新吸收，还可基本恢复到新鲜肉的原状和风味，但当外界温度过高时，因解冻速度过快，溶解的组织液难以完全被细胞吸收，营养的损失较大。

### （二）冷藏肉中微生物的来源及类群

冷藏肉的微生物来源以外源性污染为主，如屠宰、加工、储藏及销售过程中的污染。

低温能抑制或减弱大部分微生物的生长繁殖。但是，一些嗜冷性微生物，常可引起冷藏肉的污染与变质。冷藏肉类中常见的嗜冷细菌有假单胞菌、莫拉氏菌、不动杆菌、乳杆菌及肠杆菌科的某些菌属，尤其以假单胞菌最为常见。常见的真菌有球拟酵母、隐球酵母、红酵母、假丝酵母，毛霉、根霉、枝霉、枝孢霉、青霉等。

### （三）冷藏肉中的微生物变化引起的现象

在冷藏温度、高湿度有利于假单胞菌、产碱类菌的生长，较低的湿度适合微球菌和酵母的生长，如果湿度更低，霉菌则生长于肉的表面。

（1）肉表面产生灰褐色改变，或形成黏液样物质。在冷藏条件下，嗜温菌受到抑制，嗜冷菌，如假单胞菌、明串珠菌、微球菌等继续增殖，使肉表面产生灰褐色改变，尤其在温度还未降至较低的情况下，降温较慢，通风不良，可能在肉表面形成黏液样物质，手触有滑感，甚至起黏丝，还会发出一种陈腐味，甚至恶臭。

（2）有些细菌产生色素，改变肉的颜色。例如，肉中的“红点”可能是由黏质沙雷氏菌产生的红色色素引起的，类蓝假单胞菌能使肉表面呈蓝色；微球菌或黄杆菌属的菌种能使肉变黄；蓝黑色杆菌能在牛肉表面形成淡绿蓝色至淡褐黑色的斑点。

（3）在有氧条件下，酵母菌也能在肉的表面生长繁殖，引起肉类发黏、脂肪水解、产生异味和使肉类变色（白色、褐色等）。

### （四）冷藏肉中微生物的检验

#### 1. 样品的采集与检样处理

样品的采集与检样处理应符合《食品安全国家标准　食品微生物学检验　肉与肉制品

采样和检样处理》(GB 4789.17—2024）的规定。

### 2. 微生物检验

（1）细菌镜检。细菌镜检与鲜肉的检验相同。

（2）其他微生物检验。其他微生物检验可根据试验目的而分别进行细菌总数测定、霉菌总数测定、大肠菌群 MPN 检验及有关致病菌的检验等。

## 五、肉制品中的微生物及其检验

肉制品的种类很多，一般包括腌腊制品（如腌肉、火腿、腊肉、熏肉、香肠、香肚等）和熟制品（如烧烤、酱卤的熟制品及肉松、肉干等脱水制品）。

（1）腌腊制品：以鲜肉为原料，利用食盐腌渍或再加入适当的作料，经风晒做形加工而成。

（2）熟制品：是指经过选料，初加工、切配及蒸煮、酱卤、烧烤等加工处理，食用时不必再加热烹调的食品。

肉类制品加工原料、制作工艺、储存方法各有差异，因此各种肉制品中的微生物来源与种类也有较大区别。

### （一）肉制品中的微生物来源

### 1. 熟肉制品中的微生物来源

（1）加热不完全肉块过大或未完全烧煮透时，一些耐热细菌或芽孢会存活下来，如嗜热脂肪芽杆菌、微球菌属、链球菌属、小杆菌属、乳杆菌属、芽孢杆菌及梭菌属的某些种，还有某些霉菌等。

（2）通过操作人员的手、衣物、呼吸道和不洁储藏用具等形成污染。

（3）通过空气尘埃、鼠类及蝇虫等为媒介形成污染。

（4）由于肉类导热性较差，污染于表层的微生物极易生长繁殖，并不断向深层扩散。

熟肉制品受到金黄色葡萄球菌或鼠伤寒沙门氏菌或变形杆菌等严重污染后，在室温下存放 10 ～ 24 h，食用前未经充分加热，就可引起食物中毒。

### 2. 灌肠制品中的微生物来源

灌肠制品的种类很多，如香肠、肉肠、粉肠、红肠、血肠、火腿肠及香肚等。此类肉制品使用的原料较多，各种原料的产地、储藏条件及产品质量不同以及加工工艺的差别，对成品中微生物的污染都会造成一定程度的影响。

绞肉的加工设备、操作工艺，原料肉的新鲜度及绞肉的储存条件和时间等，都对灌肠制品产生重要的影响。

### 3. 腌腊肉制品中微生物的来源

（1）原料肉的污染。

（2）与盐水或盐卤中的微生物数量有关。具有较强的耐盐或嗜盐性的微生物，如假单胞菌属、不动杆菌属、盐杆菌属、嗜盐球菌属、黄杆菌属、无色杆菌属、叠球菌属与微球菌属中的某些细菌以及某些真菌。其中，弧菌和脱盐微球菌是最典型的。许多人致病菌，如金黄色葡萄球菌、魏氏梭菌和肉毒梭菌均可通过盐渍食品引起食物中毒。

腌腊制品的生产工艺、环境卫生状况及工作人员的素质，对这类肉制品的污染都具有重要的意义。

### （二）肉制品中的微生物类群

不同肉类制品中的微生物类群也有差异。

#### 1. 熟肉制品

其中常见的细菌如葡萄球菌，微球菌，革兰氏阴性无芽孢杆菌中的大肠杆菌、变形杆菌，还可见需氧芽孢杆菌如枯草杆菌、蜡样芽孢杆菌等；常见的真菌有酵母菌属、毛霉菌属、根霉属及青霉菌属等。

#### 2. 灌肠类制品

其中常见的细菌如耐热性链球菌、革兰氏阴性杆菌及需氧芽孢杆菌属、梭菌属的某些菌类；某些酵母菌及霉菌。这些菌类可引起灌肠制品变色、发酶或腐败变质；如大多数异形乳酸发酵菌和明串珠菌能使香肠变绿。

#### 3. 腌腊制品

腌腊制品多以耐盐或嗜盐的菌类为主，弧菌是极常见的细菌，也可见到微球菌，异形发酵乳杆菌、明串珠菌等。一些腌腊制品中可见到沙门氏菌、致病性大肠杆菌、副溶血性弧菌等致病性细菌。

一些酵母菌和霉菌也是引起腌腊制品发生腐败、霉变的常见菌类。

### （三）肉制品的微生物检验

#### 1. 样品的采集与检样处理

样品的采集与检样处理应符合《食品安全国家标准　食品微生物学检验　肉与肉制品采样和检样处理》(GB 4789.17—2024）的规定。

#### 2. 微生物检验

（1）菌相：根据不同肉制品中常见的不同类群微生物。

（2）肉制品中的细菌总数、大肠菌群 MPN 及致病菌的检验。

# 知识点 2　乳与乳制品微生物检验

## 一、乳与乳制品概述

### （一）基本概念

（1）常乳：奶牛产犊 7 d 至干奶期来到的乳。其特点：成分与性质正常，是乳制品生产的原料。

（2）异常乳：奶牛在泌乳期中，因生理、病理的原因及其他因素而使牛乳的成分和性质与常乳相异的称为异常乳。

（3）异常乳分类：生理异常乳（初乳、末乳、营养不良乳）、化学性异常乳、微生物异常乳。

（4）初乳：母牛产犊后 3 d 的乳汁，称为牛初乳。其特点：呈黄色或红褐色，有异常的气味和苦味，黏度大，乳固体含量较高，脂肪和蛋白质特别是乳清蛋白含量多，乳糖含量少，灰分含量多。不用作乳品大量生产的原料乳，可作特殊乳制品的加工原料。

（5）末乳：奶牛干奶前 2 周所分泌的乳汁。其特点：其成分的含量除脂肪外，一般较常乳高，末乳苦而微咸。不能作为加工原料。

（6）液态乳：以健康奶牛所产的生鲜牛乳为原料，添加或不添加其他营养物质，经过净化、均质、杀菌等适当的加工处理后可供消费者直接饮用的一类液态乳制品。

（7）超高温灭菌（UHT）乳：是指以生牛（羊）乳为原料，添加或不添加复原乳，在连续流动状态下，加热到至少 132 ℃并保持很短时间的灭菌，再经无菌灌装等工序制成的液体产品。

（8）复原乳：以脱脂乳粉、全脂乳粉、无水奶油为原料，根据所需原料乳的化学组成，用水来配制标准原料乳。

（9）再制乳：将乳粉、奶油等乳产品加水还原，添加或不添加其他营养成分或物质，经加工制成的与鲜乳组成特性相似的液态乳制品。

（10）延长货架期乳（ESL 乳）：在改善杀菌工艺和提高灌装设备卫生等级基础上生产出介于普通巴氏杀菌乳和超高温杀菌乳之间的，在冷藏条件下货架期超过 15 d 的液态乳制品。

（11）中性含乳饮料又称为风味含乳饮料，一般以原料乳或乳粉为主要原料，然后加入水、糖、稳定剂、香精和色素等并经热处理而制得。

### （二）乳成分

（1）水分（87% ～ 89%）：自由水（主要）、结合水（2% ～ 3%）、膨胀水、结晶水。

（2）干物质（11% ～ 13%）：将乳干燥到恒重时所得到的残余物。

（3）乳中气体（5% ～ 7%）：二氧化碳、氮气、氧气。

（4）乳脂肪（3% ～ 5%）：乳脂质中乳脂肪占 97% ～ 99%。

（5）类脂质：磷脂（1%），少量的甾醇、游离脂肪酸等。

（6）碳水化合物：牛乳中 99.8% 的碳水是乳糖，还有少量葡萄糖、果糖、半乳糖。

（7）乳蛋白质：包括酪蛋白、乳清蛋白及少量的脂肪球膜蛋白，乳清蛋白中不仅有对热不稳定的乳白蛋白和乳球蛋白，还有对热稳定的小分子蛋白质和胨。

（8）乳中酶类包括以下几项。

1）水解酶：酯酶、蛋白酶、磷酸酶、淀粉酶、半乳糖酶、溶菌酶。

2）氧化还原酶：过氧化氢酶、过氧化物酶、黄嘌呤氧化酶、醛缩酶。

3）还原酶：氢化酶等。

（9）乳中的维生素：含有绝大多数已知维生素，$VB_2$ 尤其丰富，$V_D$ 较少。其可分为脂溶性维生素（A、D、E、K）和水溶性维生素（$B_1$、$B_2$、$B_6$、$B_{12}$、C）。

（10）乳中的无机物和盐类。

1）无机物（0.3% ～ 1.21%）：Ca、K、Na、Mg、P、Cl、S。

2）盐类：无机磷酸盐和有机柠檬盐，一部分以不溶性胶体的状态分散于乳中；另一部分以蛋白质的状态存在。

### （三）鲜乳在室温储藏中微生物的变化（10 ～ 25 ℃）

（1）抑菌期：在新鲜的乳液中，均含有许多抗菌性物质，它们能对乳中存在的微生物具有杀菌或抑菌作用。因此，在一定时间内不会出现变质现象。

（2）乳链球菌期：鲜乳过了抑菌期后，抑菌物质减少或消失后，存在乳中的微生物即迅速繁殖，可明显看到细菌的繁殖占绝对优势。随后，其中酸度升高，产气，出现乳液凝块。

（3）乳酸杆菌期：当乳酸链球菌在乳液中繁殖，乳液的 pH 值下降至 6 左右时，乳酸杆菌的活动力逐渐增强。此时，出现大量凝乳块并有大量乳清析出。

（4）真菌期：酸度继续升高，当 pH 值为 3 ～ 3.5 时，绝大多数微生物被抑制甚至死亡，仅酵母和霉菌尚能适应高酸性的环境，并能利用乳酸及其他一些有机酸。pH 值上升接近中性。

（5）胨化菌期：经过上述几个阶段的微生物活动后，乳液中的乳糖含量已大量被消耗，残余量已很少，在乳液中蛋白质和脂肪尚有较多的量存在。乳凝块被消化后，乳液 pH 值提高向碱性转化，并有腐败的臭味产生。

### （四）常见的发酵剂菌种

常见的发酵剂菌种包括保加利亚乳杆菌、嗜热链球菌、双歧杆菌、嗜酸乳杆菌、干酪乳杆菌。

## 二、乳与乳制品微生物检验

依据食品安全国家标准规定的相关方法进行微生物项目检验。

### （一）菌落总数测定

菌落总数的测定依据《食品安全国家标准　食品微生物学检验　菌落总数测定》（GB 4789.2—2022）的规定进行。

### （二）大肠菌群测定

大肠菌群的测定依据《食品安全国家标准　食品微生物学检验　大肠菌群计数》（GB 4789.3—2016）的规定进行。

### （三）嗜冷菌的检测

嗜冷菌的检测依据 IDF 标准 101 A：1991——乳中嗜冷菌的检验。

#### 1. 依据

IDF 标准 101 A：1991—乳中嗜冷菌的检验，6.5 ℃，培养 10 d。

范围：此方法用于原奶和巴氏杀菌奶的检验。

#### 2. 试剂与培养基

（1）生理盐水。

（2）培养基：平板计数琼脂 23.5 g+ 脱脂奶粉 1 g，溶于 100 mL 蒸馏水中。必要时，可用滤纸过滤。调节 pH 值为 6.9 ± 0.1。将培养基分装倒入三角烧瓶，每瓶 100 ～ 150 mL。在（121 ± 1）℃下灭菌 15 min，如果培养基马上要用，用水浴锅冷却到（46 ± 1）℃。如果不是，则为了不耽误培养基的使用，在试验开始前，将培养基放入沸腾水浴中使其完全熔化，然后放入水浴冷却到（46 ± 1）℃。

注：其中脱脂粉应该不含有抑菌剂。

### 3. 仪器及器材

恒温培养箱：（36 ± 1）℃；冰箱：0 ～ 4 ℃；恒温水浴锅：（46 ± 1）℃；天平；均质器或乳钵；灭菌平皿：直径为 90 mm；灭菌试管：18 × 180 和 20 × 200；灭菌吸管：1 mL 和 10 mL；灭菌广口瓶或三角烧瓶：容量为 500 mL；灭菌玻璃珠：直径约为 5 mm；酒精灯；试管架；灭菌刀、剪子、灭菌镊子等；pH 计。

### 4. 方法

（1）样品的稀释及培养。

1）以无菌操作，将 25 mL 样品注入含有 225 mL 灭菌生理盐水的三角烧瓶，充分混合均匀，制成 1∶10 的稀释液。

2）用 1 mL 灭菌吸管吸取 1∶10 的稀释液 1 mL，沿管壁徐徐注入含有 9 mL 灭菌生理盐水的试管，充分混匀，制成 1∶100 的稀释液。

3）另取 1 mL 灭菌吸管，按上项操作顺序，做 10 倍递增稀释液，如此每递增稀释一次，即换用 1 支吸管。

4）根据对样品污染情况的估计选择 2 ～ 3 个适宜稀释度，分别在做 10 倍递增稀释的同时即以吸取该稀释度的吸管移取 1 mL 稀释液于灭菌平皿内，每个稀释度做 2 个平皿。

注：其他稀释方法可以使用，如第一步稀释可以是 10 mL 检测样品注入 90 mL 稀释液，或 11 mL 检测样品注入 99 mL 稀释液。当样品和稀释液用量更大，方法的精密度和准确度就更高。

5）稀释液移入平皿后，应及时将凉至 46 ℃的培养基［可放置于（46 ± 1）℃水浴保温］注入平皿约为 15 mL，并转动平皿使混合均匀。同时，还要将培养基倾入空的灭菌平皿做空白对照。

注：从稀释样品到倾倒培养基，整个操作过程不应超过 15 min。

6）待培养基凝固，翻转平板，放入 6.5 ℃培养箱培养 10 天。

注：每叠平皿不应超过 6 个，且与培养箱的壁之间应保持一定的间隙。

（2）菌落计数方法。对平皿进行菌落计数时，应在柔和的光线下计数。为了便于计数，可使用适当的放大镜和（或）菌落计数器。以防极小的菌落遗漏，以及避免将平皿中杂质颗粒进行计数。仔细检查可疑的物质，如需要可使用更高倍数的放大镜，以区别菌落和外来物质。

（3）菌落计数的报告。

1）平板菌落数的选择。当平板上有较大片状菌落生长时，则不宜采用，而应以无片状菌落生长的平板作为该稀释度的菌落数，若片状菌落不到平板的一半，而另一半菌落分布又很均匀，即可计算半个平板后乘 2 以代表全皿菌落数。平板内有链状菌落生长时（菌落之间无明显界限），若仅有一条链，可视为一个菌落；如果有不同来源的几条链，则应将每条链作为一个菌落计数。

2）稀释度的选择及报告。

①选取菌落数在 10 ～ 300 的培养皿作为计数的测定标准。

②若有两个稀释度，其生长的菌落数在 10 ～ 300，则按下面的方法计数。

计算每毫升牛奶中微生物的个数 $N$ 时应用以下公式。

$$N=\frac{\sum c}{(n_1+0.1n_2)\ d}$$

式中 $\sum c$——所有皿上菌落数的总和。

$n_1$——第一个稀释度培养皿的个数。

$n_2$——第二个稀释度培养皿的个数。

$d$——与第一个稀释液相对应的稀释因子。

结果保留两位有效数字，后面的数字以四舍五入计算。当第三位数是 5 时，看其左边的数是奇、偶数进行数字取舍；如 28 500 进行数字取舍为 28 000，11 500 为 12 000。结果以科学记数法表示。

**【示例】**微生物计数给出以下的结果（包括两个带盖培养皿）：在第一个稀释度（$10^{-2}$）：168 和 215 个菌落；在第二个稀释度（$10^{-3}$）：14 和 25 个菌落。

$$N=\frac{\sum c}{(n_1+0.1n_2)\ d}=\frac{168+215+14+25}{[2+(0.1\times 2)]\times 10^{-2}}=\frac{422}{0.022}=19\ 182$$

根据上面所说结果进行取舍为 19 000，结果为 $1.9\times 10^4$ 个 /mL。

注：如果有两个以上可以计数的稀释度，公式应修改为用多个稀释度计算。如果为三个稀释度，使用下面的公式可计算出每毫升中微生物的数量。

$$N=\frac{\sum c}{(n_1+0.1n_2+0.01n_3)\ d}$$

③如果菌落数均小于 10，则按稀释度最低的平均菌落数乘以稀释倍数报告每毫升牛奶菌落的估计数。

④如果菌落数均超过 300，则按稀释度最高的平均菌落数乘以稀释倍数报告每毫升牛奶菌落的估计数。

## （四）霉菌和酵母菌的菌落计数

### 1. 依据

霉菌和酵母菌的菌落计数应符合《食品安全国家标准　食品微生物学检验　霉菌和酵母计数》（GB/T 4789.15—2016）的规定。

### 2. 仪器及器材

恒温培养箱：（36 ± 1）℃；冰箱：0 ～ 4 ℃；恒温水浴锅：（46 ± 1）℃；天平；显微镜；均质器或乳钵；灭菌平皿：直径为 90 mm；灭菌试管：18 × 180 和 20 × 200；灭菌吸管：1 mL 和 10 mL；灭菌广口瓶或三角烧瓶：容量为 500 mL；灭菌玻璃珠：直径约为 5 mm；载玻片；酒精灯；试管架；灭菌刀、剪子、灭菌镊子等。

### 3. 培养基和试剂

在霉菌和酵母计数中，主要使用以下几种选择性培养基：马铃薯 – 葡萄糖 – 琼脂培养基（PDA）：需加入适量抗菌素以抑制细菌；孟加拉红（虎红）培养基；高盐察氏培养基；灭菌蒸馏水；75% 酒精溶液。

### 4. 检验程序

单核细胞增生李斯特氏菌检验程序如图 4–1 所示。

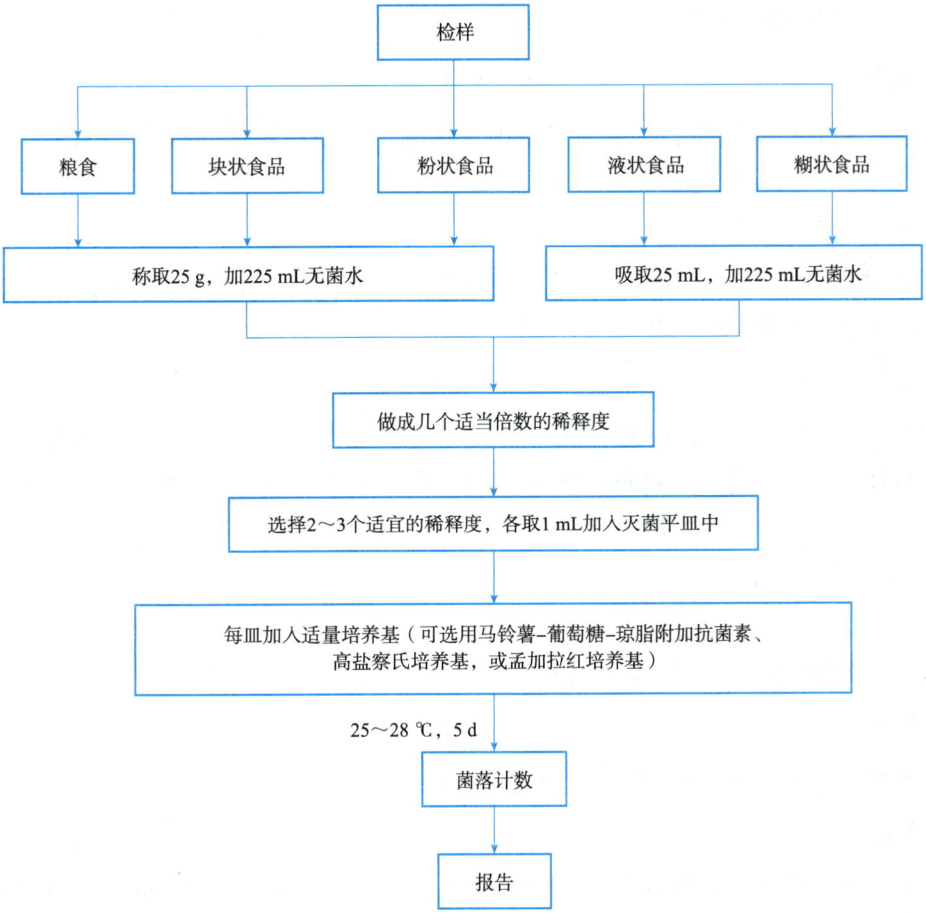


图 4–1　单核细胞增生李斯特氏菌检验程序

### 5. 方法

（1）用无菌操作的方式称取检验 25 g（或 25 mL），放入含有 225 mL 灭菌水的玻塞三角烧瓶，振摇 30 min，即 1∶10 稀释液。

（2）用灭菌吸管吸取 1∶10 稀释液 10 mL 并注入试管中，用带橡皮乳头的 1 mL 吸管反复吹吸 50 次，使霉菌孢子充分散开。

（3）取 1 mL 1∶10 稀释液注入含有 9 mL 灭菌水的试管中，另更换 1 支 1 mL 吸管吹吸 5 次，此液为 1∶100 稀释液。

（4）按上述操作顺序做 10 倍递增稀释液：每稀释一次，更换一支 1 mL 吸管，根据对样品的污染程度，选择 2 ～ 3 个合适的稀释度，分别做 10 倍稀释，吸取 1 mL 稀释液于灭菌平皿内，每个稀释度做两个平皿，然后将凉至 45 ℃左右的培养基注入平皿，待琼脂凝固后，翻转平板，将其置于 25 ～ 28 ℃的培养箱中，3 天后开始观察，共培养观察 5 天。

（5）计数方法：通常选择菌落数为 10 ～ 150 的平皿进行计数，同一稀释度的两个平皿的菌落数的平均值乘以稀释倍数，即每克或每毫升检验中所含霉菌和酵母菌数。关于稀释倍数的选择可参考细菌菌落总数测定。

（6）报告：每克或每毫升食品所含霉菌和酵母菌以个 /g（个 /mL）表示。

### （五）双歧杆菌的检验

#### 1. 依据

双歧杆菌的检验应符合《食品安全国家标准　食品微生物学检验　双歧杆菌检验》（GB/T 4789.34—2016）的规定。

#### 2. 术语和定义

双歧杆菌是指一群能分解葡萄糖，产生大量乙酸和乳酸，厌氧，不耐酸，不形成芽孢，不运动，细胞呈现多样形态的革兰氏阳性杆菌。

#### 3. 仪器及器材

培养箱：（36 ± 1）℃；恒温水浴：（46 ± 1）℃；显微镜；厌氧培养箱；离心机；天平；电炉；吸管；广口瓶或三角烧瓶：容量为 500 mL ；平皿：直径约为 90 mm ；试管；酒精灯；灭菌刀或剪子；灭菌镊子。

#### 4. 培养基和试剂

生理盐水；75% 酒精溶液；TPY 琼脂培养基；BL 琼脂培养基；BBL 琼脂培养基；双歧杆菌生化用基础培养基；PYG 液体培养基；革兰氏染色液；灭菌液体石蜡。

#### 5. 检验程序

单核细胞增生李斯特氏菌检验程序如图 4–2 所示。

#### 6. 方法

（1）以无菌操作将充分混合均匀的检样 25 g（mL）放入含有 225 mL 灭菌生理盐水的灭菌锥形瓶内做成 1 : 10 的均匀稀释液。

（2）用 1 mL 灭菌吸管吸取 1 : 10 稀释液 1 mL，沿管壁徐徐注入含有 9 mL 灭菌生理盐水的试管，振摇混合均匀，配制成 1 : 100 的稀释液。

（3）另取 1 mL 灭菌吸管，按上述操作顺序做 10 倍递增稀释液，如此每递增 1 次，即换用 1 支 1 mL 灭菌吸管。

（4）选取 2 ～ 3 个以上适宜稀释度，分别在做 10 倍递增稀释的同时各取 0.1 mL 分别加入计数培养基平皿，均匀涂布，每个稀释度做两个平皿。注意最好选用 2 ～ 3 种培养基（BL、BBL、TPY 培养基）并同时做灭菌生理盐水空白对照。

（5）待琼脂表面干后，翻转平皿，放置厌氧罐内，操作全过程须在 20 min 内完成。

（6）将厌氧罐置（36 ± 1）℃温箱内培养培养 72 h ± 3 h，观察双歧杆菌菌落特征见

表 4-1。选择菌落数为 30 ～ 300 的平板对可疑菌落进行计数，随机挑取五个可疑菌落进行革兰氏染色，显微镜检查和过氧化氢酶试验。过氧化氢酶阴性，革兰氏染色阳性菌，无芽孢，着色不均匀，出现 Y 形或 V 形的分叉状，或棒状等多形态的杆菌可定为双歧杆菌。

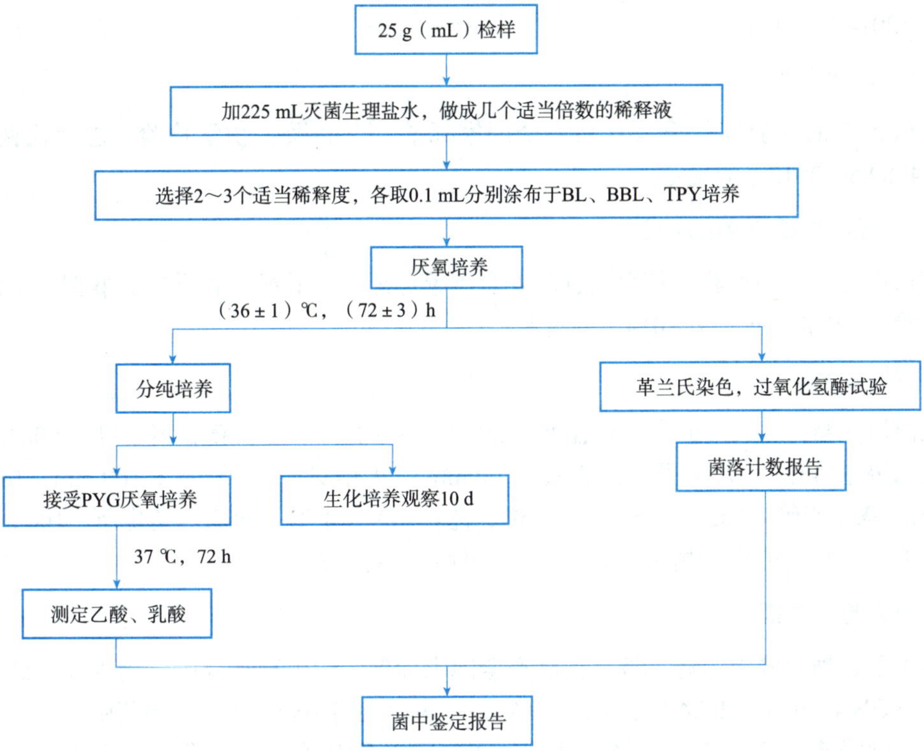


图 4-2　单核细胞增生李斯特氏菌检验程序

表 4-1　双歧杆菌在不同培养基上菌落生化形态特征

| 培养基 | 双歧杆菌特征 |
| --- | --- |
| BL 培养基为黄色 | 菌落中等大小，表面光亮，边缘整齐呈瓷白色、奶油色，质地柔软、细腻 |
| BBL 培养基为黄色 | 菌落中等大小，表面光滑、凸起，边缘整齐呈奶油色，质地柔软、细腻 |
| TPY 培养基为黄色 | 菌落表面光滑、凸起，边缘整齐呈奶油色、瓷白色，质地柔软、细腻 |

（7）菌落计数：根据证实为双歧杆菌的菌落数，计算出平皿内的双歧杆菌数，然后乘以样品的稀释倍数，得到每毫升样品中双歧杆菌数。取三种培养基中计数最高的为最终结果。例如，检样 $1 \times 10^4$ 倍的稀释液在 BBL 琼脂平板上，生成的可疑菌落为 35 个，取 5 个鉴定，若证实为双歧杆菌的是 4 个，则 1 mL 样品中双歧杆菌数为

$$10 \times 35 \times 4/5 \times 10^4 = 2.8 \times 10^6$$

### 7. 双歧杆菌菌种鉴定

具体操作请参照对应的生化鉴定试剂盒的说明书进行。

## （六）金黄色葡萄球菌检验

金黄色葡萄球菌的检验应符合《食品安全国家标准　食品微生物学检验　总则》（GB

4789.1—2016）的规定。

### （七）沙门氏菌检验

沙门氏菌的检验应符合《食品安全国家标准　食品微生物学检验　沙门氏菌检验》（GB 4789.4—2024）的规定。

### （八）志贺氏菌检验

志贺氏菌的检验应符合《食品安全国家标准　食品微生物学检验　志贺氏菌检验》（GB/T 4789.5—2012）的规定。

### （九）溶血性链球菌的检验

溶血性链球菌的检验应符合《食品安全国家标准　食品微生物学检验 β 型　溶血性链球菌检验》（GB/T 4789.11—2014）的规定。

#### 1. 仪器及器材

恒温培养箱：（36 ± 1）℃；恒温水浴锅：（36 ± 1）℃；显微镜；离心机：4 000 r/min；均质器或灭菌乳钵；灭菌平皿：直径为 90 mm；灭菌试管：10 mm × 100 mm、16 mm × 160 mm；灭菌吸管：1 mL、5 mL、10 mL；冰箱：0 ～ 4 ℃；灭菌三角烧瓶：100 mL；架盘药物天平：0 ～ 500 g，精确至 0.5 g；灭菌棉签、镊子等。

#### 2. 培养基和试剂

（1）葡萄糖肉浸液肉汤：按《食品安全国家标准　微生物学检验　培养基和试剂的质量要求》（GB 4789.28—2024）中 4.1 的规定，在肉浸液肉汤内加入 1% 葡萄糖。

（2）肉浸液肉汤：按《食品安全国家标准　微生物学检验　培养基和试剂的质量要求》（GB 4789.28—2024）中 4.1 的规定。

（3）匹克氏肉汤：按《食品安全国家标准　微生物学检验　培养基和试剂的质量要求》（GB 4789.28—2024）中 4.62 的规定。

（4）血琼脂平板：按《食品安全国家标准　微生物学检验　培养基和试剂的质量要求》（GB 4789.28—2024）中 4.6 的规定。

（5）人血浆；0.25% 氯化钙；灭菌生理盐水；杆菌肽药敏纸片（含 0.04 单位）。

#### 3. 检验程序

单核细胞增生李斯特氏菌检验程序如图 4–3 所示。

#### 4. 方法

（1）样品处理。按无菌操作称取食品检样 25 g（mL），加入 225 mL 灭菌生理盐水并研成匀浆制成混悬液。

（2）培养。将上述混悬液吸取 5 mL，接种于 50 mL 葡萄糖肉浸液肉汤；或直接划线接种于血平板，如检样污染严重，可同时按上述量接种匹克氏肉汤，经（36 ± 1）℃培养 24 h，接种血平板，置于（36 ± 1）℃培养 24 h，挑起乙型溶血圆形突起的细小菌落，在血平板上分纯，然后观察溶血情况及革兰氏染色并进行链激酶试验及杆菌肽敏感试验。

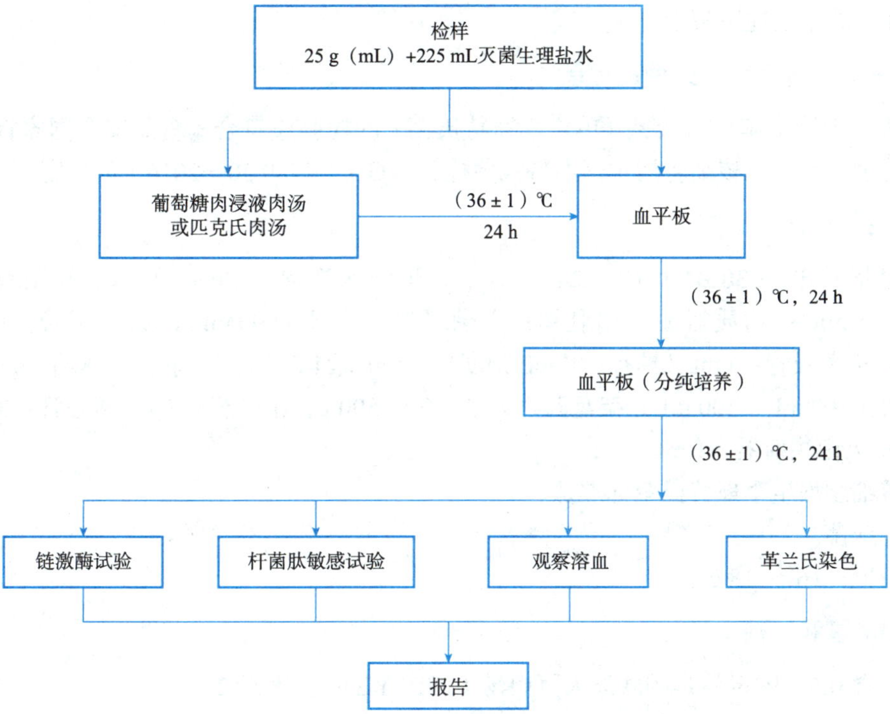


图 4-3　单核细胞增生李斯特氏菌检验程序

（3）形态与染色。本菌呈球形或卵圆形，直径为 0.5 ～ 1 μm，链状排列，链的长短不一，短的由 4 ～ 8 个细胞组成，长的由 20 ～ 30 个细胞组成，链的长短常与细菌的种类及生长环境有关；液体培养中易呈长链；在固体培养基中常呈短链，不形成芽孢，无鞭毛，不能运动。

（4）培养特性。该菌营养要求较高，在普通培养基上生长不良，在加有血液、血清培养基中生长较好。溶血性链球菌在血清肉汤中生长时管底呈絮状或颗粒状沉淀。血平板上菌落为灰白色，半透明或不透明，表面光滑，有乳光，直径为 0.5 ～ 0.75 mm，是圆形凸起的细小菌落，乙型溶血性链球菌周围有 2 ～ 4 mm 界限分明、无色透明的溶血圈。

（5）链激酶试验。致病性乙型溶血性链球菌能产生链激酶（溶纤维蛋白酶），此酶能激活正常人体血液中的血浆蛋白酶原，使成血浆蛋白酶，而后溶解纤维蛋白。

吸取草酸钾血浆 0.2 mL，加入 0.8 mL 灭菌生理盐水，混合均匀，再加入 18 ～ 24 h，（36±1）℃培养的链球菌培养物 0.5 mL 及 0.25% 氯化钙 0.25 mL（如氯化钙已潮解，可适当加大至 0.3% ～ 0.35%），振荡摇匀，置于（36±1）℃水浴中 10 min，血浆混合物自行凝固（凝固程度至试管倒置，内容物不流动）。接下来，观察凝块重新完全溶解的时间，完全溶解为阳性，如 24 h 后不溶解即阴性。

草酸钾人血浆的配制：草酸钾 0.01 g 放入灭菌小试管，再加入 5 mL 人血并混合均匀，经离心沉淀，吸取的上清液即草酸钾人血浆。

### （十）杆菌肽敏感试验

挑取乙型溶血性链球菌液，涂布于血平板上，用灭菌镊子夹取每片含有 0.04 单位的杆菌肽纸片，放于上述平板上。

### （十一）单增李斯特氏菌的检验

单核细胞增生李斯特氏菌（单增李斯特氏菌）的检验应符合《食品安全国家标准　食品微生物学检验　单核细胞增生李斯特式菌检验》(GB/T 4789.30—2016）的规定。

#### 1. 仪器及器材

恒温培养箱：(30±1）℃、(24±1）℃；恒温水浴锅：(46±1）℃；显微镜；离心机：4 000 r/min；均质器或灭菌乳钵；灭菌平皿：直径为 90 mm；灭菌试管：16 mm×160 mm；灭菌吸管：1 mL（具有 0.01 mL 刻度)、10 mL（具有 0.1 mL 刻度)；冰箱：0 ～ 4 ℃；三角烧瓶：100 mL、500 mL；架盘药物天平：0 ～ 500 g，精确至 0.5 g；离心管：30 mm×300 mm；灭菌注射器：1 mL

单核细胞增生李斯特氏菌标准株。

马红球菌。

小白鼠：16 ～ 18 g。

#### 2. 培养基和试剂

（1）含 0.6% 酵母浸膏的胰酪大豆肉汤（TSB-YE)：见附录 2。

（2）含 0.6% 酵母浸膏的胰酪大豆琼脂（TSA-YE)：见附录 2。

（3）EB 增菌液：见附录 2。

（4）LB 增菌液（$LB_1$，$LB_2$)：见附录 2。

（5）三糖铁（TSI）琼脂：见《食品安全国家标准　食品微生物学检验　培养基和试剂的质量要求》(GB/T 4789.28—2024）中 4.26、4.27。

（6）SIM 动力培养基：见附录 2。

（7）血琼脂：见《食品安全国家标准　食品微生物学检验　培养基和试剂的质量要求》(GB/T 4789.28—2024）中 4.6。

（8）改良的 McBride（MMA）琼脂：见附录 2。

（9）硝酸盐培养基：见《食品安全国家标准　食品微生物学检验　培养基和试剂的质量要求》(GB/T 4789.28—2024）中的 3.17。

（10）缓冲葡萄糖蛋白胨水（MR 和 VP 试验用)：见《食品安全国家标准　食品微生物学检验　培养基和试剂的质量要求》(GB/T 4789.28—2024）中的 3.4。

（11）糖发酵培养基：见《食品安全国家标准　食品微生物学检验　培养基和试剂的质量要求》(GB/T 4789.28—2024）中的 3.2。

（12）过氧化氢酶试验：《食品安全国家标准　食品微生物学检验　培养基和试剂的质量要求》(GB/T 4789.28—2024）中的 4.38。

（13）盐酸吖啶黄（AcriflavineHCl)(Sigma)。

（14）萘啶酮酸钠盐（Naladixicacid)(Sigma)。

#### 3. 检验程序

单核细胞增生李斯特氏菌检验程序如图 4-4 所示。

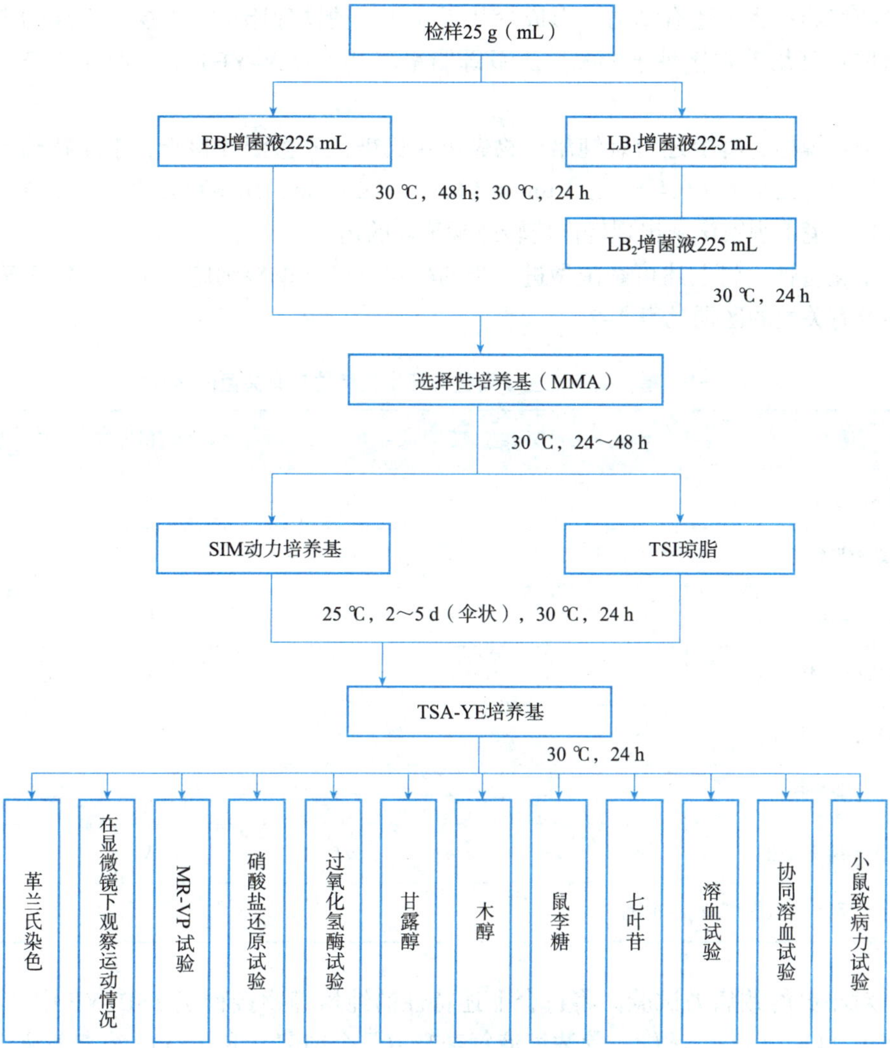


图 4-4　单核细胞增生李斯特氏菌检验程序

### 4. 方法

（1）样品的收集及处理。无菌取样品 25 g（mL）放灭菌均质器中加入 225 mL EB 和 LB 增菌液并充分搅拌成均质。如果不能及时检验，可暂存 4 ℃冰箱。

（2）增菌培养：将 EB 增菌液放在（30±1）℃培养 48 h，$LB_1$ 增菌液 225 mL 放在（30±1）℃培养 24 h，吸取 0.1 mL，加入 10 mL $LB_2$ 增菌液中二次增菌。

（3）分离培养：将 EB 增菌液和 $LB_2$ 二次增菌液分离于选择培养基 MMA 琼脂平板上，培养（30±1）℃ 48 h，挑选可疑菌落，用白炽灯 45° 斜光照射平板，李斯特氏菌的菌落为灰蓝或蓝色，小的圆形的菌落。

（4）选择 5 个以上的上述可疑菌落接种三糖铁（TSI）琼脂和 SIM 动力培养基，培养于（25±1）℃，观察是否有动力，是否成伞状或月牙状。一般观察 2 ～ 7 d，阳性者可进行下一步鉴定。

（5）纯培养：将上述有动力、形成伞状者并在三糖铁琼脂培基上层、下层的产酸而不产硫化氢的可疑培养物接种于胰酪胨大豆琼脂培养基（TSA-YE）上，做纯培养供做以下鉴定。

（6）染色镜检：将上述可疑纯培养物做革兰氏染色并做湿片检查；李斯特氏菌为革兰氏阳性小杆菌，大小为（0.4 ～ 0.5）μm×（0.5 ～ 2.0）μm；用生理盐水制成菌悬液，在油镜或相差显微镜下观察该菌出现轻微旋转或翻滚样的运动。

（7）生化特性。将上述可疑菌做进一步的生化试验，单核细胞增生李斯特氏菌的主要生化特性及有关菌的区别见表 4-2。

表 4-2　单核细胞增生李斯特氏菌生化特性与有关菌的区别

| 菌种 | 溶血反应 | 硝酸盐还原 | 尿素酶 | MR-VP | 甘露醇 | 鼠李糖 | 木糖 | 七叶苷 |
|---|---|---|---|---|---|---|---|---|
| 单核细胞增生李斯特氏菌 | + | – | – | +/+ | – | + | – | + |
| 绵羊李斯特氏菌 | + | – | – | +/+ | – | – | – | + |
| 英诺克李斯特氏菌 | – | – | – | +/+ | – | V | – | + |
| 威尔斯李斯特氏菌 | – | – | – | +/+ | – | V | + | + |
| 西尔李斯特氏菌 | + | – | – | +/+ | – | – | + | + |
| 格式李斯特氏菌 | – | – | – | +/+ | + | – | – | + |
| 默氏李斯特氏菌 | – | + | – | +/+ | + | V | – | + |

注：V 反应不定；+ 阳性；– 阴性

（8）对小鼠的致病力试验。将符合上述特性的纯培养物接种于 TSB-YE 中，在 30 ℃条件下培养 24 h，离心，浓缩，使浓缩液每毫升 $10^{10}$ 个细菌，取 0.5 mL 浓缩菌液注射小白鼠腹腔，3 ～ 5 只，观察小鼠的死亡情况。致病株于 2 ～ 5 d 内死亡。试验时可用已知菌做对照。单核细胞增生李斯特氏菌、绵羊李斯特氏菌对小鼠有致病性。

（9）同溶血试验（cAMP）。在血平板上平行接种金黄色葡萄球菌和马红球菌，在它们中间垂直接种可疑李斯特氏菌，但不要触及它们，在 30 ℃条件下培养 24 ～ 48 h，检查平板中垂直接种点对溶血环的影响。靠近金黄色葡萄球菌接种点的单核细胞增生李斯特菌的溶血增强，西尔李斯特氏菌的溶血也增强，而绵羊李斯特氏菌在马红球菌附近的溶血增强，有助于鉴别。

## （十二）粪链球菌群的检测

### 1. 仪器及器材

培养箱：（36 ± 1）℃；冰箱：（0 ～ 4）℃；恒温水浴：（46 ± 1）℃；天平；电炉；吸管；广口瓶或三角烧瓶：容量为 500 mL；玻璃珠：直径为 5 mm；平皿：直径约为 90 mm 试管；放大镜；菌落计数器；酒精灯；均质器或乳钵；试管架；灭菌刀或剪子；灭菌镊子。

**2. 培养基和试剂**

（1）Pfizer 肠球菌选择性培养基（PSE）：按《出口商品中粪链球菌检验方法》（SN/T 0475—1995）中规定或按购买的商用培养基配方配制。

（2）KF 链球菌琼脂：按《出口商品中粪链球菌检验方法》（SN/T 0475—1995）中规定或按购买的商用培养基配方配制。

（3）叠氮化钠葡萄糖肉汤：按《出口商品中粪链球菌检验方法》(SN/T 0475—1995）中规定或按购买的商用培养基配方配制。

（4）生理盐水、75% 酒精溶液。

**3. 检验程序**

方法一：平板计数法。

粪链球菌的检验程序如图 4–5 所示。

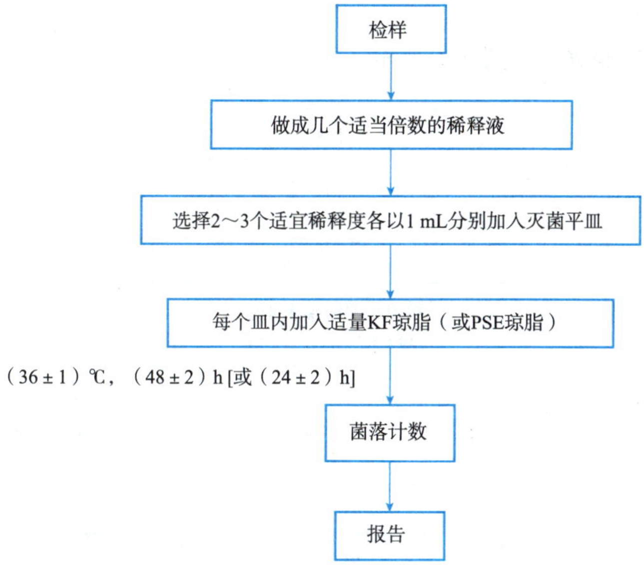


图 4–5　粪链球菌的检验程序

操作步骤如下。

（1）检样稀释及培养。

1）以无菌操作将检样 25 g（mL）剪碎放于装有 225 mL 灭菌生理盐水或其他稀释液的灭菌玻璃瓶内（瓶内预置适当数量的玻璃珠），或灭菌乳钵内，经充分振摇或研磨做成 1∶10 的均匀稀释液。

2）固体检样在加入稀释液后，最好置于均质器中以 8 000 ～ 10 000 r/min 的转速处理 1 min，配制成 1∶10 的均匀稀释液。

3）用 1 mL 灭菌吸管吸取 1∶10 稀释液 1 mL，沿管壁徐徐注入含有 9 mL 灭菌生理盐水或其他稀释液的试管（注意，吸管尖端不要触及管内稀释液）振摇试管，混合均匀，配制成 1∶100 的稀释液。

4）另取 1 mL 灭菌吸管，按上述操作顺序，做 10 倍递增稀释液，如此每递增稀释 1 次，即换用 1 支 1 mL 灭菌吸管。根据食品卫生标准要求或对标本污染情况的估计，选择

2～3个适宜稀释度，分别在做10倍递增稀释的同时，即以吸取该稀释度的吸管移1 mL稀释液于灭菌平皿内。

5）稀释液移入平皿后，应及时将凉至46 ℃的Pfizer肠球菌选择性培养基或KF链球菌培养基［可放置于（46±1）℃水浴中保温］注入平皿约15 mL，并转动平皿使混合均匀。同时，将培养基倾入加有1 mL稀释液的灭菌平皿做空白对照。待琼脂凝固后，翻转平板，置于（36±1）℃培养箱内培养（48±2）h［（24±12）h］。

（2）菌落计数方法。做平板菌落计数时，可用肉眼观察，必要时用放大镜，以防止遗漏。在记下各平板的菌落数后，计算出同稀释度的各平板平均菌落总数。粪链球菌在KF平板上形成暗红色至粉红色菌落，边缘整齐，琼脂表面下菌落呈椭圆或晶体状；在PSE平板上形成带棕色环的棕黑色菌落。选择30～300个菌落的平板进行计数［菌落计数的报告按照《食品安全国家标准　食品微生物学检验　菌落总数测定》（GB/T 4789.2—2022）中的相关条例］，按粪链球菌数/g（mL）报告结果。

方法二：多管法。

粪链球菌群的检验程序如图4-6所示。

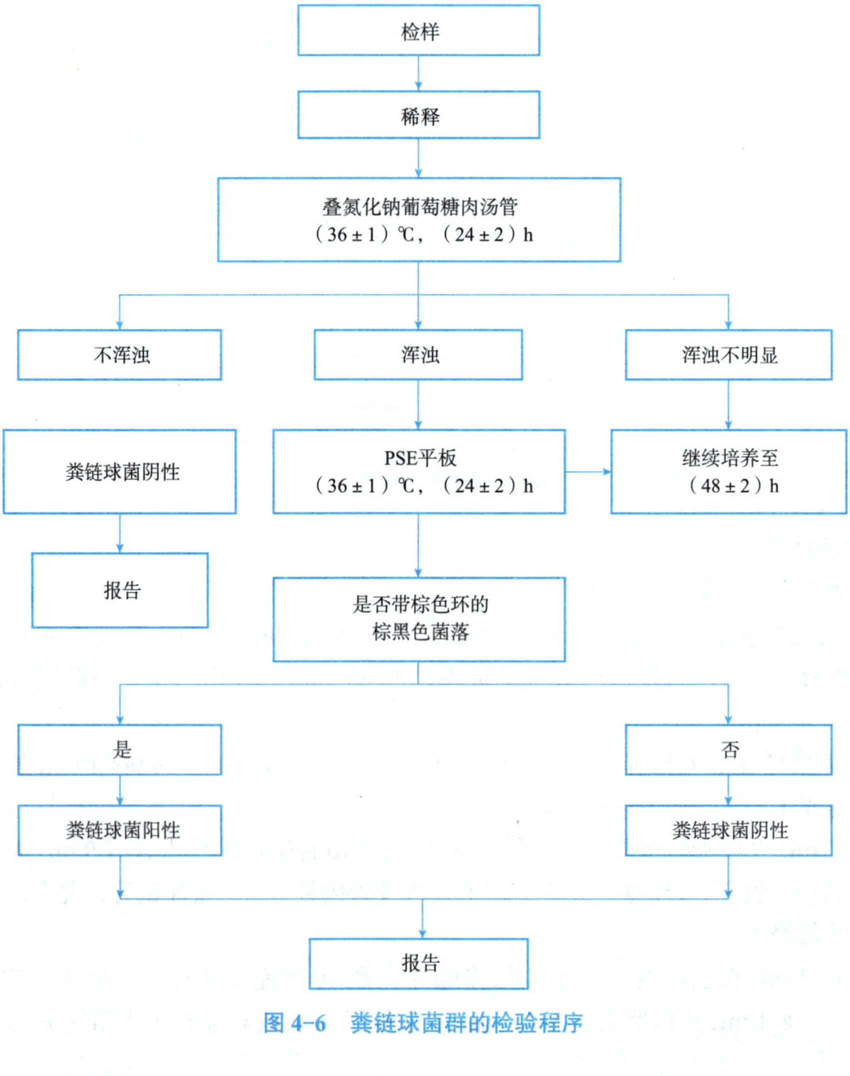


图4-6　粪链球菌群的检验程序

操作步骤如下。

（1）检样稀释（同方法一）。

（2）接种培养。选适当稀释液的样液接种一套叠氮化钠肉汤管，接种量在 1 mL 或 1 mL 以下者用 10 mL 单料管，接种量为 10 mL 者用 10 mL 双料管。每一稀释度接种 3 管，置于（36 ± 1）℃培养箱内，培养（24 ± 2）h，检查各试管的浑浊情况，如果所有试管不浑浊，则可报告为粪链球菌阴性。如果出现浑浊情况，则应进行确定试验［若浑浊不明显，继续培养至（48 ± 2）h 后记录结果］。

（3）确证试验。培养（24 ± 2）h 或（48 ± 2）h 之后，对所有产生浑浊的试管进行确证试验，用接种环将各管的培养物划线于 PSE 平板上，置于（36 ± 1）℃培养（24 ± 2）h，在平板上出现的带棕色环的棕黑色菌落，确证为粪链球菌群细菌。

（4）报告。根据证实为粪链球菌阳性的管数查 MPN 检索表，报告每 1 mL（g）粪链球菌群的最可能数。1 mL（g）样品中的最可能数见表 4–3。

**表 4–3　1 mL（g）样品中的最可能数（MPN）**

| 阳性管数 | | | | 阳性管数 | | | |
|---|---|---|---|---|---|---|---|
| 0.1 mL | 0.01 mL | 0.001 mL | MPN | 0.1 mL | 0.01 mL | 0.001 mL | MPN |
| 0 | 0 | 0 | ≤ 3 | 2 | 0 | 0 | 9.1 |
| 0 | 0 | 1 | 6 | 2 | 0 | 1 | 14 |
| 0 | 0 | 2 | 6 | 2 | 0 | 2 | 20 |
| 0 | 0 | 3 | 9 | 2 | 0 | 3 | 26 |
| 0 | 1 | 0 | 3 | 2 | 1 | 0 | 15 |
| 0 | 1 | 1 | 6.1 | 2 | 1 | 1 | 20 |
| 0 | 1 | 2 | 9.2 | 2 | 1 | 2 | 27 |
| 0 | 1 | 3 | 12 | 2 | 1 | 3 | 34 |
| 0 | 2 | 0 | 6.2 | 2 | 2 | 0 | 21 |
| 0 | 2 | 1 | 9.3 | 2 | 2 | 1 | 28 |
| 0 | 2 | 2 | 12 | 2 | 2 | 2 | 35 |
| 0 | 2 | 3 | 16 | 2 | 2 | 3 | 42 |
| 0 | 3 | 0 | 9.4 | 2 | 3 | 0 | 29 |
| 0 | 3 | 1 | 13 | 2 | 3 | 1 | 36 |
| 0 | 3 | 2 | 16 | 2 | 3 | 2 | 44 |
| 0 | 3 | 3 | 19 | 2 | 3 | 3 | 53 |
| 1 | 0 | 0 | 3.6 | 3 | 0 | 0 | 23 |

续表

| 阳性管数 | | | | 阳性管数 | | | |
|---|---|---|---|---|---|---|---|
| 0.1 mL | 0.01 mL | 0.001 mL | MPN | 0.1 mL | 0.01 mL | 0.001 mL | MPN |
| 1 | 0 | 1 | 7.2 | 3 | 0 | 1 | 39 |
| 1 | 0 | 2 | 11 | 3 | 0 | 2 | 64 |
| 1 | 0 | 3 | 15 | 3 | 0 | 3 | 95 |
| 1 | 1 | 0 | 7.3 | 3 | 1 | 0 | 43 |
| 1 | 1 | 1 | 11 | 3 | 1 | 1 | 75 |
| 1 | 1 | 2 | 15 | 3 | 1 | 2 | 120 |
| 1 | 1 | 3 | 19 | 3 | 1 | 3 | 160 |
| 1 | 2 | 0 | 11 | 3 | 2 | 0 | 93 |
| 1 | 2 | 1 | 15 | 3 | 2 | 1 | 150 |
| 1 | 2 | 2 | 20 | 3 | 2 | 2 | 210 |
| 1 | 2 | 3 | 24 | 3 | 2 | 3 | 290 |
| 1 | 3 | 0 | 16 | 3 | 3 | 0 | 240 |
| 1 | 3 | 1 | 20 | 3 | 3 | 1 | 460 |
| 1 | 3 | 2 | 24 | 3 | 3 | 2 | 1100 |
| 1 | 3 | 3 | 29 | 3 | 3 | 3 | > 1100 |

注：表内所列样品量如改为 1，0.1，0.01 g（mL）时，表内数字应相应降低 10 倍；如改为 0.01，0.001，0.000 1 g（mL）时，则表内数字相应增加 10 倍，其余可类推

金黄色葡萄球菌无芽孢、鞭毛，大多数无荚膜，其革兰氏染色阳性菌如图 4-7 所示。

金黄色葡萄球菌营养要求不高，在普通培养基上生长良好，需氧或兼性厌氧，最适生长温度为 37 ℃，最适生长 pH 值为 7.4。平板上菌落厚、有光泽、圆形凸起，直径为 1 ～ 2 mm（图 4-8）。血平板菌落周围形成透明的溶血环。

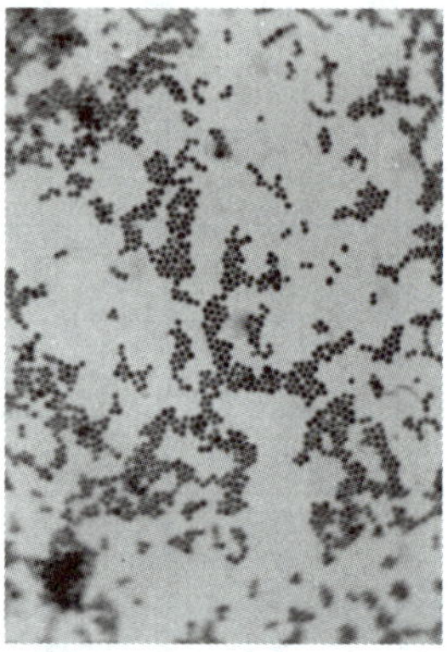

图 4-7　金黄色葡萄球菌革兰氏染色显微照片

金黄色葡萄球菌的单个菌落在 Baird-Parker 琼脂平板上呈圆形，表面光滑、凸起、湿润，直径为 2 ～ 3 mm（图 4-9）。灰黑色至黑色，有光泽，常有浅色（非白色）的边缘，周围绕以不透明圈（沉淀），其外常有一清晰带。当用接种针触及菌落时具有黄油样黏稠感。有时可见到不分解脂肪的菌株，除没有不透明圈和清晰带外，其他外观基本相同。从长期储存的冷冻或脱水食品中分离的菌落，其黑色常较典型菌落浅些，且外观可能较粗糙，质地较干燥。

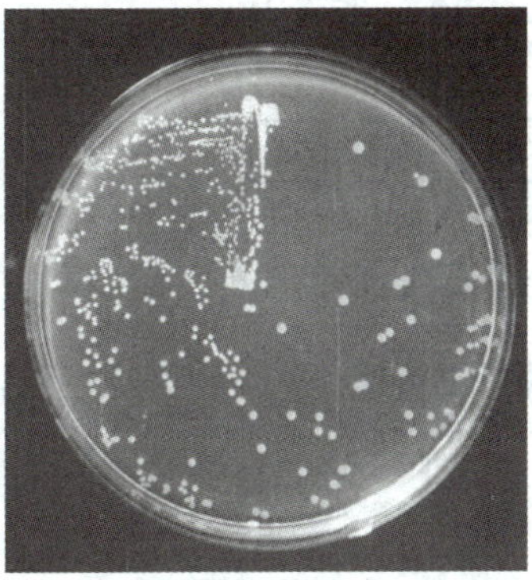

图 4-8　金黄色葡萄球菌的平板菌落照片

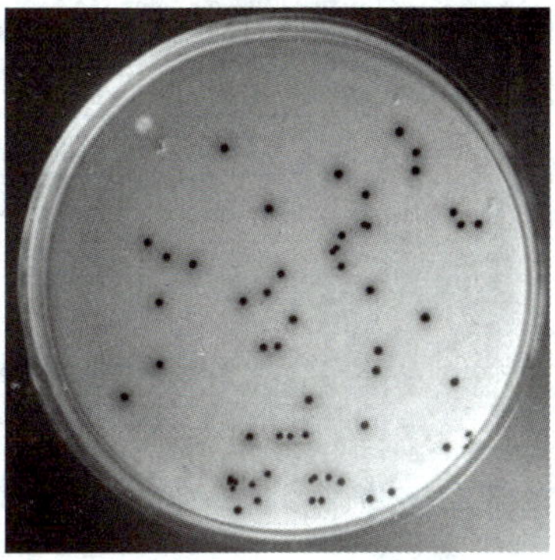

图 4-9　金黄色葡萄球菌在 BP 平板上的菌落形态

## 知识点 3　优质粮食工程中环境与粮食的微生物检验

### 一、收储粮食与验质定等

收获后的粮食经过脱粒、清理、晾晒或烘干，由农民销售给附近的小型粮库（粮管所或粮站），或者直接销售给直属库或代储库（国家粮食储备库），此时粮库的作业称为粮食的接收。粮食接收作业包括来粮形式、取样（扦样）和检验、称重，而后进入入仓作业阶段。

粮食接收是粮食储备的第一个环节，关系到储备粮的质量，除要严把质量关外，在操作环节中也要注意降低破碎率，减少成本，降低劳动强度，提高储粮效益。

### 二、粮食接收工艺流程

由于粮食仓库的地理位置、交通条件、运输工具、粮食品种、粮库类型、粮仓类型、储粮方式和习惯等不同，粮食的接收过程也是多种多样的。

#### 1. 卸船接收

粮食的水路运输主要是利用河流和海洋，该运输形式具有成本低的优点，是粮食进出口贸易的首选运输方式，主要是以散装粮食运输为主，少部分以包装粮的形式运输。

轮船散装粮食运输多出现在粮食进出口贸易中，采用大型轮船运输，一般每船可以装运 5 万吨左右的粮食。粮船到达海港的大型散粮装卸码头，通常有专用的散粮卸船设备，如气力输送吸粮机、双螺旋卸船机和链条式散粮卸船机等。粮食卸船后，经过输送机运输至转运站提升后称重计量，而后入仓或发放。

粮食包装船运多为小型船只，来往于内河各个码头之间，在卸船接收时采用人工方式将包装粮从船上卸下，再用皮带输送机或小推车将粮包运走，整包入仓或倒散入仓。另外，还可以使用吊包卸船。使用这种包装的特点是不需要对粮食进行称重，因为包装粮绝大多散是标准重量。

典型的船舶来粮接收工艺流程如图 4–10 所示。

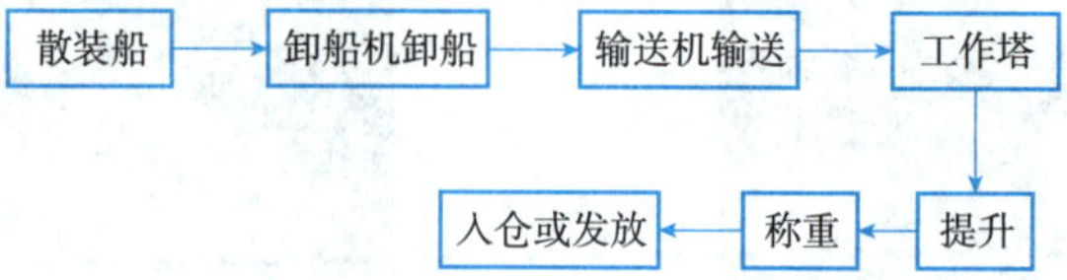


图 4–10 典型的船舶来粮接收工艺流程

### 2. 火车卸车接收

火车运粮的车皮主要分为两大类：一类是专用散粮运输车厢，以漏斗车为代表，包括散棚车、散敞车等；另一类是包装粮运输车，通常采用铁路上一般使用的运输车厢，途中以篷布苫盖。两种类型的车皮装载量均为 60 t。

火车散粮运输是我国粮食“四散”流通的主要环节，目前，通过国家科技攻关项目和世界银行“中国粮食流通体系”项目，已经配备了几千节散粮漏斗车，运行在我国的东北地区。火车来粮后，直接自卸到车厢下部卸粮坑，然后使用输送设备运往工作塔，进行清理和称重，最后根据粮仓的情况、来粮等级、用途装入粮仓或向外发放。

火车运粮时大多使用通用篷车或箱式车皮，粮包堆码于车厢内，采用人工装卸粮包，工人工作劳动强度大，机械化程度低。包装运输的优点是易于统计标准粮包的数量，从而计算出总量，使结算方便。

典型的火车来粮接收工艺流程如图 4–11 所示。

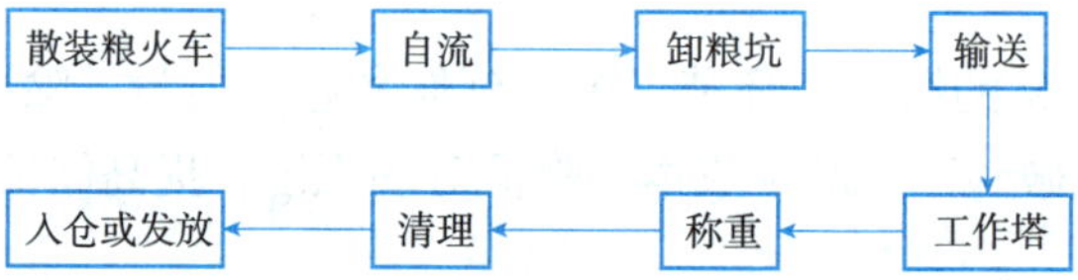


图 4–11 典型的火车来粮接收工艺流程

### 3. 汽车卸车接收

汽车运粮可以分为两种方式，即包装运输和散装运输，通常以包装运输为主。尽管为半机械化作业，仍需要人工辅助装卸粮包、拆包和倒包。由于计量方便，作业技术要求较低，适合小宗贸易，所以，在粮食贸易中大多采用此方法运输。

散粮的汽车运输也是粮食“四散”的组成部分。由于我国的农业多为小农户经济，这种形式在我国的发展和应用较为缓慢。运输散粮的汽车需要有一个较大的车厢，卸粮时采用自卸式或辅助卸车设备。其中，自卸式散粮汽车与一般的翻斗卡车相同，自卸装置为液压升降装置。辅助卸车设备为液压翻板卸车装置，为我国“九五”科技攻关项目的研究成果，对于不能自动完成卸车的散粮运输车辆，将由该装置帮助完成。

包装粮经汽车运输到达粮库后应先取样检验，质量符合标准的即记数入仓，不需要再称重。进行包装储藏的包装粮直接入库码垛；进行散粮储藏的包装粮，在入粮作业线的下粮坑处拆包入粮，待清理后再入仓。

典型的汽车来粮接收工艺流程如图 4–12 所示。

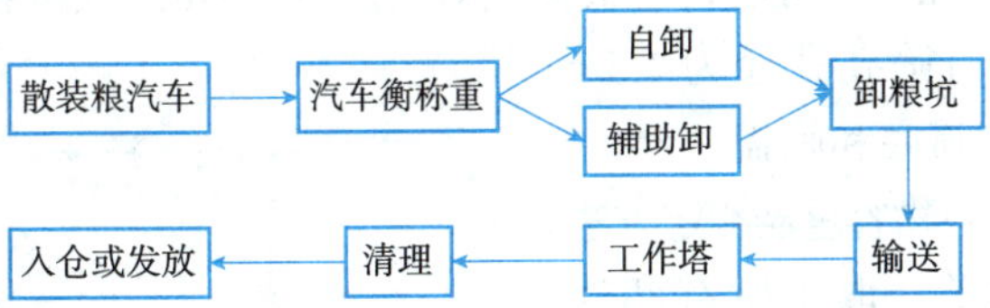


图 4–12　典型的汽车来粮接收工艺流程

## 三、粮食验质定等

粮食验质定等是农产品食品检验员职业技能操作比赛职工企业组和学生组项目，是全国粮食行业职业技能竞赛项目之一。参赛选手应根据《小麦》（GB 1351—2023）、《稻谷》（GB 1350—2009）和《关于执行粮油质量国家标准有关问题的规定》（国粮发〔2010〕178 号）的有关规定，在规定时间内对小麦、稻谷进行验质定等。从操作的规范性、熟练程度，以及测定结果的准确性等方面考核选手。本节以小麦为例，介绍质量等级的评定方法。

### 1. 质量要求

各类小麦质量指标要求以《小麦》（GB 1351—2023）为标准，见表 4–4。其中，相对密度为定等指标，3 等为中等等级。

表 4–4　小麦质量指标要求

| 等级 | 相对密度 /（$g \cdot L^{-1}$） | 不完善粒 /% | 杂质 /% | | 水分 /% | 色泽、气味 |
|---|---|---|---|---|---|---|
| | | | 总量 | 其中：无机杂质 | | |
| 1 | ≥ 790 | ≤ 6.0 | ≤ 1.0 | ≤ 0.5 | ≤ 12.5 | 正常 |
| 2 | ≥ 770 | | | | | |
| 3 | ≥ 750 | ≤ 8.0 | | | | |
| 4 | ≥ 730 | | | | | |
| 5 | ≥ 710 | ≤ 10.0 | | | | |
| 等外 | < 710 | — | | | | |
| 注：“–”不做要求 | | | | | | |

### 2. 相对密度测定

（1）测定原理。相对密度是指粮食、油料籽粒在单位容积内的质量，以克每升（g/L）表示。其原理是用特定的容重器按规定的方法测定固定容器（1 L）内可盛入粮食、油料籽粒的质量。

（2）仪器和用具。

1）谷物容重器：HGT-1000 型或 GHCS-1000 型（图 4-13）。其中，谷物筒漏斗口直径：测定玉米相对密度为 40 mm，测定其他粮食相对密度为 30 mm 或按相关标准中的规定。

2）谷物选筛：具有筛孔孔径为 1.5 ～ 12 mm 的筛层，并带有筛底和筛盖。

（3）GHCS-1000 型谷物容重器测定方法。

1）安装：打开箱盖，取出所有部件，放稳铁板底座。

2）电子秤校准、调零：接通电子秤电源，打开电子秤开关预热并按照 GHCS-1000 型谷物容重器使用说明书进行校准。接下来，将带有排气锤的容量筒放在电子秤上，将电子秤清零。

3）测定：取下容量筒，倒出排气锤，将容量筒安装在铁板座上，插上插片，并将排气锤放在插片上，套上中间筒。关闭谷物筒下部的漏斗开关，将制备好的试样倒入谷物筒，装满后用板刮平。再将谷物筒套在中间筒上，打开漏斗开关，待试样全部落入中间筒后关闭漏斗开关。握住谷物筒与中间筒接合处，平稳、迅速地抽出插片，使试样与排气锤一同落入容量筒内，再将插片准确、快速地插入容量筒豁口槽，依次取下谷物筒，拿起中间筒和容量筒，倒净插片上多余的试样，然后取下中间筒，抽出容量筒上的插片。

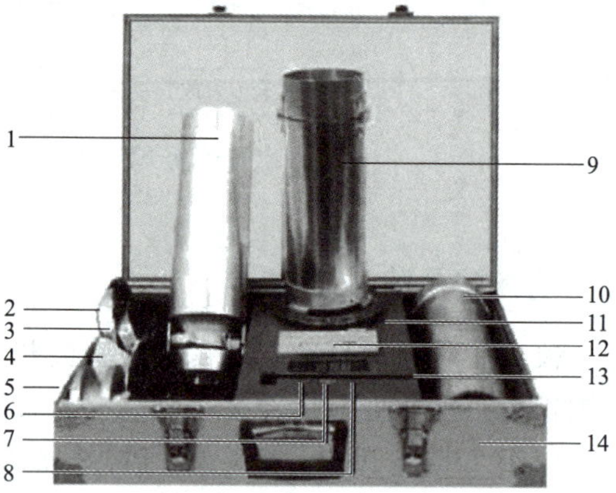


**图 4-13 GHCS-1000 型谷物容重器**

1—谷物筒；2—底座；3—砝码；4—插片；5—排气锤；6—清零键；7—校准键；8—打印键；9—容量筒；10—中间筒；11—电子秤；12—打印机；13—电源开关；14—箱体

4）称量：将容量筒（含筒内试样及排气锤）放在电子秤上称量，称出的质量即试样的相对密度（g/L）。

5）平行试验：从平均样品分出两份试样按上述方法进行平行试验。

6）结果表示：两次测定结果的允许差不超过 3 g/L，求其平均值即测定结果，取整数。

## 知识点 4　普查粮食质量指标

粮食中的微生物类群从数量上看以细菌和霉菌为多，放线菌和酵母菌数量较少；从对粮食品质的危害性上看，霉菌是引起粮食品质劣变的主要微生物类群。粮食中的微生物类群众多，与粮食的生态关系较为复杂，从不同的出发点可以将它们分为不同的生态系。例如，根据微生物与其他生物的关系，微生物可分为寄生型、腐生型及兼寄生型三类。寄生型微生物主要危害粮食作物的种植；腐生型微生物与兼寄生型微生物在合适的条件下均可对粮食储藏的品质造成危害。根据微生物侵染粮食的时期，粮食中的微生物又可分为田间型和储藏型两类。主要在粮食植物种植时感染的称为田间型微生物；收获及储藏期间侵染到粮食中的微生物则称为储藏型微生物。这种划分并不绝对，因为不同地区生态环境对其种群类型的影响很大。粮食中的微生物种类及其数量由于粮食的种类、等级、储藏条件及储藏时间的不同会有很大的差异，只有充分了解各类微生物的特性，才能有效保证粮食储藏的安全。

储粮中存在大量的微生物，这些微生物的种类多样，各有特性，对粮食的潜在危害性也不同，其中绝大部分微生物均要在一定的条件下才可对储粮的品质造成危害，储粮中常见的微生物主要有细菌、放线菌、曲霉属中的绝大部分、青霉和镰刀菌等。

## 一、细菌

粮食中的附生细菌对正常储藏状态下的粮食没有危害性。在新收获的粮食上，细菌在个体数量上占绝对优势，通常可占总带菌量的 90% 以上。类群上主要是一些寄生性的细菌及一些利用禾本科植物生长分泌物为营养的细菌。前者一般为植物病原菌；后者一般对植物生长无害，也称为“附生细菌”，如草生欧文氏菌、荧光假单胞杆菌、黄杆菌、黄单胞杆菌等均为谷物类粮食中常检出的细菌类群。

细菌在粮食上的数量虽多，但对储粮安全性的影响远不及霉菌。因为细菌的生长一般需要有游离水存在，粮食在进入常规储藏阶段后水分含量均较低，远远达不到供细菌生长所需的水分条件。另外，细菌对大分子物质的分解能力相对较弱，而粮食大多有外壳包裹，细菌难以侵入完整的粮粒，对粮食品质的破坏性远较霉菌低。通常，粮食在受到霉菌的破坏，粮食变质、发热后期，粮食的水分活度才会上升到细菌可以生长繁殖的程度，细菌才能利用霉菌降解粮食所产生的产物而大量生长，导致粮食温度的继续升高，但这类情况在储粮上发生的实例很少。附生型微生物主要存在于新收获的粮食上，随着粮食的储藏时间的增加，附生型微生物的数量趋于减少。因此，其数量的多少可以作为衡量粮食新陈度的一种参数。

## 二、放线菌

放线菌因其菌落呈放射状而得名。随着现代生物系研究技术的发展，已明确放线菌属原核微生物的范畴。放线菌大多数为腐生菌，少数为寄生菌。腐生的放线菌广泛分布在自然界中。放线菌不仅能使食品和粮食发出刺鼻的异味，而且某些嗜热放线菌还是粮食储藏期间发热的促进者。

## 三、曲霉属菌群

在储粮中常见的条件危害性曲霉主要有黄曲霉、白曲霉、黑曲霉、杂色曲霉等。其中对储粮的危害最严重的是黄曲霉。

### 1. 黄曲霉群

黄曲霉群（A.flavus Group）在自然界中分布极广，土壤、腐败的有机质及各类食品上都会出现。黄曲霉群包括黄曲霉（A.flavus Link）、寄生曲霉（A.parasiticus Speare）、米曲霉［A.oryzae（Ahlb）Cohn］等 11 种。其中，黄曲霉是粮食和食品上常见的霉菌之一，是引起粮食和食品变质的主要菌种。黄曲霉还可以分泌有害物质，使种子丧失发芽力。寄生曲霉和某些黄曲霉产生黄曲霉毒素，使粮食、食品和饲料带毒，使人畜食用后发生中毒和致癌。米曲霉常见于食品中。同时，该群菌还能产生淀粉酶、蛋白酶、果胶酶等。有的已制成酶制剂用于工业生产。某些菌系还可以产生多种有机酸，如柠檬酸、苹果酸等。黄曲霉群的菌落生长很快，较平坦，呈有放射性皱纹，菌落呈亮黄绿色至深绿色，背面无色或略带褐色。分生孢子梗一般粗糙、无色，但有些为光滑或近光滑至粗糙不等。大分生孢子头的顶囊呈球形或近球形，小分生孢子头的顶囊呈棒形或烧瓶形，大部分表面可育，小梗单层、双层或单层、双层同时生于一个顶囊上。

### 2. 白曲霉群

白曲霉群（A.candidus Group）生长在低水分基质上，实验室培养需要选用高渗透压培养基。白曲霉是粮食上常见的霉菌，特别是低水分陈粮上，经常能分离到。它同灰绿曲霉群相近，也是引起低水分粮食霉变的主要霉菌。

白曲霉群的菌落生长局限，通常为白色，老熟时变成浅黄乳酪色，背面无色或淡黄色。分生孢子头持久地保持白色或在老时变成浅黄乳酪色，分生孢子头大小不同，幼时为球形，老时开裂，或小分生孢子头接近柱形。分生孢子梗光滑，无色或顶端呈黄色。顶囊球形至近球形。顶囊全部表面着生二层小梗，梗基通常很大，有时在同一分生孢子头中大小的变化很大。分生孢子球形或近球形，光滑。有些菌株产生菌核，幼时淡奶油色，成熟时接近紫色或黑色。

### 3. 黑曲霉群

黑曲霉群（A.niger Group）中最常见的一种是黑曲霉，它是接近高温、高湿的霉菌。孢子发芽的最适相对湿度为 80% ～ 88%，具有多种分解力强大的酶类（如蛋白酶、淀粉酶、脂肪酶等），对淀粉的利用率可达 88% ～ 91%。

黑曲霉分布极普遍，能引起水分较高的粮食霉变，对种子发芽力的伤害很大。黑曲霉群的菌落生长蔓延迅速，初期为白色，常常有鲜黄色区域，厚绒状、黑色，背面无色或中央部位略带黄褐色。分生孢子头幼时球形，呈绿黑色、褐黑色、紫黑至炭黑色等。老后放射状，或裂成少数或多数不规则的柱状。分生孢子梗无色透明至褐色，典型的光滑，但在少数种中略带颗粒或具小点，通常壁厚，易碎，压碎时会纵向裂开。顶囊球形或近球形，无色透明或呈淡褐色至暗褐色。小梗根据种的不同分为单层或双层，通常着色很深，甚至充满色素。分生孢子球形、近球形、椭圆形或横向扁平；光滑或近光滑，小刺、小疣或有明显的纵向条纹。菌核呈球形或近球形，初为奶油色，后呈淡黄色至带粉红色、灰黄色或褐色。

### 4. 杂色曲霉群

杂色曲霉群（A.versicolor Group）曲霉可危害含水率稍高的粮食、饲料及其他农产品。在适宜的条件下，有些杂色曲霉菌株可产生杂色曲霉毒素，能导致人、畜中毒及引起肝癌。该群菌落生长局限，颜色变化范围很大，能在小区域具有浅绿色、浅黄色甚至粉红色，几种颜色镶嵌起来；背面有深红色或暗紫色，具有无色或紫红色的液滴。分生孢子头形状不同，放射状至疏松的柱状，通常呈绿色，但有些种具有绿色和白色两种颜色。分生孢子梗颜色不一，从无色至明显褐色，通常光滑，偶有细密粗糙或呈现表面沉积物，有一种呈明显的粗糙，顶囊卵呈圆形至椭圆形，在小分生孢子头中常呈陀螺形至匙形，表面上部至 3/4 处可见双层小梗。小梗双层。分生孢子通常为球形至近球形，较少为椭圆形，通常具小刺。壳细胞是一种厚壁细胞，在一些菌系和菌株中产生，多为球形或近球形。在少数种中产生菌核或致密的变形菌丝团。

## 四、小麦不完善粒

不完善粒是指受到损伤但还有使用价值的小麦颗粒。小麦不完善粒包括虫蚀粒、病斑粒、黑胚粒、赤霉病粒、破损粒、生芽粒、霉变粒。

（1）虫蚀粒：被虫蛀蚀，伤及胚或胚乳的颗粒（图 4–14）。检验时，应注意观察经虫蚀的小麦是否伤及胚或胚乳；同时，还应细致观察粒面是否有细小蛀孔，以免漏检。对于只受虫蛀，但未伤及胚或胚乳，仅在颗粒表面有轻微的虫蚀痕迹的小麦颗粒，应作为完善粒。

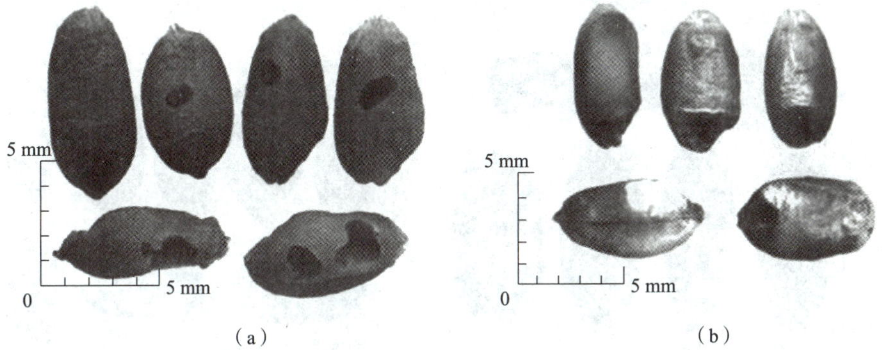


图 4–14　小麦虫蚀粒

（2）病斑粒：粒面带有病斑，伤及胚或胚乳的颗粒（图 4–15）。检验时应剖开皮层观察是否伤及胚或胚乳。表面有病斑纹，但是没有上级胚或胚乳的颗粒，应归属为完整。

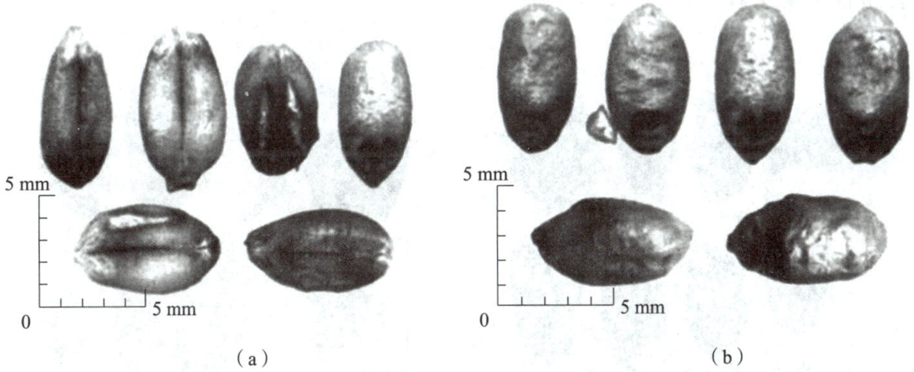


图 4–15　小麦病斑粒

（3）黑胚粒：籽粒胚部呈深褐色或黑色，伤及胚或胚乳的颗粒（图 4–16）。检验时应剖开皮层观察是否伤及胚或胚乳。表面有病斑纹，但是没有伤及胚或胚乳的颗粒，应归属为完整粒。

（4）赤霉病粒：籽粒皱缩，呆白，有的粒面呈紫色，或有明显的粉红色霉状物，间有黑色子囊壳（图 4–17）。

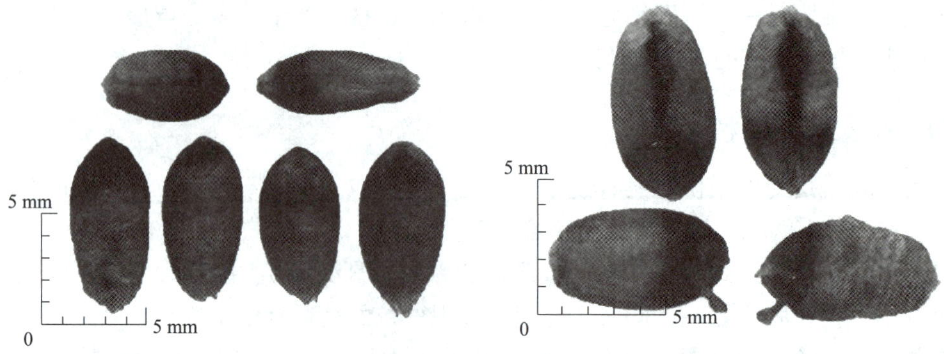


（a）　　　（b）

图 4-16　小麦黑胚粒

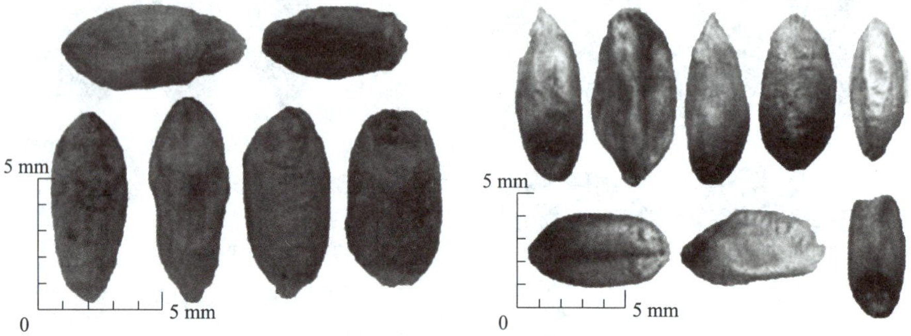


（a）　　　（b）

图 4-17　小麦赤霉病粒

（5）破损粒：压扁、破损，伤及胚或胚乳的颗粒（图 4-18）。检验时应注意籽粒表皮有轻微磨损者不属于破损粒。

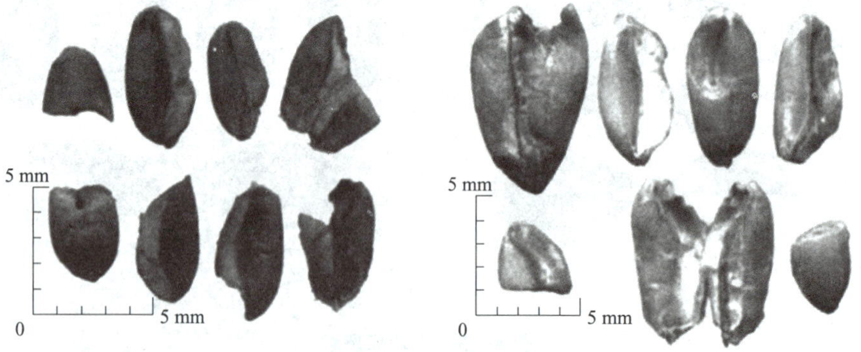


（a）　　　（b）

图 4-18　小麦破损粒

（6）生芽粒：芽或幼根突破种皮不超过本颗粒长度的颗粒，芽或幼根虽未突破种皮已有芽萌动的颗粒（图 4-19）。应注意观察发芽的痕迹，以免漏检隆起的或者芽已经断掉的籽粒。

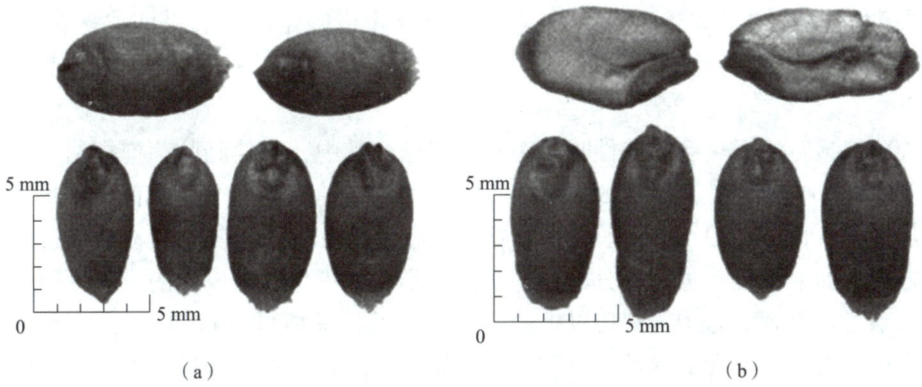


图 4-19　小麦生芽粒

（7）霉变粒：粒面生霉或胚乳变色变质的颗粒（图 4-20）。检验时应注意肉眼可见粒面生霉即归属生霉粒。

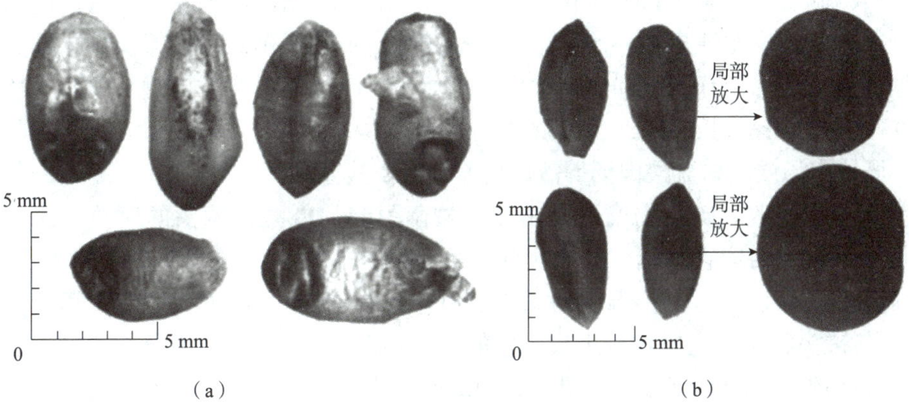


图 4-20　小麦霉变粒

# 知识点 5　食品生产许可中罐装食品的商业无菌检查

## 一、罐头食品的生物腐败类型

微生物污染引起的罐头食品腐败通常可分为产芽孢的嗜热细菌引起的腐败、中温产芽孢细菌引起的腐败、不产芽孢的细菌引起的腐败、酵母菌引起的腐败和霉菌引起的腐败等。

### 1. 产芽孢的嗜热细菌引起的腐败

嗜热细菌的芽孢比大多数中温细菌的芽孢更为耐热。因此罐头食品由于杀菌不彻底而导致的腐败大多是由嗜热细菌引起的。嗜热细菌能使罐头产生以下类型的腐败。

（1）平酸腐败。罐头内容物在平酸细菌的作用下变质，产生并积累乳酸，使 pH 值下降 0.1 ～ 0.3，呈现酸味，而罐头外观仍属正常，盖和底不发生膨胀，呈平坦状或内凹状。平酸腐败必须开罐检验或经细菌分离培养才能确定。引起平酸腐败的微生物称为平酸菌，即能使某些低酸性罐头食品发生酸败且能形成芽孢的一类需氧或兼性厌氧细菌。

平酸菌包括专性嗜热菌、兼性嗜热菌和中温菌。其中，嗜热脂肪芽孢杆菌属于专性嗜热菌，该菌仅于嗜热温度（45 ～ 50 ℃）下芽孢才发芽，在库存或销售期间，如果环境温度处于嗜热性生长范围（43 ℃以上），平酸腐败就有可能发生。罐头食品在加工过程中，经热处理之后，如果不接着进行充分的冷却，同样是造成平酸腐败发生的主要原因。凝结芽孢杆菌为兼性嗜热菌，能在 45 ℃以上的高温中生长，最高可耐 60 ℃高温，我国南方一些省市生产的青刀豆、青豆等低酸性蔬菜罐头发生的酸败，多与该菌有关。一些中温性需氧芽孢菌（如枯草芽孢杆菌、巨大芽孢杆菌和蜡样芽孢杆菌等），可分解蛋白质和糖，分解糖后绝大多数产酸而不产气，引起平酸腐败。这类细菌属芽孢杆菌属是产生芽孢的中温性细菌，其耐热能力较差，许多细菌的芽孢在 100 ℃或更低的温度下，短时间内就能被杀死。

（2）TA 腐败。TA 菌（Thermophilieeanaerobe）是不产硫化氢的嗜热厌氧菌的缩写。该菌是一种能分解糖、专性嗜热、产芽孢的厌氧菌。它们在低酸或中酸罐头中，能分解葡萄糖、乳糖、蔗糖、水杨苷及淀粉，产生酸和大量的 $CO_2$、$H_2$，变质的罐头通常有酸味。如果罐头在高温中放置过长，所产生的混合气体能使罐头膨胀以致破裂。TA 菌可通过玉米、麦芽汁、肝块肉汤或酒精盐酸肉汤等液体培养基检查其存在。

（3）硫化物腐败。硫化物腐败是由致黑梭菌引起的低酸性罐头的腐败，这种变质的特征是罐听平坦，内容物发暗，并有臭味，食品遭受硫化物腐败细菌污染的情况较少见。致黑梭菌专性嗜热，最适生长温度为 55 ℃，它分解糖的能力不强，但能分解蛋白质产生 $H_2S$，$H_2S$ 与罐头容器的铁质化合生成黑色的硫化物，使食品变黑。由于罐头内产生的 $H_2S$ 被罐内食品吸收，开罐时有强烈的臭味，但罐听不发生膨胀。致黑梭菌可通过在亚硫酸铁培养基上保温培养检查，如形成 FeS 黑斑，表明该菌存在。

### 2. 中温产芽孢细菌引起的腐败

中温产芽孢细菌引起的罐头腐败主要由中温性厌氧细菌和中温性需氧细菌两类细菌组成。

（1）中温性厌氧细菌引起的腐败。其适宜生长温度约为 37 ℃，有的可在 50 ℃生长。其可分为两类：一类分解蛋白质的能力强，引起鱼类、肉类等罐头的罐听膨胀，内容物伴有腐败臭味，其主要有肉毒梭菌、生孢梭菌、双酶梭菌、腐化梭菌等；另一类可在酸性或中性罐头内分解糖类进行丁酸发酵，产生 $H_2$ 和 $CO_2$，导致罐头膨胀，如丁酸梭菌、巴氏芽孢梭菌等。

中温性厌氧细菌以肉毒梭菌尤为重要，它可分解蛋白质产生 $H_2S$、$NH_3$、粪臭素等，导致“胖听”，使罐头内容物呈现腐烂性败坏并产生毒素；同时，还会释放出有恶臭味的气体。值得注意的是，肉毒毒素毒性很强，因此如果发现内容物中有带芽孢的杆菌，无论罐头腐败程度如何，均必须用内容物接种小白鼠以检测肉毒毒素。

（2）中温性需氧细菌引起的腐败。常见的引起罐头腐败变质的中温性需氧细菌有枯草芽孢杆菌、巨大芽孢杆菌和蜡样芽孢杆菌等。这类细菌属芽孢杆菌属，是产生芽孢的中温性细菌，其耐热能力较差，许多细菌的芽孢在 100 ℃或更低的温度下，短时间内就能被杀死。

一般罐头内呈现接近真空状态，会使细菌的活动受到抑制，但这类细菌可分解蛋白质和糖。分解糖后绝大多数产酸而不产气，引起平酸腐败。而多黏芽孢杆菌和浸麻芽孢杆菌能分解糖类、产酸产气，造成“胖听”。

#### 3. 不产芽孢的细菌引起的腐败

造成低酸性罐头内污染的不产芽孢的细菌有两大类群：一类是肠道细菌，如大肠杆菌，它们在罐内生长产气可造成“胖听”；另一类是链球菌，特别是嗜热链球菌和粪链球菌等，这些细菌的耐热能力很强，能耐受巴氏消毒，多见于蔬菜、水果罐头中，它们生长繁殖会产酸并产生气体，也造成“胖听”。

在火腿罐头中，常可检测出粪链球菌和尿链球菌等不产芽孢的细菌。而可污染酸性罐头的不产芽孢细菌主要是乳酸菌，如乳酸杆菌和明串珠菌，它可引起番茄、梨和其他水果制品的酸败，并且乳酸杆菌的异型发酵菌种可造成番茄制品的酸败和水果罐头的产气性腐败。

#### 4. 酵母菌引起的腐败

酵母菌引起的罐头腐败多发生在 pH 值为 4.5 以下的酸性和高酸性食品中，如水果、果酱、果冻、果汁和糖浆等。酵母菌污染低酸性罐头的情况较少见，仅偶尔出现于甜炼乳罐头中。酵母菌引起的腐败罐头常出现浑浊、沉淀、膨胀爆裂等现象，其多由球拟酵母属和假丝酵母属的一些种所引起。由于酵母菌的耐热能力很低，除杀菌不足或发生漏罐外，罐头食品通过正常的杀菌处理，通常是不会发生酵母菌污染的。

#### 5. 霉菌引起的腐败

由于霉菌为需氧型微生物，若霉菌引起罐头腐败，则多由漏罐或真空度不足造成，霉菌腐败主要存在于酸性罐头中。

少数霉菌极为耐热，如纯黄丝衣霉菌，其耐抗热能力比其他霉菌强，且能在氧气不足的环境中存活并生长繁殖，具有强烈的破坏果胶质的作用，如在水果罐头中残留并繁殖，可使水果柔化和解体，且它能分解糖产生 $CO_2$，并造成水果罐头胖听。再如，雪白丝衣霉菌，也有耐热性，在 82.2 ℃下处理 10 min 才可杀死其子囊孢子。这类耐热性霉菌引起罐头食品的腐败，可通过霉臭味、食品褪色或组织结构改变、内容物中有霉菌菌丝及有时出现罐盖的轻度膨胀得到证实。其他霉菌（如青霉、曲霉等）也可造成果酱、水果罐头腐败，但当 pH 值降至 3 时，则能阻止其生长。

### 二、污染罐头食品的微生物的来源

#### 1. 杀菌不彻底致罐头内残留有微生物

罐头食品在加工过程中，为了保持产品正常的感官性状和营养价值，在进行加热杀菌时，不可能使罐头食品完全无菌，只强调杀死病原菌、产毒菌，实质上只是达到商业无菌程度，即罐头内所有的肉毒梭菌芽孢和其他致病菌，以及在正常的储存和销售条件下能引起内容物变质的嗜热菌均被杀灭，但罐内可能残留一定的非致病性微生物。这部分非致病性微生物在一定的保存期限内，一般不会生长繁殖，但是如果罐内条件或储存条件发生改变，这些微生物就会生长繁殖，造成罐头腐败变质。

经高压蒸汽杀菌的罐头内残留的微生物大多是耐热性的芽孢，如果罐头储存温度不超过 43 ℃，通常不会引起内容物变质。

#### 2. 杀菌后发生漏罐

罐头泄漏是指罐头密封结构有缺陷，或由于撞击而破坏密封，或罐壁腐蚀而穿孔致使微生物侵入的现象。一旦发生泄漏后则容易造成微生物污染，其污染源如下。

（1）冷却水。冷却水是重要的污染源，这是因为罐头经热处理后需通过冷却水进行冷却，冷却水中的微生物就有可能通过漏罐处而进入罐内。杀菌后的罐头如发现有不产芽孢的细菌，通常就是由于漏罐使冷却水中细菌伺机进入引起的。

（2）空气。空气中含有各种微生物，也是造成漏罐污染的污染源，但较次要。而且外界的一些耐热菌、酵母菌和霉菌很容易从漏气处进入罐头，引起罐头腐败。

（3）内部微生物。漏罐后罐内氧气含量升高，导致罐内各种微生物生长旺盛。其代谢过程使罐头内容物 pH 值下降，严重的会呈现感官变化。例如，平酸腐败就是由杀菌不足所残留的平酸菌造成的。

罐头食品微生物污染的主要来源就是杀菌不彻底和发生漏罐，因此，控制罐头食品污染最有效的方法就是切断这两个污染源，在保持罐头食品营养价值和感官性状正常的前提下，应尽可能地杀灭罐内存留的微生物，尽可能减少罐内氧气的残留量，热处理后的罐头须充分冷却，使用的冷却水一定要清洁卫生。注意，封罐一定要严，不可发生漏罐现象。

## 任务演练

# 任务 4-1　肉制品检样的采集

### 任务描述

产品质量检验机构要对某肉制品生产企业的某一批次猪肉进行食品微生物检验，采样员共采集猪肉样品为 500 g，检测所需样品为 25 g。为了满足检验需要同时保证所取样品具有代表性、均一性，请你按照食品卫生学检验标准对采集回来的样品进行分样。

#### 任务小贴士

准确、可靠的食品微生物检验结果源于所采集的样品具有代表性、均一性。而由于肉制品从屠宰环境、加工工艺、储存、运输及销售等因素的影响，往往会造成其被污染程度有所差别。为此，分取出具有代表性、均一性的检测样品可以直接影响检测数据的可靠性。在进行食品微生物检验之前，要正确掌握待验样品的相关标准和试验方法，才能采用相应的制备方法制备出检验所需的样品。

## 任务实施

### 一、试验要求

#### 1. 取样人员

（1）取样人员应经过技术培训，具有独立工作的能力。

（2）取样人员应防止样品污染。

#### 2. 取样设备和容器

（1）直接接触样品的容器应防水、防油。

（2）容器应满足取样量和样品形状的要求。

（3）取样设备应清洁、干燥，不得影响样品的气味、风味和成分组成。

（4）使用玻璃器皿要防止破损。

#### 3. 取样原则

（1）所取样品应尽可能有代表性。

（2）应抽取同一批次同一规格的产品。

（3）取样量应满足分析的要求，不得少于分析取样、复验和留样备查的总量。

### 二、操作步骤

#### 1. 鲜肉的取样

从 3～5 片胴体或同规格的分割肉上取若干小块混为一份样品。每份样品质量为 500～1 500 g。

#### 2. 冻肉的取样

（1）成堆产品：在堆放空间的四角和中间设采样点，每点从上、中、下三层取若干小块混为一份样品。每份样品的质量为 500 ～ 1 500 g。

（2）包装冻肉：随机取 3 ～ 5 包混合，总质量不得少于 1 000 g。

（3）肉制品的取样。

1）每件 500 g 以上的产品：随机从 3 ～ 5 件上取若干小块混合，共 500 ～ 1 500 g。

2）每件 500 g 以下的产品：随机取 3 ～ 5 件混合，总质量不得少于 1 000 g。

3）小块碎肉：从堆放平面的四角和中间取样混合，共 500 ～ 1 500 g。

### 三、样品的运输和储存

取样后应尽快将样品送往实验室，运输过程必须保证样品完好，无损失，成分不变，储存温度合适。样品到实验室后应尽快分析处理，易腐易变质样品应置冰箱或特殊条件下储存，保证不影响分析结果。

## 任务报告

肉与肉制品检样采集时的注意事项是什么？

## 任务思考

（1）肉制品检样的取样分为几种情况？

（2）样品采集的过程中应遵循什么原则？

### 任务考核单（任务 4-1）

专业：________ 学号：________ 姓名：________ 成绩：________

| 任务名称 | | 肉制品检样的采集 | | | 时间：45 min | | |
|---|---|---|---|---|---|---|---|
| 序号 | 考核内容 | 考核要点 | 配分 | 评分标准 | 扣分 | 得分 | 备注 |
| 1 | 操作前准备（20分） | （1）穿工作服 | 5 | 未穿工作服扣5分 | | | |
| | | （2）天平检查、调试 | 5 | （1）未检查天平水平扣2分<br>（2）未调试天平零点扣3分 | | | |
| | | （3）清理桌面 | 5 | （1）未清理扣3分<br>（2）清理不规范扣2分 | | | |
| | | （4）检查样品 | 5 | 未检查样品5分 | | | |
| 2 | 操作过程（70分） | （1）称量原始样品 | 10 | 称量操作不规范扣5分 | | | |
| | | （2）计算分样次数 | 10 | 计算不正确扣5分 | | | |
| | | （3）填写分样方案 | 10 | 未填写分样方案扣10分，填写不规范扣5分 | | | |
| | | （4）混合试样 | 10 | （1）混合不充分扣5分<br>（2）中心点移动扣5分 | | | |
| | | （5）缩分试样 | 10 | （1）四边形不规整、厚薄不一各扣5分<br>（2）四个三角形大小不一致、分样不均衡各扣5分 | | | |
| | | （6）分至接近所需试样量 | 10 | 未接近所需试样量，根据具体情况酌情扣2～10分 | | | |
| | | （7）原始记录 | 10 | 原始数据记录不规范、信息不全扣2～10分 | | | |
| 3 | 文明操作（10分） | 清理仪器用具、试验台面 | 10 | 试验结束后未清理扣5分 | | | |
| 4 | 安全及其他 | （1）不得损坏仪器用具 | — | 损坏一般仪器、用具扣5分 | | | |
| | | （2）不得发生事故 | — | 由于操作不当发生安全事故时停止操作扣5分 | | | |
| | | （3）在规定时间内完成操作 | — | 每超时1min扣1分，最高扣5分 | | | |
| 合计 | | | 100 | | | | |

# 任务 4-2　粮食、油料的杂质、不完善粒检验

## 任务描述

不完善粒是指受到损伤但还有使用价值的小麦颗粒。小麦不完善粒包括虫蚀粒、病斑粒、黑胚粒、赤霉病粒、破损粒、生芽粒、霉变粒。对粮食、油料的杂质及不完善粒的检验具有重要的意义。

## 任务实施

### 一、仪器和工具

（1）天平：感量 0.01 g、0.1 g、1 g。
（2）谷物选筛或电动谷物选筛。
（3）分样器或分样板。
（4）分析盘、镊子等。

### 二、样品制备

检验杂质的试样可分为大样、小样两种。大样用于检验大样中的杂质，包括上层筛上的大型杂质和下层筛的筛下物；小样是从检验过大样杂质的样品中分出少量试样，检验与粮粒大小相似的杂质、不完善粒等。按照《粮食、油料检验　扦样、分样法》(GB/T 5491—1985）的规定分取试样，见表 4-5。

表 4-5　杂质、不完善粒检验试样质量规定　g

| 粮食、油料名称 | 大样质量 | 小样质量 |
| --- | --- | --- |
| 小粒：粟、芝麻、油菜籽、亚麻籽等 | 约 500 | 约 10 |
| 中粒：稻谷、小麦、高粱、小豆、棉籽、黍、稷、荞麦、裸大麦、莜麦、绿豆等 | 约 500 | 约 50 |
| 大粒：大豆、玉米、豌豆、葵花籽、小粒蚕豆等 | 约 500 | 约 100 |
| 特大粒：花生、蓖麻籽、桐籽、茶籽、文冠果、大粒蚕豆等 | 约 1 000 | 约 200 |
| 其他：甘薯片等 | 500 ～ 1 000 | |

### 三、筛选

#### 1. 电动筛选器法

按表 4-6 规定的筛层套好（大孔筛在上，小孔筛在下，套上筛底），按规定取试样放入上层筛上，盖上筛盖。将其放在电动筛选器上，接通电源，打开开关，选筛自动地向左、

向右各筛 1 min（110 ～ 120 r/min），筛后静止片刻，将上层筛的筛上物和下层筛的筛下物分别倒入分析盘内；卡在筛孔中间的颗粒属于筛上物。

表 4-6　筛选粮食、油料式样采用的筛层规格

mm

| 粮食、油料种类 | 上层筛筛孔直径 | 下层筛筛孔直径 |
|---|---|---|
| 稻谷 | — | 2.0 |
| 大豆 | — | 3.0 |
| 小麦 | 4.5 | 1.5 |
| 玉米 | 12.0 | 3.0 |
| 高粱 | 4.0 | 2.0 |
| 粟 | 3.5 | 1.2 |
| 黍 | 4.5 | 1.5 |
| 稷 | 4.5 | 1.5 |
| 荞麦 | — | 2.5 |
| 裸大麦 | 4.5 | 1.5 |
| 莜麦 | 4.5 | 1.5 |
| 绿豆 | — | 2.0 |
| 芝麻 | — | 1.0 |
| 棉籽 | — | 3.0 |
| 葵花籽 | — | 3.5 |
| 亚麻籽 | — | 1.2 |
| 注：未规定筛孔直径的粮食、油料品种，可根据其粒型大小选择适当孔径的选筛参照使用 | | |

### 2. 手筛法

按电动筛选器法中方法将筛层套好，倒入试样，盖好筛盖，然后将选筛放在玻璃板或光滑的桌面上，用双手以 110 ～ 120 次 /min 的速度按顺时针方向和逆时针方向各筛动 1 min。筛选的范围掌握在选筛直径扩大 8 ～ 10 cm，筛后的操作同上。

## 四、杂质检验

### 1. 大样杂质检验

从平均样品中按照样品制备的规定分取试样至表 4-5 规定的大样质量（$m$），精确至 1 g，按筛选规定的筛选法分两次进行筛选（特大粒粮食、油料分四次筛选），然后拣出上层筛的筛上大型杂质（粮食籽粒外壳剥下归为杂质）和下层筛的筛下物合并，称量（$m_1$），精确至 0.01 g。

### 2. 小样杂质检验

从检验过大样杂质的试样中，按样品制备的规定分取试样至表 4-5 规定的小样质量（$m_2$），小样质量不大于 100 g 时，精确至 0.01 g；小样质量大于 100 g 时，精确至 0.1 g，倒

入分析盘，按质量标准的规定拣出杂质，称量（$m_3$），精确至 0.01 g。

### 3. 矿物质检验

从拣出的小样杂质中拣出矿物质，称量（$m_4$），精确至 0.01 g。

### 4. 计算结果

（1）大样杂质含量（$\omega_1$）以质量分数（%）表示，按下式计算：

$$\omega_1 = \frac{m_1}{m} \times 100$$

式中　$m_1$——大样杂质质量（g）；

$m$——大样质量（g）。

在重复性条件下，获得的两次独立测试结果的绝对差值不大于 0.3%，求其平均数，即为测试结果，测试结果保留到小数点后一位。

（2）小样杂质含量（$\omega_2$）以质量分数（%）表示，按下式计算：

$$\omega_2 = (100 - \omega_1) \times \frac{m_3}{m_2}$$

式中　$m_3$——小样杂质质量（g）；

$m_2$——小样质量（g）。

在重复性条件下，获得的两次独立测试结果的绝对差值不大于 0.3%，求其平均数，即为测试结果，测试结果保留到小数点后一位。

（3）矿物质含量（$\omega_3$）以质量分数（%）表示，按下式计算：

$$\omega_3 = (100 - \omega_1) \times \frac{m_4}{m_2}$$

式中　$m_4$——矿物质质量（g）；

$m_2$——小样质量（g）。

在重复性条件下，获得的两次独立测试结果的绝对差值不大于 0.1%，求其平均数，即为测试结果，测试结果保留到小数点后两位。

（4）杂质总量（$\omega_4$）以质量分数（%）表示，按下式计算：

$$\omega_4 = \omega_1 + \omega_2$$

计算结果保留到小数点后一位。

## 五、不完善粒检验

在检验小样杂质的同时，也要按质量标准的规定拣出不完善粒，称量（$m_5$），精确至 0.01 g。不完善粒（$\omega_5$）以质量分数（%）表示，按下式计算：

$$\omega_5 = (100 - \omega_1) \times \frac{m_5}{m_2}$$

式中　$m_5$——不完善粒质量（g）；

$m_2$——小样质量（g）。

在重复性条件下，获得的两次独立测试结果的绝对差值：大粒、特大粒粮不大于 1.0%，中小粒粮不大于 0.5%，求其平均数，即为测试结果，测试结果保留到小数点后一位。

## 任务报告

计算杂质及不完善粒的质量。

## 任务思考

粮食、油料的安全对人们生活的重要性。

任务考核单（任务 4-2）

专业：________ 学号：________ 姓名：________ 成绩：________

| 任务名称 | | 粮食、油料的杂质、不完善粒检测 | | 时间：60 min | | |
|---|---|---|---|---|---|---|
| 序号 | 考核内容 | 考核要点 | 配分 | 扣分 | 得分 | 备注 |
| 1 | 小麦验质定等（35 分） | 天平、容重器等仪器设备及用具准备（包括容重器安装、调零、分样工具、电动筛选器及选筛准备、清理等） | 5 | | | |
| | | 试样准备：样品称量、分样、样品杂质筛理操作规范 | 5 | | | |
| | | 容重器操作规范 | 5 | | | 谷物筒选择错误，相对密度结果不得分 |
| | | 相对密度测定结果准确性 | 10 | | | |
| | | 不完善粒含量测定操作（不完善粒识别、挑选、称量） | 2 | | | |
| | | 不完善粒含量测定结果准确性 | 8 | | | |
| 2 | 稻谷验质定等（40 分） | 天平、砻谷机等仪器设备及用具准备（包括天平、分样工具、砻谷机、电动筛选器及选筛准备、调整、清理等） | 5 | | | |
| | | 试样准备：样品称量、分样 | 5 | | | |
| | | 杂质含量测定操作（杂质识别、挑选） | 5 | | | |
| | | 不完善粒判定、砻谷机操作规范 | 7 | | | |
| | | 杂质含量测定结果准确性 | 8 | | | |
| | | 出糙率测定结果准确性 | 10 | | | |
| 3 | 原始记录和数据处理（10 分） | 原始记录信息完整 | 5 | | | |
| | | 数据处理正确 | 5 | | | |
| 4 | 文明操作（5 分） | 台面整洁、仪器用具归位等 | 5 | | | |
| 5 | 小麦、稻谷增扣量计算（10 分） | 等级判定、计算过程、计算结果 | 10 | | | 考核结果准确性 |
| 合计 | | | | | | |
| 6 | 其他 | 1. 样品信息不全，该样品测定结果不得分。<br>2. 完成规定内容，每提前 1 min 加 2 分，最多加 6 分。<br>出现下列情况不加分：①未进行分样、去大杂操作；②分样过程混合均匀次数未达到要求；③试验结束后，台面未整理、仪器用具未归位 | | | | |

# 任务 4-3　玉米种植环境土壤中微生物的分离与纯化

## 任务描述

本任务需要大家掌握从土壤中分离微生物的方法及常用的分离纯化微生物的操作技术。

## 任务实施

### 一、试验材料和用具

（1）菌种：金黄色葡萄球菌和普通变形菌斜面菌种。

（2）培养基：已灭菌的牛肉膏蛋白胨培养基、高氏 1 号培养基、土豆蔗糖培养基。

（3）仪器及用具：99 mL 无菌水（带玻璃珠）1 瓶、含 9 mL 无菌水的试管 6 支、80% 乳酸、10% 酚液、95% 酒精、无菌培养皿、1 mL 无菌移液管、土壤样品、天平、称量纸、药匙试管架、涂布器。

### 二、试验原理

本试验利用稀释平板涂布法从土壤中分离细菌、放线菌和霉菌。其基本原理为将含有各种微生物的土壤悬液进行稀释后涂布接种到各种选择培养基平板上，在不同条件下培养，从而使各类微生物在各自的培养基上形成单菌落。单菌落是由一个细胞繁殖而成的集合体，即一个纯培养。

### 三、操作步骤

#### （一）土壤稀释分离法分离纯化细菌、放线菌和霉菌

（1）取土壤。取表层以下 5 ～ 10 cm 处的土样放入无菌袋中备用或放在 4 ℃冰箱中暂存。

（2）无菌操作制备土壤稀释液。

1）制备土壤悬液：称取土样 1 g，迅速倒入含有 99 mL 无菌水的三角烧瓶，振荡 5 ～ 10 min，使土样充分打散，即成为 $10^{-2}$ 的土壤悬液。

2）稀释：用无菌移液管吸取 $10^{-2}$ 的土壤悬液 1 mL，注入 9 mL 无菌水即为 $10^{-3}$ 稀释液，如此重复，可依次配制成 $10^{-3}$ ～ $10^{-8}$ 的稀释液。注意，操作时，管尖不能接触液面，每个稀释度换用 1 支移液管，每次吸入土液后，要将移液管插入液面，吹吸 3 次，每次吸上的液面要高于上一次，以减少稀释中的误差。

稀释法分离土壤微生物操作过程如图 4-21 所示。

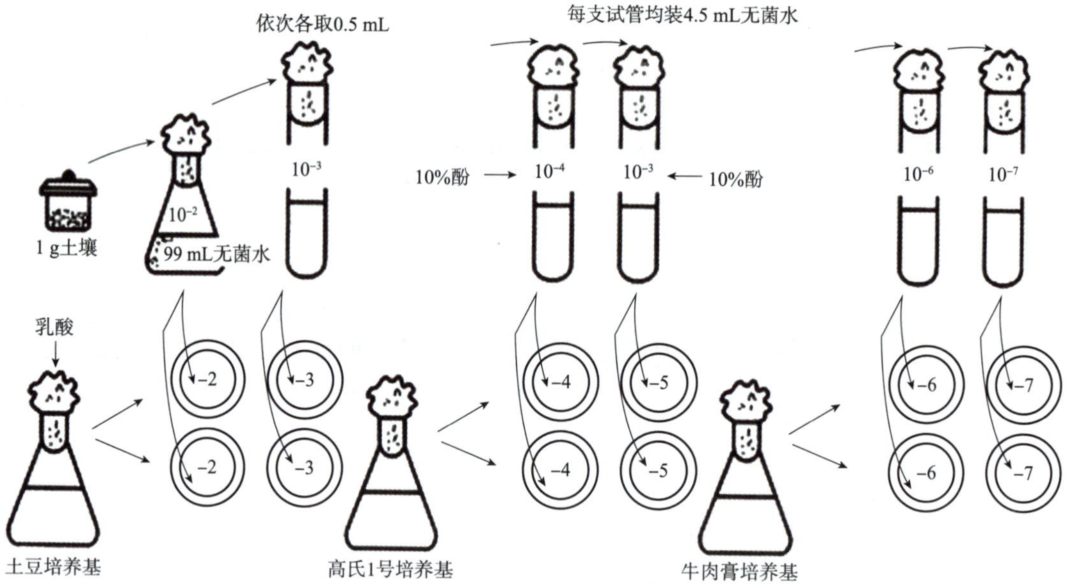


图 4-21 稀释法分离土壤微生物操作过程

## （二）涂布法测定菌落数

（1）倒平板：右手持盛有培养基的三角烧瓶置于火焰旁，用左手将瓶塞轻轻拔出，用右手小指与无名指夹住瓶塞，瓶口在火焰上灭菌。左手中指和无名指托住培养皿底，用拇指和食指捏住盖将培养皿在火焰附近打开一个缝隙，迅速倒入培养基（装量以铺满皿底的1/3为宜），加盖后轻轻摇动培养皿使培养基均匀铺设在培养皿底部，平置于桌面上，待其凝固后即成为平板（图4-22）。

（2）涂布法操作（无菌操作）：将0.1～0.2 mL菌悬液滴在平板表面中央位置，右手拿无菌涂布器平放于平板表面，将菌液先沿一条直线轻轻地来回推动，使之均匀分布，然后改变方向沿另一垂直线来回推动，平板边缘可改变方向用涂布器再涂布几次（图4-23）。

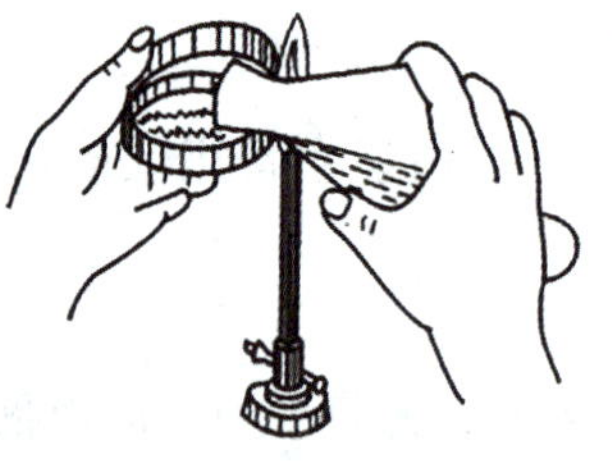

图 4-22 倒平板的方法

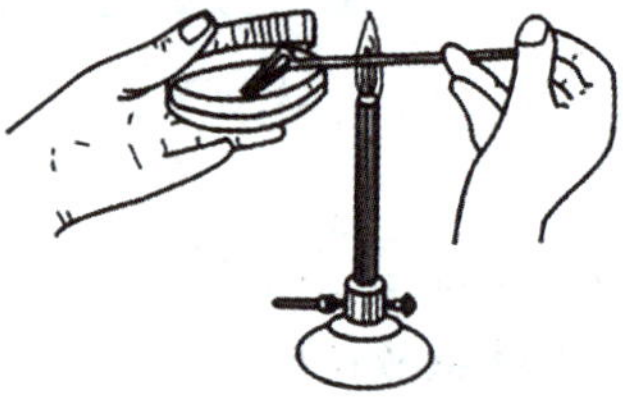

图 4-23 平板涂布

（3）接种量和培养基：细菌：取$10^{-6}$、$10^{-7}$两管稀释液各0.2 mL，分别接入两个牛肉膏蛋白胨琼脂平板，涂布均匀。放线菌：取$10^{-4}$、$10^{-5}$两管稀释液，在每管中加入10%酚液5～6滴，振摇均匀，静置片刻，然后分别从两管中吸出0.2 mL加入高氏1号培养基平板中，涂布均匀。霉菌：取$10^{-2}$、$10^{-3}$两管稀释液各0.2 mL，分别接入土豆蔗糖培养基平板（每 100 mL 培养基加入灭菌的乳酸 1 mL），涂布振摇均匀。

（4）培养：将接种好的细菌、放线菌、霉菌平板倒置，即皿盖朝下放置，置于 28 ～ 30 ℃中恒温培养，细菌培养 1 ～ 2 d，放线菌培养 5 ～ 7 d，霉菌培养 3 ～ 5 d。观察生长的菌落，用于进一步纯化分离或直接转接斜面。

### （三）划线分离方法

（1）划线分离。用接种环从待纯化的菌落或待分离的斜面菌种只蘸取少量菌样，在相应培养基平板中划线分离。划线的方法多样，目的是获得单个菌落。常用的划线的方法有两种，即连续划线和分区划线（图 4–24）。

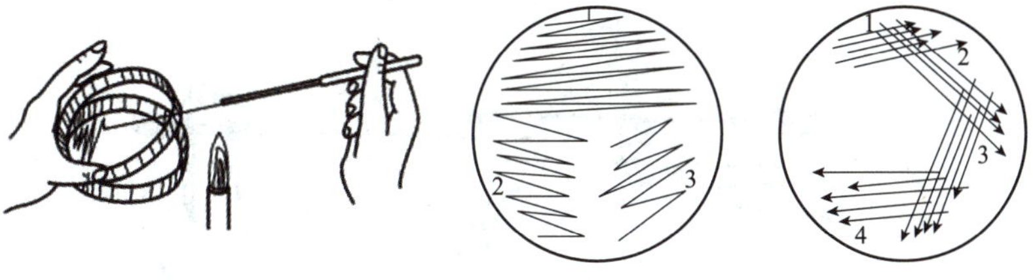


图 4–24　平板划线方法示意

（a）划线分离操作；（b）连续划线；（c）分区划线

（2）培养。划线完毕后，盖上培养皿盖，培养方法与涂布法测定菌落数中的方法相同。

### （四）斜面接种和穿刺接种

#### 1. 斜面接种

（1）取新鲜固体斜面培养基，分别做好标记（标明菌名、接种日期、接种人等），然后用无菌操作方法，把待接菌种接入以上新鲜培养基斜面上（图 4–25）。

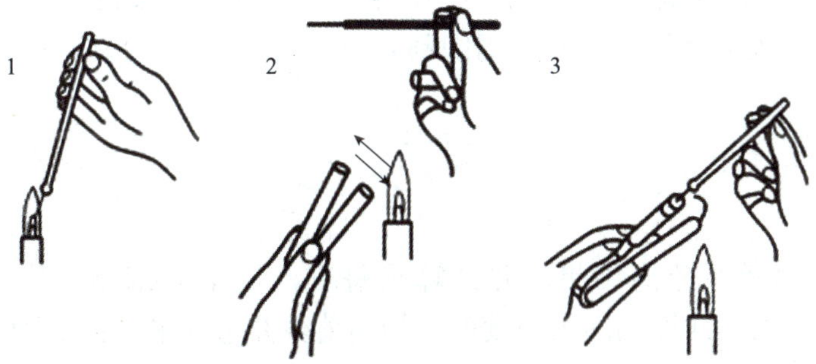


图 4–25　斜面接种

接种的方法：用左手握住菌种试管和待接种的斜面试管，试管底部放在手掌内并将中指夹在两个试管之间，使斜面向上呈水平状态，在火焰边用右手松动试管塞以利于接种时拔出。右手拿接种环通过火焰灼烧灭菌，在火焰旁边用右手小拇指和无名指分别夹住棉塞将其拔出并迅速灼烧管口。待接种环冷却后挑取少量待接菌种并退出菌种试管，迅速伸入待接种的斜面试管，然后在新鲜斜面上之字形划线，方向是从下部开始，一直划至上部。

注意划线要轻，不可将培养基划破。将接种环退出斜面试管并用火焰灼烧管口，在火焰边将试管塞上，将接种环逐渐接近火焰灼烧。

（2）接种后在 30 ℃条件下恒温培养，细菌培养 48 h，放线菌、霉菌培养至孢子成熟方可取出保存。

#### 2. 穿刺接种

（1）取两支新鲜半固体牛肉膏蛋白胨柱状培养基，做好标记，然后分别接种金黄色葡萄球菌和变形杆菌。接种的方法是用接种针蘸取少量待接菌种，然后从柱状培养基的中心穿入其底部（但不要穿透），再沿原刺入路线抽出接种针，注意接种针不要移动（图 4–26）。

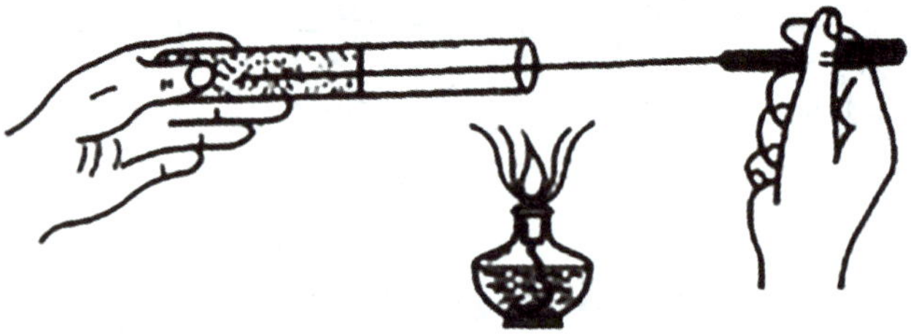

图 4–26　穿刺接种示意

（2）接种后 30 ℃恒温培养，24 h 后观察，比较两种菌的生长结果。

### 四、试验结果分析

在牛肉膏蛋白胨培养基、高氏 1 号培养基和土豆蔗糖培养基上可分别分离出细菌、放线菌和霉菌，但也不是绝对的。如在牛肉膏蛋白胨培养基上也可有霉菌的生长，在土豆蔗糖培养基上也可有细菌和放线菌生长，因为微生物的营养类型和代谢类型是非常多样的。经穿刺接种金黄色葡萄球菌在培养基中沿刺入的路线上有菌长出；经穿刺接种变形杆菌的培养基中沿刺入的路线上及路线周围都有菌长出，其原因是变形菌有鞭毛使该菌有运动性。

## 任务报告

（1）记录土壤稀释分离结果，并计算出每克土壤中的细菌、放线菌和霉菌的数量。菌落的读数方法：计算相同稀释度的平均菌落数并选择平均菌数为 30 ～ 300 的进行计数。

每克土壤中的总菌数 = 同一稀释度几次重复的菌落平均数 × 稀释倍数

（2）分别记录平板划线，斜面接种的结果，并进行自我评价。

（3）比较两种细菌穿刺接种的结果，并进行分析。

## 任务思考

（1）为什么要在高氏 1 号培养基和土豆蔗糖培养基中分别加入酚和乳酸？

（2）划线分离时，为什么每次都要将接种环上剩余物烧掉？

（3）在恒温培养箱中培养微生物时，为何培养基均需倒置？

## 任务考核单（任务 4-3）

专业：＿＿＿＿＿＿　学号：＿＿＿＿＿＿　姓名：＿＿＿＿＿＿　成绩：＿＿＿＿＿＿

| 任务名称 | | 玉米种植环境土壤中微生物的分离与纯化 | | | 时间：180 min | | |
|---|---|---|---|---|---|---|---|
| 序号 | 考核内容 | 考核要点 | 配分 | 评分标准 | 扣分 | 得分 | 备注 |
| 1 | 操作前的准备（10 分） | （1）穿工作服 | 5 | 未穿工作服扣 5 分 | | | |
| | | （2）仪器用具的准备 | 5 | 未准备仪器用具扣 5 分 | | | |
| 2 | 操作过程（80 分） | （1）倒平板 | 5 | 无菌操作不规范扣 5 分 | | | |
| | | | 5 | 培养基铺设不均匀扣 5 分 | | | |
| | | （2）土壤的取用 | 5 | 取土壤不规范扣 2 分 | | | |
| | | （3）土壤稀释液制备 | 5 | 土壤未打散扣 2 分 | | | |
| | | | 5 | 移液管使用不当扣 5 分 | | | |
| | | | 10 | 无菌水称量错误扣 10 分 | | | |
| | | | 5 | 吹吸不规范扣 5 分 | | | |
| | | （4）涂布 | 5 | 稀释液选取不当扣 5 分 | | | |
| | | | 5 | 无菌操作不规范扣 5 分 | | | |
| | | | 5 | 涂布不规范扣 5 分 | | | |
| | | （5）培养 | 5 | 皿盖未倒置扣 2 分 | | | |
| | | | | 培养箱未设定温度扣 3 分 | | | |
| | | （6）记录数值并计算 | 20 | 数据记录不规范、信息不全扣 1～5 分，未计算结果扣 10 分 | | | |
| 3 | 文明操作（10 分） | 清理仪器用具、试验台面 | 10 | 试验结束后未清理扣 10 分 | | | |
| 4 | 安全及其他 | （1）不得损坏仪器用具 | — | 损坏一般仪器、用具按每件 10 分从总分中扣除 | | | |
| | | （2）不得发生事故 | — | 由于操作不当发生安全事故时停止操作扣 5 分 | | | |
| | | （3）在规定时间内完成操作 | — | 每超时 1 min 从总分中扣 5 分，超时达 3 min 即停止操作 | | | |
| 合计 | | | 100 | | | | |

# 任务 4-4　罐头制品商业无菌的检验

## 任务描述

罐头食品经过适度的热杀菌以后，不含有致病的微生物，也不含有在通常温度下能在其中繁殖的非致病性微生物，这种状态称作商业无菌。

商业无菌与无菌的区别：罐头食品的杀菌结果与细菌学上所说的无菌不同，罐头食品杀菌后并不是绝对无菌的状态。商业无菌的灭菌要求是去除有害微生物，不允许残留致病微生物，可以允许食品内留存微量的微生物或细菌芽孢。因为罐头食品内部制造出的真空状态、特殊的 pH 值等环境，所以这些留存的微生物和芽孢处在休眠状态，并不会大量繁殖或致病。同样，由于罐头食品处理后内部的特殊环境，其内的残留微生物在商品流通及储藏环节中不能生长繁殖，罐头食品中食物不会腐败变质，致病菌也不能分泌毒素从而危害人体健康。

因此，商业无菌检验是对罐头食品进行检验的一种重要手段，其目的是检查罐头内部是否存在细菌等有害物质，以保证产品的质量和安全。商业无菌检验包括物理、化学和微生物三个方面的检测。其中，微生物检测是最重要的检测项目。本任务以罐头制品为样本，对其进行商业无菌检测。

## 任务实施

### 一、试验仪器与材料

（1）试剂和培养基：结晶紫染色液，革兰氏染色液，无菌生理盐水，二甲苯，含 4% 碘的酒精溶液：4 g 碘溶于 100 mL 的 70% 酒精溶液，75% 酒精溶液（分别量取 75 mL 无水酒精和 25 mL 水，混合均匀后备用），70% 酒精溶液（分别量取 70 mL 无水酒精和 30 mL 水，混合均匀后备用），培养基参考国家标准《食品安全国家标准　食品微生物学检验　商业无菌检验》（GB 4789.26—2023）附录准备。

（2）设备：冰箱（2 ～ 5 ℃），恒温培养箱，恒温培养室，恒温水浴箱，均质器及无菌均质袋、均质杯或乳钵，电位 pH 计，显微镜物镜，罐头打孔器或容器开启器，厌氧培养箱（罐）。

### 二、基本原理

国家标准中商业无菌检验的原理：将罐头食品在特定温度下分别保温 10 d。保温过程中，罐头内未被充分杀死的微生物会利用罐头食品本身的营养进行生长繁殖，导致 pH 值变化、气体产生、产品感官的变化（外观、色泽、气味等），通过涂片染色镜检测可以看到其中有明显的微生物增殖情况。

罐头食品经保温试验出现“胖听”或泄露，经过感官检查不正常、pH 值有明显变化、涂片镜检测微生物有明显增殖现象时为非商业无菌。

## 三、检验程序

商业无菌检验程序如图 4-27 所示。

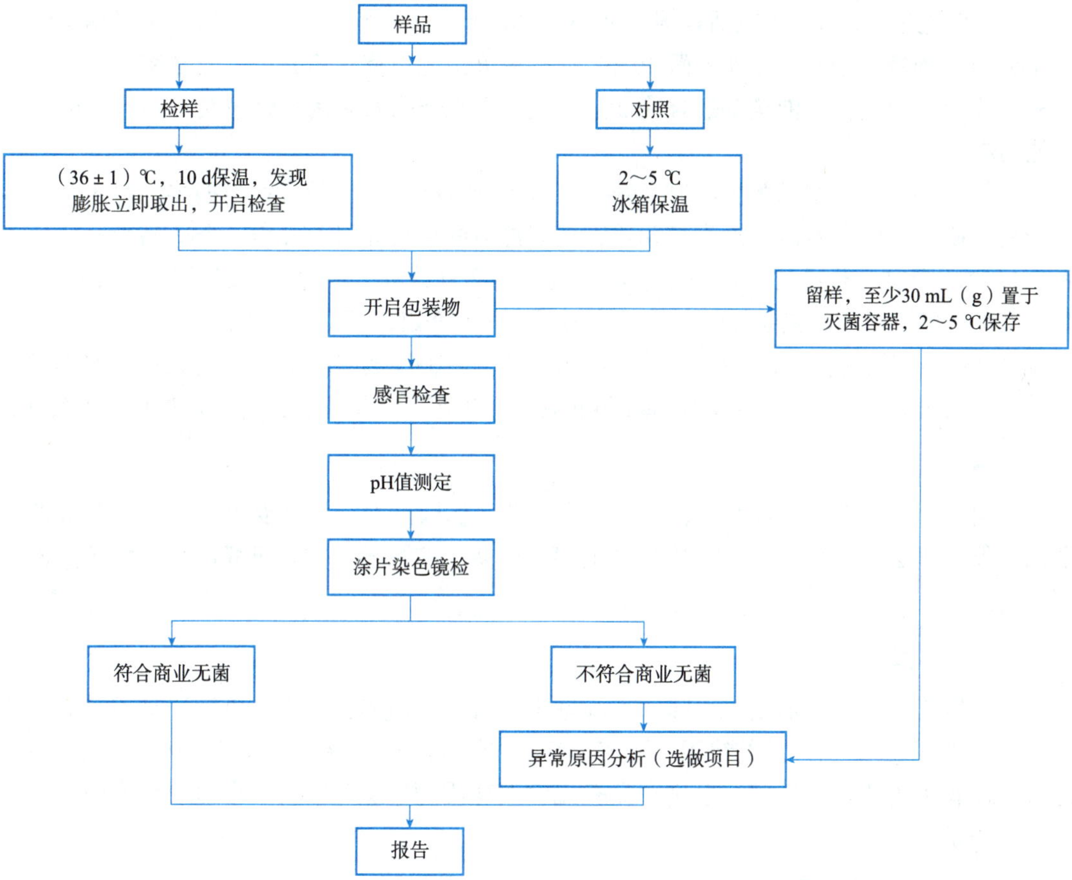


图 4-27　商业无菌检验程序

## 四、操作步骤

### （一）检验预处理

#### 1. 样品准备

抽取样品后，记录产品的名称、编号，并在样品包装表面做好标记，应确保样品外观正常，无损伤、锈蚀（仅对金属容器）、泄漏、胀罐（袋、瓶、杯等）等明显的异常情况。

#### 2. 保温

每个批次取 1 个样品置于 2 ～ 5 ℃冰箱保存作为对照，将其余样品在（36±1）℃下保温 10 d。在保温过程中，每天应定时检查，如有胀罐（袋、瓶、杯等）或泄漏现象，应立即剔出，开启检查并记录。

### 3. 开启

（1）所有保温的样品，冷却到常温后，按无菌操作开启检验。

（2）保温过程中如有胀罐（罐、瓶、杯）或泄漏，应立即剔出，严重膨胀样品先置于2～5 °C冰箱内冷藏数小时后，开启食品容器检查。

（3）待测样品保温结束后，必要时，可用温水或洗涤剂清洗待检样品的外表面，水冲洗后用无菌毛巾（布或纸）或消毒棉（含75%的酒精溶液）擦干。用含4%碘的酒精溶液浸泡（或75%酒精溶液）消毒外表面30 min，再用灭菌毛巾擦干后开启，或在密闭罩内点燃至表面残余的碘酒精溶液全部燃烧完成后开启（膨胀样品及采用易燃包装材料容器的样品不能灼烧）。

（4）测试样品应按无菌操作要求开启。带汤汁的样品开启前应适当振摇。对于金属容器样品，使用无菌开罐器或罐头打孔器，在消毒后的罐头光滑面开启一个适当大小的口或者直接拉环开启，开罐时不得伤及卷边结构。每次开罐前，应保证开罐器处于无菌状态，防止交叉污染。对于软包装样品，可以使用灭菌剪刀开启，不得损坏接口处。

注：严重胀罐（袋、瓶、杯等）样品可能会发生爆喷，喷出有毒物，可采取在胀罐样品上盖一条无菌毛巾或者用一个无菌漏斗倒扣在样品上等预防措施，以防止这类危险的发生。

### 4. 留样

开启后，用灭菌吸管或其他适当工具以无菌操作取出内容物至少30 mL（g）至灭菌容器内，保存于2～5 °C冰箱中，在需要时可用于进一步试验，待该批样品得出检验结论后可弃去。

### 5. 感官检查

在光线充足、空气清洁无异味的检验室中，将样品内容物倾入白色搪瓷盘或玻璃容器（适用于液体样品），对产品的组织、形态、色泽和气味等进行观察与嗅闻，对于含固形物样品应按压食品检查产品性状，鉴别食品有无腐败变质的迹象并同时观察包装容器内部的情况，并记录。

### 6. pH 值测定及结果分析

（1）测定。罐头食品应按照《食品安全国家标准　食品pH值的测定》（GB 5009.237—2016）规定的方法测定。其他食品均可参照此标准执行。

（2）结果分析。与同批中冷藏保存的对照样品相比，观察是否存在显著差异。pH值相差0.5及以上的，便可判断为显著差异。

### 7. 涂片染色镜检

（1）涂片。取样品内容物进行涂片。带汤汁的样品可用接种环挑取汤汁涂于载玻片上，固态食品可直接涂片或用少量灭菌生理盐水稀释后涂片，待干后用火焰固定。油脂性食品涂片自然干燥并火焰固定后，用二甲苯等脱脂剂流洗，自然干燥。

（2）染色镜检。对（1）中涂片用结晶紫染色液进行单染色，干燥后镜检，至少观察5个视野，记录菌体的形态特征及每个视野的菌数。与同批冷藏保存对照样品相比，判断是否有明显的微生物增殖现象。若菌数有百倍或百倍以上的增长，则判断为明显增殖。

### （二）结果判定与报告

（1）样品经保温试验未胀罐（袋、瓶、杯等）或未泄漏时，保温后开启，经感官检查、pH 值测定、涂片镜检，确证无微生物增殖现象，则可报告该样品为商业无菌。

（2）样品经保温试验未胀罐（袋、瓶、杯等）或未泄漏时，保温后开启，经感官检查、pH 值测定、涂片镜检，确证有微生物增殖现象，则可报告该样品为非商业无菌。

（3）样品经保温试验发生胀罐（袋、瓶、杯等）且感官异常或泄漏时，直接判定为非商业无菌；若需核查样品出现膨胀、pH 值或感官异常、微生物增殖等原因，可取样品内容物的留样，按照《食品安全国家标准　食品微生物学检验　商业无菌检验》（GB 4789.26—2023）中的附录 B 进行接种培养并报告。

## 五、食品生产领域商业无菌检验

### （一）食品生产领域商业无菌检验程序

食品生产领域商业无菌检验程序参如图 4–28 所示。

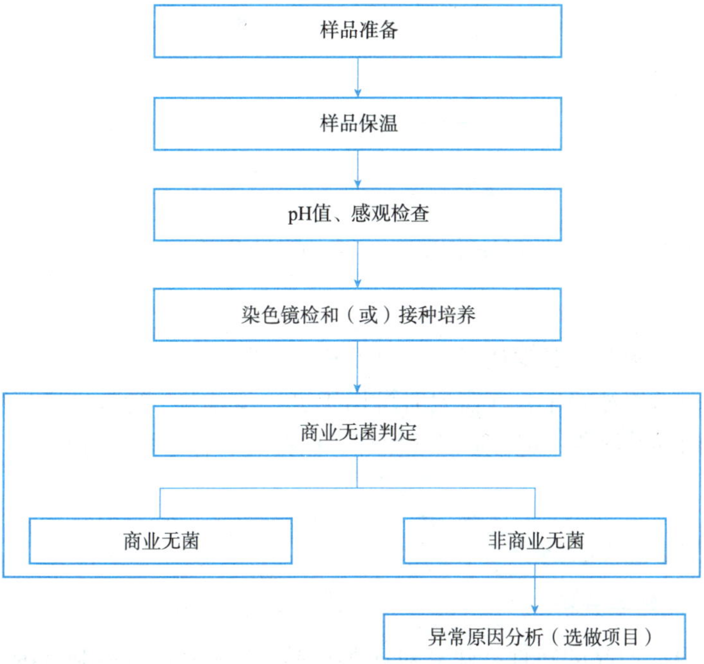


图 4–28　食品生产领域商业无菌检验程序

#### 1. 样品准备

待食品生产结束后，生产企业应根据产品特性和企业质量目标、产品的杀菌方式、规格、批量大小等因素，参照相关国家标准，建立合适的抽样方案和 AQL（接收质量限）。

根据检验目标，抽取样品后检查并记录，应确保样品外观正常，无损伤、锈蚀（仅对金属容器）、泄漏、胀罐（袋、瓶、杯等）明显的异常情况。

### 2. 保温

食品生产企业可参考表 4–7 制定适合本企业产品检验的保温方案。对抽取的样品，应根据保温方案要求，进行恒温培养室或恒温培养箱保温，保温过程中应每天定时检查，如果发现胀罐（袋、瓶、杯等）或泄漏现象，应立即取出并按要求开启食品容器，检查并记录。

表 4–7　样品保温时间和温度推荐方案

| 样品属性 | 种类 | 温度 /℃ | 时间 /d |
| --- | --- | --- | --- |
| 低酸性食品、酸化食品 | 乳制品、饲料等液态食品 | 36 ± 1 | 7 |
| | 罐头食品 | 36 ± 1 | 10 |
| | 预定销售时产品储存温度在 40 ℃以上的低酸性食品 | 55 ± 1 | 6 ± 1 |
| 酸化食品 | 罐头食品、饮料 | 30 ± 1 | 10 |
| 注：恒温培养室温度偏差可为 ±2 ℃ | | | |

### 3. 开罐

开罐参照上述方法："四、操作步骤"→"（一）检验预处理"→"3. 开启"

### 4. 留样

开启后，用灭菌吸管或其他适当工具以无菌操作取出内容物至少 30 mL（g）至灭菌容器内，保存于 2 ～ 5 ℃冰箱中，在需要时可用于进一步试验，待该批样品得出检验结论后可弃去。开启后的样品容器可进行适当的保存，以备日后容器检查时使用。

### 5. 感官检查

感官检查参照上述方法。

### 6. pH 值测定及结果分析

生产企业应根据产品的特性，建立对该类产品的 pH 值正常控制范围，应按照《食品安全国家标准　食品 pH 值的测定》(GB 5009.237—2016）或相关标准测定 pH 值。若 pH 值超过正常控制范围，应进行染色镜检。

### 7. 涂片染色镜检

（1）涂片。对感官或 pH 值检查结果认为可疑的，以及腐败时 pH 值反应不灵敏的（如肉、禽、鱼等）罐头样品，均应进行涂片染色镜检。

取样品内容物进行涂片。带汤汁的样品可用接种环挑取汤汁涂于载玻片上，固态食品可直接涂片或用少量灭菌生理盐水稀释后涂片，待干后用火焰固定。油脂性食品涂片自然干燥并火焰固定后，用二甲苯等脱脂剂流洗，自然干燥。

（2）染色镜检。对上述涂片用结晶紫染色液进行单染色，干燥后镜检，至少观察 5 个视野，记录菌体的形态特征以及每个视野的菌数。

生产企业可根据产品特性，建立该类产品微生物明显增殖的判断标准，与判断标准或同批正常样品［如未胀罐（袋、瓶、杯等）、感官无异常样品］相比，判断是否有明显的微生物增殖现象。

### 8. 接种培养

保温期间出现的胀罐（袋、瓶、杯等）、泄漏或开启检查发现 pH 值、感官质量异常、腐败变质，进一步镜检发现有异常数量细菌的样品，均可按照《食品安全国家标准　食品微生物学检验　商业无菌检验》（GB 4789.26—2023）中的附录 B 进行微生物接种培养和异常分析。

### （二）结果判定与报告

（1）抽取样品经保温试验未胀罐（袋、瓶、杯等）或未泄漏时，经感官检查、pH 值检验或染色镜检或接种培养，确证无微生物增殖现象，则报告该样品为商业无菌。

（2）抽取样品经保温试验未胀罐（袋、瓶、杯等）或未泄漏时，经感官检查、pH 值检验或染色镜检或接种培养，确证有微生物增殖现象，则报告该样品为非商业无菌。

（3）抽取样品经保温试验发生胀罐（袋、瓶、杯等）且感官异常或泄漏时，报告该样品为非商业无菌。

## 任务报告

### 1. 检样中诺如病毒的检测结果

| 样本序号 | 样本数量 | 检出情况 | | | | | 是否商业无菌 |
|---|---|---|---|---|---|---|---|
| | | 胀罐 | 泄漏 | pH 值异常 | 染色镜检 | 接种培养 | |
| 1 | | | | | | | |
| 2 | | | | | | | |
| 3 | | | | | | | |

### 2. 综合评价

检测样中的状态是否为商业无菌（是 / 否）。

## 任务思考

（1）除肉毒梭菌外，还有哪些致病菌容易污染罐头制品？

（2）罐头制品若无胀罐现象，如何判断其状态是否为商业无菌？

任务考核单（任务 4-4）

专业：______ 学号：______ 姓名：______ 成绩：______

| 任务名称 | | 罐头制品商业无菌的测定 | | | 时间：360 min | | |
|---|---|---|---|---|---|---|---|
| 序号 | 考核内容 | 考核要点 | 配分 | 评分标准 | 扣分 | 得分 | 备注 |
| 1 | 操作前的准备（10 分） | （1）穿工作服 | 5 | 未穿工作服扣 5 分 | | | |
| | | （2）设备试剂的准备 | 5 | 未准备设备试剂扣 5 分 | | | |
| 2 | 操作过程（80 分） | （1）培养基的制备 | 10 | 操作不规范扣 5 分 | | | |
| | | （2）样品的制备 | 10 | 操作不规范扣 5 分 | | | |
| | | （3）样品的稀释 | 10 | 操作不规范扣 5 分 | | | |
| | | （4）样品的接种 | 10 | 操作不规范扣 5 分 | | | |
| | | （5）培养 | 10 | 操作不规范扣 5 分 | | | |
| | | （6）典型菌落计数 | 10 | 操作不规范扣 5 分 | | | |
| | | （7）试验结果计算 | 20 | 记录不规范、信息不完全扣 1～5 分 | | | |
| 3 | 文明操作（10 分） | 清理仪器用具、试验台面 | 10 | 试验结束后未清理扣 10 分 | | | |
| 4 | 安全及其他 | （1）不得损坏仪器用具 | — | 损坏一般仪器、用具按每件 10 分从总分中扣除 | | | |
| | | （2）不得发生事故 | — | 由于操作不当发生安全事故时停止操作扣 5 分 | | | |
| | | （3）在规定时间内完成操作 | — | 每超时 1 min 从总分中扣 5 分，超时达 3 min 即停止操作 | | | |
| 合计 | | | 100 | | | | |

## 课后小测验

1. 从对粮食品质的危害性上看，（　　）是引起粮食品质劣变的主要微生物类群。

A. 细菌　　B. 霉菌　　C. 酵母菌　　D. 放线菌

2. 下列微生物中对储粮的危害最严重的是（　　）。

A. 杂色曲霉　　B. 黑曲霉　　C. 黄曲霉　　D. 白曲霉

3. 商业无菌检验包括（　　）检验。

A. 物理　　B. 化学　　C. 微生物　　D. 生化

4. 下列说法中正确的是（　　）。

A. 国家标准中商业无菌检验的原理为将罐头食品在特定温度下分别保温 10 d

B. 保温过程中，罐头内未被充分杀死的微生物会利用罐头食品本身的营养进行生长繁殖

C. 罐头食品经保温试验出现“胖听”或泄漏为非商业无菌

D. 罐头食品未出现“胖听”也不能保证是安全的

5. 下列结果中属于非商业无菌的是（　　）。

A. 经过感官检查不正常　　B. pH 值有明显变化

C. 涂片镜检微生物有明显增殖现象　　D. 胀罐

6. 什么是小麦不完善粒？小麦不完善粒包括哪几种情况？

7. 什么是商业无菌？

8. 商业无菌与无菌的区别是什么？

# 附录　常用试剂及培养基

## 附录 1　常用试剂与染色液的配制和使用方法

### 1. 常用试剂配制

（1）3% NaCl 溶液。将 30 g NaCl 溶于 1 000 mL 蒸馏水中，121 ℃高压灭菌 15 min。

（2）氧化酶试剂。1 g N，N，N′，N′- 四甲基对苯二胺盐酸盐溶解于 100 mL 蒸馏水中，于 2～5 ℃冰箱避光保存，并在 7 d 之内使用完毕。

（3）(无菌) 生理盐水。称取 8.5 g NaCl 溶于 1 000 mL 蒸馏水中（121 ℃高压灭菌 15 min)。

（4）(无菌) 1 mol/L NaOH。称取 40 g 氢氧化钠溶于 1 000 mL 蒸馏水中。

（5）(无菌) 1 mol/L HCl。移取盐酸 90 mL，用蒸馏水稀释至 1 000 mL。

（6）PBS-Tween20 洗液。

1）成分。

| | |
|---|---|
| NaCl | 8.0 g |
| 氯化钾 | 0.2 g |
| 磷酸氢二钠（$Na_2HPO_4$） | 1.15 g |
| 磷酸二氢钾（$KH_2PO_4$） | 0.2 g |
| Tween20 | 0.5 g |
| 蒸馏水 | 1 000 mL |

2）制法。将上述成分溶解于水中，于 20～25 ℃下校正 pH 值至 7.3 ± 0.2，分装三角烧瓶。121 ℃高压 15 min，备用。

（7）20% 尿素溶液。2 g 尿素溶解于 8 mL 蒸馏水，过滤除菌。

（8）磷酸盐缓冲液（PBS)。

1）成分。

| | |
|---|---|
| 磷酸二氢钾 | 34.0 g |
| 蒸馏水 | 500 mL |

2）制法。

①储存液：称取 34.0 g 的磷酸二氢钾溶于 500 mL 蒸馏水中，用大约 175 mL 的 1 mol/L 氢氧化钠溶液，调节 pH 值至 7.2，用蒸馏水稀释至 1 000 mL 后储存于冰箱。

②稀释液：取储存液 1.25 mL，用蒸馏水稀释至 1 000 mL，分装于适宜容器中，121 ℃高压灭菌 15 min。

（9）50% 卵黄液。取鲜鸡蛋，用硬刷将蛋壳彻底洗净，沥干，于 70% 酒精溶液中浸泡 30 min。用无菌操作取出卵黄，加入等量灭菌生理盐水，混合均匀后备用。

（10）3% 过氧化氢（$H_2O_2$）溶液。吸取 30% 过氧化氢溶液，溶于蒸馏水中，混合均匀，分装备用。

（11）40% 氢氧化钾溶液。取氢氧化钾 40 g，加蒸馏水，定容至 100 mL。

（12）乙酸标准溶液和使用液。

1）标准溶液：准确吸取分析纯冰乙酸 5.7 mL，加水稀释至 100 mL，振摇均匀，进行标定，配制成约为 1 mol/L 的乙酸标准溶液。标定方法：准确称取乙酸 3 g，加水 15 mL，酚酞指示液 2 滴，用 1 mol/L 氢氧化钠溶液滴定，并将滴定结果用空白试验校正。1 mL 1 mol/L 氢氧化钠溶液相当于 60.05 mg 的乙酸。

2）使用液：将经标定的乙酸标准溶液用水稀释至 20 mmol/L。

（13）乳酸标准溶液和使用液。

1）标准溶液：吸取分析纯乳酸 8.4 mL，加水稀释至 100 mL，振摇均匀，进行标定，配制成约为 1 mol/L 的乳酸标准溶液。标定方法：准确称取乳酸 1 g，加水 50 mL，加入 1 mol/mL 氢氧化钠滴定液 25 mL，煮沸 5 min，加入酚酞指示液 2 滴，同时用 0.5 mol/mL 硫酸滴定液滴定，并将滴定结果用空白试验校正。1.0 mL 1 mol/mL 氢氧化钠溶液相当于 90.08 mg 的乳酸。

2）使用液：将乳酸标准溶液用水稀释至 20 mmol/L。

（14）明胶硫酸盐缓冲液。将 2 g 明胶、4 g 磷酸氢二钠溶于 1 000 mL 蒸馏水中，调节 pH 至 6.2，121 ℃高压灭菌 15 min。

（15）0.25% 氯化钙（$CaCl_2$）溶液。称取 22.2 g 氯化钙（无水）溶于 1 000 mL 蒸馏水中，分装备用。

（16）1 mol/L 硫代硫酸钠（$Na_2S_2O_3$）溶液。称取 160 g 无水硫代硫酸钠，加入 2 g 无水碳酸钠，溶于 1 000 mL 水中，缓缓煮沸 10 min，冷却。

（17）TE（pH=8.0）。将 1 mol/L Tris-HCI 缓冲液（pH 值为 8.0）10 mL、0.5 mol/L EDTA 溶液（pH 值为 8.0）2 mL，加入 988 mL 灭菌去离子水均匀，再定容至 1 000 mL，121 ℃高压灭菌 15 min，4 ℃保存。

（18）10×PCR 反应缓冲液。将 37.25 g 氯化钾溶于 840 mL1 mol/L Tris-HCl（pH 值 8.5）定容至 1 000 mL，121 ℃高压灭菌 15 min，分装后 -20 ℃保存。

（19）50×Tris- 乙酸（TAE）缓冲液。242 g Tris 和 37.2 g EDTA-2Na（$Na_2EDTA \cdot 2H_2O$）溶于 800 mL 灭菌去离子水，充分搅拌均匀；加入冰乙酸 57.1 mL，充分溶解；用 1 mol/L NaOH 调节 pH 值至 8.3，定容至 1 L 后，室温保存，使用时稀释 50 倍，即 1×TAE 电泳缓冲液。

（20）6× 上样缓冲液。0.5 mol/L EDTA（pH 值为 8.0）溶于 500 mL 灭菌去离子水中，加入 0.5 g 溴酚蓝和 0.5 g 二甲苯氰 FF 溶解，与 360 mL 甘油混合，定容至 1 000 mL，分装后 4 ℃保存。

## 2. 染色液配制及染色法

### 2.1　美蓝染色法

（1）吕氏碱性美蓝染色液。

| | |
|---|---|
| 美蓝 | 0.3 g |

| | |
|---|---|
| 95% 酒精 | 30 mL |
| 0.01% 氢氧化钾溶液 | 100 mL |

将美蓝溶解于酒精中，然后与氢氧化钾溶液混合。

（2）染色法。将涂片在火焰上固定，待冷。滴加染液，染 1～3 min，水洗，待干，镜检。

（3）结果。菌体呈蓝色。

### 2.2 革兰氏染色法

（1）结晶紫染色液。

| | |
|---|---|
| 结晶紫 | 1 g |
| 95% 酒精 | 20 mL |
| 1% 草酸铵水溶液 | 80 mL |

将结晶紫溶解于酒精中，然后与草酸铵水溶液混合。

（2）革兰氏碘液。

| | |
|---|---|
| 碘 | 1 g |
| 碘化钾 | 2 g |
| 蒸馏水 | 300 mL |

先将碘与碘化钾混合，再加入蒸馏水少许，充分振摇，待完全溶解后，再加蒸馏水至 300 mL。

（3）沙黄复染液。

| | |
|---|---|
| 沙黄 | 0.25 g |
| 95% 酒精 | 10 mL |
| 蒸馏水 | 90 mL |

将沙黄溶解于酒精中，然后用蒸馏水稀释。

（4）染色法。将涂片在火焰上固定，滴加结晶紫染色液，染 1 min，水洗。

滴加革兰氏碘液，作用 1 min，水洗；滴加 95% 酒精脱色，约 30 s，或将酒精滴满整个涂片，立即倒出，再用酒精滴满整个涂片，脱色 10 s。水洗，滴加复染液，复染 1 min。水洗，待干，镜检。

（5）结果。革兰氏阳性菌呈紫色；革兰氏阴性菌呈红色。

注：也可用 1∶10 稀释石碳酸复红染色液做复染液，复染时间仅需 10 s。

### 2.3 耐酸性染色法（萋－倪二氏法）

（1）石炭酸品红染色液。

| | |
|---|---|
| 碱性品红 | 0.3 g |
| 95% 酒精 | 10 mL |
| 5% 酚水溶液 | 90 mL |

将品红溶解于酒精中，然后与酚溶液混合。

（2）3% 盐酸－酒精。

| | |
|---|---|
| 浓盐酸 | 3 mL |
| 95% 酒精 | 97 mL |

（3）复染液。吕氏碱性美蓝染色液。

（4）染色法。将涂片在火焰上加热固定，滴加石炭酸品红染色液，徐徐加热至有蒸汽出现，但切不可使染色液沸腾。染色液因蒸发减少时，应随时添加。染 5 min，倾去染液，水洗。

滴加盐酸－酒精脱色，直至无红色脱落为止（所需时间视涂片厚薄而定，一般为 1 ～ 3 min），水洗。

滴加吕氏碱性美蓝染色液。复染 30 min，水洗，待干，镜检。

（5）结果：耐酸性细菌呈红色，其他细菌、细胞等物质呈蓝色。

### 2.4　柯氏染色法

（1）染色液。

10.5% 沙黄液。

20.5% 孔雀绿液。

（2）染色法。将涂片在火焰上固定，滴加 0.5% 沙黄液并加热至出现气泡，2 ～ 3 min，水洗。滴加 0.5% 孔雀绿液，复染 40 ～ 50 s。水洗，待干，镜检。

（3）结果。布氏杆菌呈红色；其他细菌及细胞呈绿色。

### 2.5　奥尔特氏荚膜染色法

（1）染色液。

| | |
|---|---|
| 沙黄 | 3 g |
| 蒸馏水 | 100 mL |

用乳钵研磨溶解。

（2）染色法。将涂片在火焰上固定，滴加染色液并加热至产生蒸气后，继续染 3 min。水洗，待干，镜检。

（3）结果。炭疽芽孢杆菌的菌体呈赤褐色，荚膜呈黄色。

### 2.6　瑞氏染色法

（1）染色液。

| | |
|---|---|
| 瑞士色素 | 0.1 g |
| 甲醇 | 60 mL |

用乳钵研磨溶解。

（2）染色法。涂片待自然干燥后，滴加染色液，固定 1 min。加入等量蒸馏水（pH 值为 6.5），染色 3 ～ 5 min。用蒸馏水冲洗，待干，镜检。

### 2.7　鞭毛染色法

（1）染色液。

1）甲液：称取单宁酸 5 g、氯化高铁（$FeCl_3$）1.5 g，溶于 100 mL 蒸馏水中，待溶解后加入 1% 的氢氧化钠溶液 1 mL 和 15% 的甲醛溶液 2 mL。

2）乙液：称取 2 g 硝酸银溶于 100 mL 蒸馏水中。在 90 mL 乙液中滴加浓氢氧化铵溶液，到出现沉淀后，再滴加使其变为澄清，然后用其余 10 mL 乙液小心滴加至澄清液中，至出现轻微雾状为止（此为关键性操作，应特别小心）。滴加氢氧化铵和用剩余乙液回滴时，要边滴边充分摇荡，染液当天配制，当天使用，2 ～ 3 d 基本无效。

（2）染色法。在风干的载玻片上滴加甲液，4 ～ 6 min 后，用蒸馏水轻轻冲净。再加入乙液，缓缓加热至冒汽，维持约 0.5 min（加热时注意勿使出现干燥面）。在菌体多的部位可呈深褐色到黑色，停止加热，用水冲净，干后镜检，菌体及鞭毛为深褐色到黑色。

### 2.8 碱性复红染色法

将 0.5 g 碱性复红染料溶解于 20 mL 95% 酒精中，然后用蒸馏水稀释至 100 mL。如有不溶物时，可用滤纸过滤，或静置后取上清液备用。

注：本染色液用于苏云金芽孢内蛋白质毒素结晶的染色，借以与蜡样芽孢杆菌相区别。

# 附录 2　常用培养基的成分和配制

培养基（Medium）是人工配制的液体、半固体或固体形式的、含天然或合成成分，用于保证微生物生长繁殖、鉴定、产生代谢产物或保持其活力的营养物质。

## 1. 培养基的类型

### 1.1 根据培养基成分来源分类

（1）天然培养基（Complex medium）。天然培养基是利用动物、植物、微生物体或其提取物等化学成分很不恒定或难以确定的天然物质制成的培养基。例如，蒸熟的马铃薯和牛肉膏蛋白胨培养基的成分无法确定，但配制方便、营养丰富，所以常用于微生物的常规培养。

（2）合成培养基（Defined medium）。合成培养基是一种利用各种化学成分完全是已知的药品制成的培养基，也被称为纯化学培养基。这种培养基的组成成分精确，重复性强，但价格较高，而且微生物在这类培养基中生长较慢。一般仅用于营养、代谢、生理、生化、遗传、育种、菌种鉴定和生物测定等定量要求较高的研究工作上，如高氏 1 号合成培养基、察氏培养基等。

（3）半合成培养基（Semi-defined medium）。半合成培养基是在天然培养基的基础上适当加入已知成分的无机盐类，或在合成培养基的基础上添加某些天然成分而配制成的培养基，如培养霉菌用的马铃薯葡萄糖琼脂培养基。半合成培养基的营养成分更加全面、均衡，能充分满足微生物对营养物质的需要，也是实验室和发酵工业中最常用的一类培养基。

### 1.2 根据培养基物理状态分类

（1）液体培养基（Liquid medium）。液体培养基中不添加任何凝固剂，呈液体状态。这种培养基的成分均匀，微生物能充分接触和利用培养基中的养料，适用于各种生理代谢研究、获得大量菌体及发酵工业的大规模生产。

（2）固体培养基（Solid medium）。固体培养基根据固体的性质又可分为以下四种类型。

1）凝固培养基。在液体培养基中加入 1.5% ～ 2% 琼脂做凝固剂而配制成的遇热可熔化、冷却后则凝固的固体培养基。在各种微生物学试验工作中有极其广泛的用途。

2）非可逆性凝固培养基。非可逆性凝固培养基由血清凝固的或由无机硅胶配制成的凝固后不能再熔化的固体培养基。其中，硅胶固体培养基用于化能自养微生物分离和纯化。

3）天然固体培养基。天然固体培养基由天然固体状基质直接配成的培养基，如麸皮、米糠、木屑。

4）滤膜。滤膜是一种坚韧且带有无数微孔的醋酸纤维薄膜，将其配制成圆片状覆盖在营养琼脂或浸有培养液的纤维素衬垫上，就具备了固体培养基的性质。滤膜主要用于含菌量很少的水中微生物的过滤、浓缩及含菌量的测定。

固体培养基被广泛用于微生物分离、鉴定、菌落计数、菌种保藏、选种、育种，以及抗生素等生物活性物质的生物测定等方面。在食用菌栽培和工业酿造中也常使用。

（3）半固体培养基（Semi-solid medium）。半固体培养基中加入少量凝固剂而呈半固体状态。通常琼脂的用量为 0.2% ～ 0.7%。其可用于细菌的运动性观察、鉴定菌种和噬菌体效价测定等。

### 1.3　根据培养基用途分类

（1）普通培养基（Generalpurpose medium）。普通培养基是根据某一类微生物共同的营养需求而配制的，可用于普通微生物的菌体培养。例如，用于培养大多数细菌的肉汤培养基、营养琼脂培养基；用于培养放线菌的高氏 1 号培养基和用于培养霉菌的察氏培养基。

（2）加富培养基（Enriched medium）。加富培养基是在普通培养基的基础上再加入一些额外的特殊营养物质，如葡萄糖、血液、血清、酵母浸膏、生长因子等，来满足某些营养要求比较苛刻的微生物生长而配制成的培养基。例如，有些霉菌缺乏一种或几种氨基酸的合成能力，培养时可在察氏培养基中加入相应的氨基酸或适量的蛋白胨来满足其生长需要。另外，加富培养基还可以用来富集和分离混合样品中数量很少的某种微生物。如果加富培养基中含有某种微生物所需的特殊营养物质，该种微生物就会比其他微生物生长速度快，并逐渐富集而占优势，从而淘汰其他微生物，达到分离该种微生物的目的。

（3）选择培养基（Selective medium）。选择培养基是根据某一种或某一类微生物的特殊营养要求或其对一些物理、化学抗性而设计的培养基。这类培养基对微生物的生长繁殖具有选择性，只适用于某种或某一类微生物的生长，而抑制另一些微生物的生长繁殖，可有效地应用于微生物的分离。例如，含有青霉素或链霉素等抗生素的培养基可以用于从混杂的微生物群体中分离出霉菌和酵母菌。从某种意义上讲，选择培养基类似加富培养基，而两者的区别在于选择培养基一般是抑制不需要的微生物的生长，使需要的微生物增殖，从而分离所需微生物；而加富培养基是用来增加所要分离的微生物的数量，使其形成生长优势，从而分离该种微生物。

（4）鉴别培养基（Differential medium）。鉴别培养基是在培养基中加入某种试剂或化学药品而配制成的培养基，不同的微生物在这种培养基上生长后，其产生的代谢产物可与培养基中的特定试剂或化学药品发生反应，从而表现出不同特征，从而区别不同类型的微生物。此类培养基主要用于鉴别微生物的某些生理、生化特征。如细菌和酵母菌的糖醇发酵培养基，用于鉴别大肠杆菌的伊红－美蓝培养基，可测定细菌是否产生硫化氢的硫酸亚铁琼脂培养基等。

另外，在发酵工业中，根据用途和生产阶段不同又可分为种子培养基和发酵培养基。其中，种子培养基是生产上获得优质孢子或营养细胞的培养基，其目的是获取优良的菌种。而发酵培养基是生产中用于菌种生长繁殖并积累发酵产品的一类培养基。

## 2. 培养基的实验室制备

### 2.1 一般原则

正确制备培养基是微生物检验的基础步骤之一，使用脱水培养基和其他成分，尤其是含有有毒物质（如胆盐或其他选择剂）的成分时，应遵守良好实验室规范和生产厂商提供的使用说明。培养基的不正确制备会导致培养基出现质量问题（附表 2-1）。

使用商品化脱水合成培养基制备培养基时，应严格按照厂商提供的使用说明配制，如质量（体积）、pH 值、制备日期、灭菌条件和操作步骤等。

实验室使用各种基础成分制备培养基时，应按照配方准确配制，并记录相关信息，如培养基名称和类型及试剂级别、每个成分物质含量、制造商、批号、pH 值、培养基体积（分装体积）、无菌措施（包括实施的方式、温度及时间）、配制日期、人员等，以便溯源。

附表 2-1　培养基配制异常导致的质量问题及原因分析

| 异常现象 | 可能的主要原因 |
| --- | --- |
| 培养基不能凝固 | 制备规程中过度加热<br>低 pH 值造成培养基酸解<br>称量或配比不正确<br>琼脂未完全溶解<br>培养基成分未充分混合均匀 |
| pH 值不正确 | 制备过程中过度加热<br>水质不佳<br>外部化学物质污染<br>测定 pH 值时温度不正确<br>pH 计未正确校准<br>脱水培养基质量差 |
| 颜色异常 | 制备过程中过度加热<br>水质不佳<br>pH 值不正确<br>外源污染<br>脱水培养基质量差 |
| 产生沉淀 | 制备过程中过度加热<br>水质不佳<br>脱水培养基质量差<br>pH 值未正确控制<br>原料中的杂质 |

续表

| 异常现象 | 可能的主要原因 |
| --- | --- |
| 培养基出现抑制 / 低的生长率 | 制备过程中过度加热<br>脱水培养基质量差<br>水质不佳<br>称量或配合比不正确<br>制备容器或水中的有毒残留物 |
| 选择性差 | 制备过程中过度加热<br>脱水培养基质量差<br>配方使用不正确<br>添加成分的加入不正确，如加入添加成分时培养基过热或添加浓度错误<br>添加剂污染 |
| 污染 | 不适当的灭菌<br>无菌操作技术不规范<br>添加剂污染 |

### 2.2　一般配制过程

（1）水。试验用水的电导率在 25 ℃时不应超过 25 μS/cm（相当于电阻率≥ 0.4 MΩcm），除非另有规定要求。

水的微生物污染不应超过 $10^3$ CFU/mL，应按《食品安全国家标准　食品微生物学检验　菌落总数测定》（GB 4789.2—2022）中的规定并采用平板计数琼脂培养基，在（36 ± 1）℃培养（48 ± 2）h 进行定期检查微生物污染。

（2）称重和溶解。小心称量所需量的脱水合成培养基（必要时佩戴口罩或在通风柜中操作，以防吸入含有有毒物质的培养基粉末），先加入适量的水，充分混合（注意避免培养基结块），然后加水至所需的量后适当加热，并重复或连续搅拌使其快速分散，必要时应完全溶解。含琼脂的培养基在加热前应浸泡几分钟。

（3）pH 值的测定和调整。用 pH 计测 pH 值，必要时在灭菌前进行调整，除特殊说明外，培养基灭菌后冷却至 25 ℃时，pH 值应在标准 pH ± 0.2 范围内。一般使用浓度约为 40 g/L（约 1 mol/L）的氢氧化钠溶液或浓度约为 36.5 g/L（约 1 mol/L）的盐酸溶液调整培养基的 pH 值。如需要灭菌后进行调整，则使用灭菌或除菌的溶液。

（4）分装。将配制好的培养基分装到适当的容器中，容器的体积应比培养基体积最少大 20%。

（5）灭菌。

1）一般要求：培养基应采用湿热灭菌法或过滤除菌法。

某些培养基不能或不需要高压灭菌，可采用煮沸灭菌，如亚硒酸盐胱氨酸肉汤（Selenite Cystine Broth，SC 肉汤）等特定的培养基中含有对光和热敏感的物质，煮沸后应迅速冷却，避光保存；有些试剂则不需要灭菌，可直接使用（参见相关标准或供应商使用说明）。

①湿热灭菌法：湿热灭菌在高压锅或培养基制备器中进行，高压灭菌一般采用（121 ± 3）℃，灭菌 15 min，具体培养基按食品微生物学检验标准中的规定进行灭菌。培养基体积不应超过 1 000 mL，否则灭菌时可能会造成过度加热。所有的操作应按照标准或使用说明的规定进行。

灭菌效果的控制是关键问题。加热后采用适当的方式冷却，以防止加热过度。这对于大容量和敏感培养基十分重要，如含有煌绿的培养基。

②过滤除菌法：过滤除菌可在真空或加压的条件下进行。使用孔径为 0.2 μm 的无菌设备和滤膜。消毒过滤设备的各个部分或使用预先消毒的设备。一些滤膜上附着有蛋白质或其他物质（如抗生素），为了达到有效过滤，应事先将滤膜用无菌水润湿。

2）检查：应对经湿热灭菌或过滤除菌的培养基进行检查，尤其要对 pH 值、色泽、灭菌效果和均匀度等指标进行检查。

（6）添加成分的制备。制备含有有毒物质的添加成分（尤其是抗生素）时应小心操作（必要时在通风柜中操作），避免因粉尘的扩散造成试验人员过敏或发生其他不良反应；制备溶液时应按产品使用说明操作。

不要使用过期的添加剂；抗生素工作溶液厂应现用现配；批量配制的抗生素溶液可分装后冷冻储存，但解冻后的储存溶液不能再次冷冻；厂商应提供冷冻对抗生素活性影响的有关资料，也可由使用者自行测定。

### 3. 培养基的使用

（1）琼脂培养基的融化。将培养基放到沸水浴中或采用有相同效果的方法（如高压锅中的层流蒸汽）使之融化。经过高压的培养基应尽量减少重新加热时间，融化后避免过度加热。融化后应短暂置于室温中（如 2 min）以避免玻璃瓶破碎。

融化后的培养基放入 47 ～ 50 ℃的恒温水浴锅中冷却保温（可根据实际培养基凝固温度适当提高水浴锅温度），直至使用，培养基达到 47 ～ 50 ℃的时间与培养基的品种、体积、数量有关。融化后的培养基应尽快使用，放置时间一般不应超过 4 h。未使用完的培养基不能重新凝固留待下次使用。敏感的培养基尤应注意，融化后保温时间应尽量缩短，如有特定要求可参考指定的标准。

倾注到样品中的培养基温度应控制在约 45 ℃左右。

（2）培养基的脱氧。必要时，将培养基在使用前放到沸水浴或蒸汽浴中加热 15 min；加热时松开容器的盖子；加热后盖紧，并迅速冷却至使用温度［如液体硫乙醇酸盐（Fluid Thioglycollate，FT）培养基］。

（3）添加成分的加入。对热不稳定的添加成分应在培养基冷却至 47 ～ 50 ℃时再加入。无菌的添加成分在加入前应先放置到室温，避免冷的液体造成琼脂凝结或形成片状物。将加入添加成分的培养基缓慢充分混合均匀，尽快分装到待用的容器中。

（4）平板的制备和储存。倾注融化的培养基到平皿中，使之在平皿中形成厚度至少为 3 mm（对于直径为 90 mm 的平皿，通常要加入 18 ～ 20 mL 琼脂培养基）。将平皿盖好皿盖后放到水平平面使琼脂冷却凝固。如果平板需储存，或者培养时间超过 48 h 或培养温度高于 40 ℃，则需要倾注更多的培养基。凝固后的培养基应立即使用或存放于暗处和（或）（5 ± 3）℃冰箱的密封袋中，以防止培养基成分的改变。在平板底部或侧边做好标记，标记的内容包括名称、制备日期和（或）有效期，也可使用适宜的培养基编码系统进行标记。

将倒好的平板放在密封的袋子中冷藏保存可延长储存期限。为了避免冷凝水的产生，平板应冷却后再装入袋中。储存前不要对培养基表面进行干燥处理。

对于采用表面接种形式培养的固体培养基，应先对琼脂表面进行干燥：揭开平皿盖，将平板倒扣于烘箱或培养箱中（温度设置为 25 ～ 50 ℃）；或放在有对流的无菌净化台中，直至培养基表面的水滴消失。注意，不要过度干燥。商品化的平板琼脂培养基应按照厂商提供的说明使用。

（5）培养基的弃置。所有污染和未使用的培养基的弃置应采用安全的方式，并且要符合相关法律法规的规定。

## 4. 常用培养基的成分与制法

### 4.1　非选择性分离和计数固体培养基

（1）胰蛋白胨大豆琼脂（TSA）。

1）成分。

| | |
|---|---|
| 胰蛋白胨 | 15.0 g |
| 大豆蛋白胨 | 5.0 g |
| NaCl | 5.0 g |
| 琼脂 | 15.0 g |
| 蒸馏水 | 1 000 mL |

2）制法。加热搅拌至溶解，煮沸 1 min，调节 pH 值至 7.3 ± 0.2，121 ℃高压 15 min。

（2）MC 培养基。

1）成分。

| | |
|---|---|
| 大豆蛋白胨 | 5.0 g |
| 牛肉粉 | 3.0 g |
| 酵母粉 | 3.0 g |
| 葡萄糖 | 20.0 g |
| 乳糖 | 20.0 g |
| 碳酸钙 | 10.0 g |
| 琼脂 | 15.0 g |
| 蒸馏水 | 1 000 mL |
| 1% 中性红溶液 | 5.0 mL |

2）制法。将大豆蛋白胨、牛肉粉、酵母粉、葡萄糖、乳糖、碳酸钙、琼脂加入蒸馏水，加热溶解，调节 pH 值至 6.0 ± 0.2，加入中性红溶液。分装后 121 ℃高压灭菌 15 ～ 20 min。

（3）MRS 培养基。

1）成分。

| | |
|---|---|
| 蛋白胨 | 10.0 g |

| | |
|---|---|
| 牛肉粉 | 5.0 g |
| 酵母粉 | 4.0 g |
| 葡萄糖 | 20.0 g |
| 吐温 80 | 1.0 mL |
| $K_2HPO_4 \cdot 7H_2O$ | 2.0 g |
| 醋酸钠 · $3H_2O$ | 5.0 g |
| 柠檬酸三铵 | 2.0 g |
| $MgSO_4 \cdot 7H_2O$ | 0.2 g |
| $MnSO_4 \cdot 4H_2O$ | 0.05 g |
| 琼脂粉 | 15.0 g |

2）制法。将蛋白胨、牛肉粉、酵母粉、葡萄糖、吐温 80、$K_2HPO_4 \cdot 7H_2O$、醋酸钠 · $3H_2O$、柠檬酸三铵、$MgSO_4 \cdot 7H_2O$、$MnSO_4 \cdot 4H_2O$、琼脂粉加入 1 000 mL 蒸馏水，加热溶解，调节 pH 值至 6.2 ± 0.2，分装后 121 ℃高压灭菌 15 ～ 20 min。

（4）3% NaCl 胰蛋白胨大豆琼脂。

1）成分。

| | |
|---|---|
| 胰蛋白胨 | 15.0 g |
| 大豆蛋白胨 | 5.0 g |
| NaCl | 30.0 g |
| 琼脂 | 15.0 g |
| 蒸馏水 | 1 000 mL |

2）制法。将胰蛋白胨、大豆蛋白胨、NaCl、琼脂溶于蒸馏水中，用 1 mol/L 盐酸溶液和 1 mol/L 氢氧化钠溶液调节 pH 值至 7.3 ± 0.2，121 ℃高压灭菌 15 min。

（5）营养琼脂（NA）。

1）成分。

| | |
|---|---|
| 蛋白胨 | 10 g |
| 牛肉膏 | 3 g |
| NaCl | 5 g |
| 琼脂 | 15 ～ 20 g |
| 蒸馏水 | 1 000 mL |

2）制法。将除琼脂外的各成分溶解于蒸馏水内，加入 15% 氢氧化钠溶液约 2 mL 校正 pH 值至 7.2 ～ 7.4。加入琼脂，加热煮沸，使琼脂溶化。分装烧瓶，121 ℃高压灭菌 15 min。

注：此培养基可供一般细菌培养之用，可倾注平板或制成斜面。如果使用于菌落计数，琼脂量为 1.5%；如果制成平板或斜面，则应为 2%。

（6）含 0.6% 酵母浸膏的胰酪胨大豆琼脂（TSA-YE）。

1）成分。

| | |
|---|---|
| 胰胨 | 17.0 g |
| 多价胨 | 3.0 g |
| 酵母膏 | 6.0 g |

| | |
|---|---|
| NaCl | 5.0 g |
| 磷酸氢二钾 | 2.5 g |
| 葡萄糖 | 2.5 g |
| 琼脂 | 15.0 g |
| 蒸馏水 | 1 000 mL |

2）制法。将胰胨、多价胨、酵母膏、NaCl、磷酸氢二钾、葡萄糖、琼脂加入蒸馏水中，加热搅拌溶解，调节 pH 值至 7.2 ± 0.2，分装，121 ℃高压灭菌 15 min，备用。

（7）半固体琼脂。

1）成分。

| | |
|---|---|
| 牛肉膏 | 0.3 g |
| 蛋白胨 | 1.0 g |
| NaCl | 0.5 g |
| 琼脂 | 0.35 ～ 0.4 g |
| 蒸馏水 | 100 mL |

2）制法。将牛肉膏、蛋白胨、NaCl、琼脂加入蒸馏水中，煮沸溶解，调节 pH 值至 7.4 ± 0.2，分装在小试管中。121 ℃高压灭菌 15 min。直立凝固备用。

注：供动力观察、菌种保存、H 抗原位相变异试验等使用。

（8）平板计数琼脂（platecountagar，PCA）培养基。

1）成分。

| | |
|---|---|
| 胰蛋白胨 | 5.0 g |
| 酵母浸膏 | 2.5 g |
| 葡萄糖 | 1.0 g |
| 琼脂 | 15.0 g |
| 蒸馏水 | 1 000 mL |

2）制法。将胰蛋白胨、酵母浸膏、葡萄糖、琼脂加入蒸馏水中，煮沸溶解，调节 pH 值至 7.0 ± 0.2，分装在试管或三角烧瓶中，121 ℃高压灭菌 15 min。

## 4.2 选择性分离和计数固体培养基

（1）亚硫酸铋（BS）琼脂。

1）成分。

| | |
|---|---|
| 蛋白胨 | 10 g |
| 牛肉膏 | 5 g |
| 葡萄糖 | 5 g |
| 硫酸亚铁 | 0.3 g |
| 磷酸氢二钠 | 4 g |
| 煌绿 | 0.025 g |
| 柠檬酸铋铵 | 2 g |
| 亚硫酸钠 | 6 g |
| 琼脂 | 18 ～ 20 g |

| | |
|---|---|
| 蒸馏水 | 1 000 mL |
| pH 值 | 7.5 |

2）制法。

①将蛋白胨、牛肉膏、葡萄糖、硫酸亚铁、磷酸氢二钠溶解于 300 mL 蒸馏水中。

②将柠檬酸铋铵和亚硫酸钠另用 50 mL 蒸馏水溶解。将琼脂于 600 mL 蒸馏水中煮沸溶解，冷至 80 ℃。

③将柠檬酸铋铵、亚硫酸钠、琼脂合并，补充蒸馏水至 1 000 mL，校正 pH 值，加入 0.5% 煌绿水溶液 5 mL，摇匀。冷却至 50 ～ 55 ℃，倾注平皿。

注：此培养基不需高压灭菌。制备过程不宜过分加热，以免降低其选择性。应在临用前一天制备，储存于室温暗处。超过 48 h 不宜使用。

（2）HE 琼脂（Hektoen Enteric Agar）。

1）成分。

| | |
|---|---|
| 胨 | 12 g |
| 牛肉膏 | 3 g |
| 乳糖 | 12 g |
| 蔗糖 | 12 g |
| 水杨素 | 2 g |
| 胆盐 | 20 g |
| NaCl | 5 g |
| 琼脂 | 18 ～ 20 g |
| 蒸馏水 | 1 000 mL |
| 0.4% 溴麝香草酚蓝溶液 | 16 mL |
| Andrade 指示剂 | 20 mL |
| 甲液 | 20 mL |
| 乙液 | 20 mL |
| pH 值 | 7.5 |

2）制法。将胨、牛肉膏、乳糖、蔗糖、水杨素、胆盐、NaCl 溶解于 400 mL 蒸馏水内作为基础液；将琼脂加入 600 mL 蒸馏水中，加热溶解。加入甲液和乙液于基础液，校正 pH 值。加入指示剂，并与琼脂液合并，待冷至 50 ～ 55 ℃，倾注平板。

注 1：此培养基不可高压灭菌。

注 2：甲液的配制：

| | |
|---|---|
| 硫代硫酸钠 | 34 g |
| 柠檬酸铁铵 | 4 g |
| 蒸馏水 | 100 mL |

注 3：乙液的配制：

| | |
|---|---|
| 去氧胆酸钠 | 10 g |
| 蒸馏水 | 100 mL |

注 4：Andrade 指示剂：

| | |
|---|---|
| 酸性复红 | 0.5 g |

| | |
|---|---|
| 1mol/L 氢氧化钠溶液 | 16 mL |
| 蒸馏水 | 100 mL |

将复红溶解于蒸馏水中，加入氢氧化钠溶液。数小时后如复红褪色不全，再加入氢氧化钠溶液 1 ～ 2 mL。

（3）木糖赖氨酸脱氧胆盐琼脂（XLD）。

1）成分。

| | |
|---|---|
| 酵母膏 | 3.0 g |
| L- 赖氨酸 | 5.0 g |
| 木糖 | 3.75 g |
| 乳糖 | 7.5 g |
| 蔗糖 | 7.5 g |
| 脱氧胆酸钠 | 1.0 g |
| NaCl | 5.0 g |
| 硫代硫酸钠 | 6.8 g |
| 柠檬酸铁铵 | 0.8 g |
| 酚红 | 0.08 g |
| 琼脂 | 15.0 g |
| 蒸馏水 | 1 000 mL |

2）制法。除酚红和琼脂外，将其他成分加入 400 mL 蒸馏水中并煮沸溶解，校正 pH 值至 7.4 ± 0.2。另将琼脂加入 600 mL 蒸馏水，煮沸溶解。

将上述两溶液混合均匀后，再加入指示剂待冷至 50 ～ 55 ℃倾注平皿。

注：本培养基不需要高压灭菌，在制备过程中不宜过分加热，避免降低其选择性，储存于室温暗处。本培养基宜于当天制备，第 2 d 使用。在使用前，必须去除平板表面上的水珠，在 37 ～ 55 ℃条件下，琼脂面向下、平板盖也向下烘干。另外，如配制好的培养基不立即使用，在 2 ～ 8 ℃条件下可储存 2 周。

（4）PALCAM 琼脂。

1）成分。

| | |
|---|---|
| 酵母膏 | 8.0 g |
| 葡萄糖 | 0.5 g |
| 七叶甙 | 0.8 g |
| 柠檬酸铁铵 | 0.5 g |
| 甘露醇 | 10.0 g |
| 酚红 | 0.1 g |
| 氯化锂 | 15.0 g |
| 酪蛋白胰酶消化物 | 10.0 g |
| 心胰酶消化物 | 3.0 g |
| 玉米淀粉 | 1.0 g |
| 肉胃酶消化物 | 5.0 g |
| NaCl | 5.0 g |

| | |
|---|---|
| 琼脂 | 15.0 g |
| 蒸馏水 | 1 000 mL |

2）制法。将酵母膏、葡萄糖、七叶甙、柠檬酸铁铵、甘露醇、酚红、氯化锂、酪蛋白胰酶消化物、心胰酶消化物、玉米淀粉、肉胃酶消化物、NaCl、琼脂加入蒸馏水中，混合加热溶解，校正 pH 值至 7.2 ± 0.2，分装，121 ℃高压灭菌 15 min，备用。

（5）麦康凯琼脂（MAC）。

1）成分。

| | |
|---|---|
| 蛋白胨 | 20.0 g |
| 乳糖 | 10.0 g |
| 3 号胆盐 | 1.5 g |
| NaCl | 5.0 g |
| 中性红 | 0.03 g |
| 结晶紫 | 0.001 g |
| 琼脂 | 15.0 g |
| 蒸馏水 | 1 000 mL |

2）制法。将蛋白胨、乳糖、3 号胆盐、NaCl、中性红、结晶紫、琼脂加入蒸馏水中，混合加热溶解，校正 pH 值至 7.22 ± 0.2。121 ℃高压灭菌 15 min。冷却至 45 ～ 50 ℃，倾注平板。

注：如不立即使用，在 2 ～ 8 ℃条件下可储存两周。

（6）伊红美蓝琼脂（EMB）。

1）成分。

| | |
|---|---|
| 蛋白胨 | 10.0 g |
| 乳糖 | 10.0 g |
| 磷酸氢二钾（$K_2HPO_4$） | 2.0 g |
| 琼脂 | 15.0 g |
| 2% 伊红水溶液 | 20.0 mL |
| 0.5% 美蓝水溶液 | 13.0 mL |
| 蒸馏水 | 1 000 mL |

2）制法。在 1 000 mL 蒸馏水中煮沸溶解蛋白胨、磷酸氢二钾和乳糖，加水补足，冷却至 25 ℃左右校正 pH 值至 7.1 ± 0.2。再加入琼脂，121 ℃高压灭菌 15 min，至 45 ～ 50 ℃后，加入 2% 伊红水溶液和 0.5% 美蓝水溶液，摇匀，倾注平皿。

（7）改良 CCD 琼脂（mCCDA）。

1）基础培养基。

①成分。

| | |
|---|---|
| 肉浸液 | 10.0 g |
| 动物组织酶解物 | 10.0 g |
| NaCl | 5.0 g |
| 木炭 | 4.0 g |
| 酪蛋白酶解物 | 3.0 g |

| | |
|---|---|
| 去氧胆酸钠 | 1.0 g |
| 硫酸亚铁 | 0.25 g |
| 丙酮酸钠 | 0.25 g |
| 琼脂 | 8.0 ～ 18.0 g |
| 蒸馏水 | 1 000.0 mL |

②制法。将肉浸液、动物组织酶解物、NaCl、木炭、酪蛋白酶解物、去氧胆酸钠、硫酸亚铁、丙酮酸钠、琼脂溶于蒸馏水中，121 ℃灭菌 15 min，备用。

2）完全培养基。

①成分。

| | |
|---|---|
| 基础培养基 | 1 000 mL |
| 抗生素溶液 | 5 mL |

②制法。当基础培养基的温度约 45 ℃左右时，加入抗生素溶液，混合均匀。校正 pH 值至 7.4 ± 0.2（25 ℃），倾注 15 mL 于无菌平皿中，静置至培养基凝固使用前需预先干燥平板。制备的平板未干燥时在室温放置不得超过 4 h，或在 4 ℃左右冷藏，不得超过 7 d。

3）抗生素溶液。

①成分。

| | |
|---|---|
| 头孢哌酮（cefoperazone） | 0.032 g |
| 两性霉素 B（amphotericin B） | 0.01 g |
| 利福平（rifampicin） | 0.01 g |
| 酒精 / 灭菌水（50/50，体积分数） | 5.0 mL |

②制法。将头孢哌酮、两性霉素 B、利福平溶解于酒精 / 灭菌水混合溶液中。

（8）硫代硫酸钠 – 柠檬酸盐 – 胆盐 – 蔗糖（TCBS）琼脂。

1）成分。

| | |
|---|---|
| 蛋白胨 | 10.0 g |
| 酵母浸膏 | 5.0 g |
| 柠檬酸钠（$C_6H_5O_7Na_3 \cdot 2H_2O$） | 10.0 g |
| 硫代硫酸钠（$Na_2S_2O_3 \cdot 5H_2O$） | 10.0 g |
| NaCl | 10.0 g |
| 牛胆汁粉 | 5.0 g |
| 柠檬酸铁 | 1.0 g |
| 胆酸钠 | 3.0 g |
| 蔗糖 | 20.0 g |
| 溴麝香草酚蓝 | 0.04 g |
| 麝香草酚蓝 | 0.04 g |
| 琼脂 | 15.0 g |
| 蒸馏水 | 1 000 mL |

2）制法。将蛋白胨、酵母浸膏、柠檬酸钠、硫代硫酸钠、NaCl、牛胆汁粉、柠檬酸铁、胆酸钠、蔗糖、溴麝香草酚蓝、麝香草酚蓝、琼脂溶于蒸馏水中，校正 pH 值至 8.6 ± 0.2，

加热煮沸至完全溶解。冷却至 50 ℃左右倾注平板备用。

（9）Baird-Parker 琼脂平板。

1）成分

| | |
|---|---|
| 胰蛋白胨 | 10 g |
| 牛肉膏 | 5 g |
| 酵母膏 | 1 g |
| 丙酮酸钠 | 10 g |
| 甘氨酸 | 12 g |
| 氯化锂（$LiCl \cdot 6H_2O$） | 5 g |
| 琼脂 | 20 g |
| 蒸馏水 | 950 mL |

增菌剂的配法：30% 卵黄盐水 50 mL 与除菌过滤的 1% 亚碲酸钾溶液 10 mL 混合，保存于冰箱内。

2）制法。将胰蛋白胨、牛肉膏、酵母膏、丙酮酸钠、甘氨酸、氯化锂加入蒸馏水中，加热煮沸至完全溶解。冷却至 25 ℃，校正 pH 值。分装每瓶 95 mL，121 ℃高压灭菌 15 min。临用时加热溶化琼脂，冷却至 50 ℃，每 95 mL 加入预热至 50 ℃的卵黄亚碲酸钾增菌剂 5 mL，振摇均匀后倾注平板。培养基应是致密不透明的。使用前在冰箱储存不得超过 48 h。

（10）结晶紫中性红胆盐琼脂（VRBA）。

1）成分。

| | |
|---|---|
| 蛋白胨 | 7.0 g |
| 酵母膏 | 3.0 g |
| 乳糖 | 10.0 g |
| NaCl | 5.0 g |
| 胆盐或 3 号胆盐 | 1.5 g |
| 中性红 | 0.03 g |
| 结晶紫 | 0.002 g |
| 琼脂 | 15 ～ 18 g |
| 蒸馏水 | 1 000 mL |

2）制法。将蛋白胨、酵母膏、乳糖、NaCl、胆盐或 3 号胆盐、中性红、结晶紫、琼脂溶于蒸馏水中，静置几分钟，充分搅拌，调节 pH 值至 7.4 ± 0.1。煮沸 2 min，将培养基融化并恒温至 45 ～ 50 ℃倾注平板。使用前临时制备，不得超过 3 h。

（11）马铃薯 – 葡萄糖 – 琼脂（PDA）。

1）成分。

| | |
|---|---|
| 马铃薯（去皮切块） | 300 g |
| 葡萄糖 | 20 g |
| 琼脂 | 20 g |
| 蒸馏水 | 1 000 mL |

2）制法。将马铃薯去皮切块，加 1 000 mL 蒸馏水，煮沸 10 ～ 20 min。用纱布过

滤，补加蒸馏水至 1 000 mL。加入葡萄糖和琼脂，加热溶化，分装，121 ℃高压灭菌 20 min。

3）用途。分离培养霉菌。

（12）孟加拉红培养基。

1）成分。

| | |
|---|---|
| 蛋白胨 | 5 g |
| 葡萄糖 | 10 g |
| 磷酸二氢钾 | 1 g |
| 硫酸镁（$MgSO_4 \cdot 7H_2O$） | 0.5 g |
| 琼脂 | 20 g |
| 1/3 000 孟加拉红溶液 | 100 mL |
| 蒸馏水 | 1 000 mL |
| 氯霉素 | 0.1 g |

2）制法。将蛋白胨、葡萄糖、磷酸二氢钾、硫酸镁、琼脂加入蒸馏水溶解后，再加入孟加拉红溶液。另用少量酒精溶解氯霉素加入培养基，分装后，121 ℃灭菌 20 min。

3）用途。分离霉菌及酵母菌。

（13）莫匹罗星锂盐和半胱氨酸盐酸盐改良 MRS 培养基。

1）莫匹罗星锂盐储备液制备：称取 50 mg 莫匹罗星锂盐加入 50 mL 蒸馏水，用 0.22 μm 微孔滤膜过滤除菌。

2）半胱氨酸盐酸盐储备液制备：称取 250 mg 半胱氨酸盐酸盐加入 50 mL 蒸馏水，用 0.22 μm 微孔滤膜过滤除菌。

制法：将 MRS 加入 950 mL 蒸馏水，加热溶解，调节 pH 值，分装后 121 ℃高压灭菌 15 ～ 20 min。临用时加热熔化琼脂，在水浴中冷却至 48 ℃，用带有 0.22 μm 微孔滤膜的注射器将莫匹罗星锂盐储备液及半胱氨酸盐酸盐储备液制备加入熔化琼脂，使培养基中莫匹罗星锂盐的浓度为 50 μg/mL，半胱氨酸盐酸盐的浓度为 500 μg/mL。

（14）胰胨 – 亚硫酸盐 – 环丝氨酸（TSC）琼脂。

1）成分。

| | |
|---|---|
| 胰胨 | 15.0 g |
| 大豆胨 | 5.0 g |
| 酵母粉 | 5.0 g |
| 焦亚硫酸钠 | 1.0 g |
| 柠檬酸铁铵 | 1.0 g |
| 琼脂 | 15.0 g |
| 蒸馏水 | 900 mL |

D– 环丝氨酸溶液：溶解 1 g D– 环丝氨酸溶液于 200 mL 蒸馏水，膜过滤除菌后，于 4 ℃冷藏保存备用。

2）制法。将基础成分加热煮沸至完全溶解，调节 pH 值，分装到 500 mL 烧瓶，每瓶 250 mL，121 ℃高压灭菌 15 min，于（50 ± 1）℃保温备用。临用前每 250 mL 基础溶液中加入 20 mL D– 环丝氨酸溶液，混匀，倾注平皿。

（15）卵黄琼脂培养基。

1）基础培养基成分。

| | |
|---|---|
| 酵母浸膏 | 5.0 g |
| 胰胨 | 5.0 g |
| 际胨 | 20.0 g |
| 氯化钠 | 5.0 g |
| 琼脂 | 20.0 g |
| 蒸馏水 | 1 000 mL |

2）卵黄乳液。用硬刷清洗鸡蛋 2～3 个，沥干，杀菌消毒表面，无菌打开，取出内容物，弃去蛋白，用无菌注射器吸取蛋黄，放入无菌容器，加等量无菌生理盐水，充分混合调匀，4 ℃保存备用。

3）制法。将基础培养基中酵母浸膏、胰胨、际胨、氯化钠、琼脂溶于蒸馏水中，调节 pH 值至 7.0 ± 0.2，分装三角烧瓶，121 ℃高压蒸汽灭菌 15 min，冷却至 50 ℃左右，按每 100 mL 基础培养基加入 15 mL 卵黄乳液的比例充分混合均匀，倾注平板，35 ℃培养 24 h 进行无菌检查后，冷藏备用。

### 4.3 非选择性增菌培养基

（1）胰酪胨大豆肉汤（TSB）。

1）成分。

| | |
|---|---|
| 胰蛋白胨 | 17.0 g |
| 大豆蛋白胨 | 3.0 g |
| 氯化钠 | 5.0 g |
| 磷酸二氢钾（无水） | 2.5 g |
| 葡萄糖 | 2.5 g |
| 蒸馏水 | 1 000 mL |

2）制法。将胰蛋白胨、大豆蛋白胨、氯化钠、磷酸二氢钾（无水）、葡萄糖溶于蒸馏水中，加热溶解，校正 pH 值至 7.3 ± 0.2，121 ℃灭菌 15 min，分装备用。

（2）缓冲蛋白胨水（BPW）。

1）成分。

| | |
|---|---|
| 蛋白胨 | 10 g |
| 氯化钠 | 5 g |
| 磷酸氢二钠（$Na_2HPO_4 \cdot 12H_2O$） | 9 g |
| 磷酸二氢钾 | 1.5 g |
| 蒸馏水 | 1 000 mL |
| pH 值 | 7.2 |

2）制法。按上述成分配制好后以大烧瓶装，121 ℃高压灭菌 15 min。临用时无菌分装每瓶 225 mL。

注：本培养基供沙门氏菌前增菌用。

（3）脑心浸出液肉汤（BHI）。

1）成分。

| | |
|---|---|
| 小牛脑浸液 | 200 g |
| 牛心浸液 | 250 g |
| 蛋白胨 | 10.0 g |
| NaCl | 5.0 g |
| 葡萄糖 | 2.0 g |
| 磷酸氢二钠（$Na_2HPO_4$） | 2.5 g |
| 蒸馏水 | 1 000 mL |

2）制法。按以上成分配制好，加热溶解，冷却至 25°C 左右，校正 pH 值至 7.4 ± 0.2，分装小试管。121 ℃灭菌 15 min。

（4）布氏肉汤。

1）成分。

| | |
|---|---|
| 酪蛋白酶解物 | 10.0 g |
| 动物组织酶解物 | 10.0 g |
| 葡萄糖 | 1.0 g |
| 酵母浸膏 | 2.0 g |
| NaCl | 5.0 g |
| 亚硫酸氢钠 | 0.1 g |
| 蒸馏水 | 1 000 mL |

2）制法。将酪蛋白酶解物、动物组织酶解物、葡萄糖、酵母浸膏、NaCl、亚硫酸氢钠溶于蒸馏水中，校正 pH 值至 7.0 ± 0.2（25 ℃），121 ℃灭菌 15 min，备用。

（5）营养肉汤（NB）。

1）成分。

| | |
|---|---|
| 蛋白胨 | 10.0 g |
| 牛肉膏 | 3.0 g |
| NaCl | 5.0 g |
| 蒸馏水 | 1 000 mL |

2）制法。将蛋白胨、牛肉膏、NaCl 加入蒸馏水中，混合加热溶解，冷却至 25 ℃左右，校正 pH 值至 7.4 ± 0.2，分装适当的容器，121 ℃灭菌 15 min。

### 4.4　选择性增菌培养基

（1）李氏增菌肉汤（$LB_1$、$LB_2$）。

1）成分。

| | |
|---|---|
| 胰胨 | 5.0 g |
| 多价胨 | 5.0 g |
| 酵母膏 | 5.0 g |
| NaCl | 20.0 g |
| 磷酸二氢钾 | 1.4 g |

| | |
|---|---|
| 磷酸氢二钠 | 12.0 g |
| 七叶苷 | 1.0 g |
| 蒸馏水 | 1 000 mL |

2）制法。将胰胨、多价胨、酵母膏、NaCl、磷酸二氢钾、磷酸氢二钠、七叶苷加入蒸馏水中，加热溶解，校正 pH 值至 7.2 ± 0.2，分装，121 ℃灭菌 15 min，备用。

李氏Ⅰ液（LB）225 mL 中加入 1% 萘啶酮酸（用 0.05 mol/L 氢氧化钠溶液配制）0.5 mL；1% 吖啶黄（用无菌蒸馏水配制）0.3 mL。

李氏Ⅱ液（LB2）200 mL 中加入 1% 萘啶酮酸 0.4 mL；1% 吖啶黄 0.5 mL。

（2）四硫磺酸钠煌绿（TTB）增菌液。

1）成分。

| | |
|---|---|
| 多胨或胨 | 5 g |
| 胆盐 | 1 g |
| 碳酸钙 | 10 g |
| 硫代硫酸钠 | 30 g |
| 蒸馏水 | 1 000 mL |

2）制法。将基础培养基的多胨或胨、胆盐、碳酸钙、硫代硫酸钠加入蒸馏水，加热热溶解，分装每瓶 100 mL。分装时应随时振摇，使其中的碳酸钙混合均匀。121 ℃高压灭菌 15 min 备用。临用时每 100 mL 基础培养基中加入碘溶液 2 mL、0.1% 煌绿溶液 1 mL。

（3）亚硒酸盐胱氨酸（SC）增菌液。

1）成分。

| | |
|---|---|
| 蛋白胨 | 5 g |
| 乳糖 | 4 g |
| 亚硒酸氢钠 | 4 g |
| 磷酸氢二钠 | 5.5 g |
| 磷酸二氢钾 | 4.5 g |
| L- 胱氨酸 | 0.01 g |
| 蒸馏水 | 1 000 mL |

2）制法。将除亚硒酸氢钠和 L- 胱氨酸外的各成分溶解于 900 mL 蒸馏水中，加热煮沸，放冷备用。另将亚硒酸氢钠溶解于 100 mL 蒸馏水中，加热煮沸再冷却，以无菌操作与上液混合。再加入 1% L- 胱氨酸 - 氢氧化钠溶液 1 mL。分装于灭菌瓶中，每瓶 100 mL，pH 值应为 7.0 ± 0.1。

（4）亚硒酸盐煌绿增菌液。

1）成分。

| | |
|---|---|
| 蛋白胨 | 5 g |
| 酵母浸膏 | 5 g |
| 甘露醇 | 5 g |
| 牛磺胆酸钠 | 1 g |
| 20% 亚硒酸氢钠溶液 | 20 mL |
| 0.25 mol/L 磷酸盐缓冲液（pH 值为 7.0） | 100 mL |

| | |
|---|---|
| 2% 煌绿溶液 | 0.25 mL |
| 蒸馏水 | 900 mL |

2）制法。将蛋白胨、酵母浸膏、甘露醇、牛磺胆酸钠溶解于蒸馏水中。

校正 pH 值，当用于干鸡蛋白样品时，pH 值为 8.2 ± 0.1；用于其他干蛋品时，pH 值为 7.2 ± 0.1；用于冰蛋品时，pH 值为 7.0 ± 0.1；121 ℃高压灭菌 15 min，放冷备用。

临用前加入灭菌的 20% 亚硒酸氢钠溶液及磷酸盐缓冲液，复查混合液的 pH 值，必要时进行校正。

加入煌绿溶液定量分装于灭菌的烧瓶内，每瓶 150 mL，应于 1 ～ 5 d 内使用。

注：20% 亚硒酸氢钠溶液 121 C 高压灭菌 15 min；0.25 mol/L 磷酸盐缓冲液（pH 值为 7.0）配法：

| | |
|---|---|
| 磷酸氢二钾（无水） | 21.8 g |
| 磷酸二氢钾（无水） | 17.1 g |
| 蒸馏水 | 1 000 mL |

121 ℃高压灭菌 15 min 后备用。

（5）7.5% NaCl 肉汤。

1）成分。

| | |
|---|---|
| 蛋白胨 | 10.0 g |
| 牛肉膏 | 5.0 g |
| NaCl | 75 g |
| 蒸馏水 | 1 000 mL |

2）制法。将蛋白胨、牛肉膏、NaCl 加入蒸馏水中，加热溶解，调节 pH 值至 7.4 ± 0.2，每瓶 225 mL，121 ℃高压灭菌 15 min。

（6）胰酪胨大豆肉汤。

1）成分。

| | |
|---|---|
| 胰酪胨（或胰蛋白胨） | 17 g |
| 植物蛋白胨（或大豆蛋白胨） | 3 g |
| NaCl | 100 g |
| 磷酸氢二钾 | 2.5 g |
| 葡萄糖 | 2.5 g |
| 蒸馏水 | 1 000 mL |

2）制法。将胰酪胨（或胰蛋白胨）、植物蛋白胨（或大豆蛋白胨）、NaCl、磷酸氢二钾、葡萄糖混合，加入蒸馏水中，加热并轻轻搅拌并溶解，分装后，121 ℃高压灭菌 15 min，最终 pH 值为 7.3 ± 0.2。

（7）GN 增菌液。

1）成分。

| | |
|---|---|
| 胰蛋白胨 | 20 g |
| 葡萄糖 | 1 g |
| 甘露醇 | 2 g |
| 柠檬酸钠 | 5 g |

| | |
|---|---|
| 去氧胆酸钠 | 0.5 g |
| 磷酸氢二钾 | 4 g |
| 磷酸二氢钾 | 1.5 g |
| NaCl | 5 g |

2）制法。将胰蛋白胨、葡萄糖、甘露醇、柠檬酸钠、去氧胆酸钠、磷酸氢二钾、磷酸二氢钾加入蒸馏水中，加热溶解，校正 pH 值为 7.0。分装为每瓶 225 mL，115 ℃高压灭菌 15 min。

（8）3% 氯化钠碱性蛋白胨水。

1）成分。

| | |
|---|---|
| 蛋白胨 | 10.0 g |
| NaCl | 30.0 g |
| 蒸馏水 | 1 000 mL |

2）制法。将蛋白胨、NaCl 溶于蒸馏水中，校正 pH 值至 8.5 ± 0.2，121 ℃高压灭菌 10 min。

（9）改良 EC 肉汤（mEC+n）。

1）成分。

| | |
|---|---|
| 胰蛋白胨 | 20.0 g |
| 3 号胆盐 | 1.12 g |
| 乳糖 | 5.0 g |
| $K_2HPO_4 \cdot 7H_2O$ | 4.0 g |
| $KH_2PO_4$ | 1.5 g |
| NaCl | 5.0 g |
| 新生霉素钠盐溶液（20 mg/mL） | 1.0 mL |
| 蒸馏水 | 1 000 mL |

2）制法。除新生霉素外的所有成分溶解在水中，加热煮沸，在 20 ～ 25 ℃下校正 pH 值至 6.9 ± 0.1，分装。置于 121 ℃高压灭菌 15 min，备用。制备浓度为 20 mg/mL 的新生霉素储备溶液，过滤法除菌。待培养基温度冷却至 50 ℃以下时，按 1 000 mL 培养基内加 1 mL 新生霉素储备液，使最终浓度为 20 mg/L。

### 4.5　选择性液体计数培养基

（1）月桂基硫酸盐胰蛋白胨（LST）肉汤。

1）成分。

| | |
|---|---|
| 胰蛋白胨或胰酪胨 | 20.0 g |
| NaCl | 5.0 g |
| 乳糖 | 5.0 g |
| 磷酸氢二钾（$K_2HPO_4$） | 2.75 g |
| 磷酸二氢钾（$KH_2PO_4$） | 2.75 g |
| 月桂基硫酸钠 | 0.1 g |
| 蒸馏水 | 1 000 mL |

2）制法。将胰蛋白胨或胰酪胨、NaCl、乳糖、磷酸氢二钾、磷酸二氢钾、月桂基硫酸钠溶解于蒸馏水中，调节 pH 值至 6.8 ± 0.2。分装到有玻璃小导管的试管中，每管 10 mL。121 ℃高压灭菌 15 min。

（2）煌绿乳糖胆盐（BGLB）肉汤。

1）成分。

| | |
|---|---|
| 蛋白胨 | 10.0 g |
| 乳糖 | 10.0 g |
| 牛胆粉（oxgall 或 oxbile）溶液 | 200 mL |
| 0.1% 煌绿水溶液 | 13.3 mL |
| 蒸馏水 | 800 mL |

2）制法。将蛋白胨、乳糖溶于约 500 mL 蒸馏水中，加入牛胆粉溶液 200 mL（将 20.0 g 脱水牛胆粉溶于 200 mL 蒸馏水中，调节 pH 值至 7.0 ～ 7.5），用蒸馏水稀释到 975 mL，调节 pH 值至 7.2 ± 0.1，再加入 0.1% 煌绿水溶液 13.3 mL，用蒸馏水补足到 1 000 mL，用棉花过滤后，分装到有玻璃小导管的试管中，每管 10 mL。121 ℃高压灭菌 15 min。

（3）EC 肉汤（E.coli broth）。

1）成分。

| | |
|---|---|
| 胰蛋白胨或胰酪胨 | 20.0 g |
| 3 号胆盐或混合胆盐 | 1.5 g |
| 乳糖 | 5.0 g |
| 磷酸氢二钾（$K_2HPO_4$） | 4.0 g |
| 磷酸二氢钾（$KH_2PO_4$） | 1.5 g |
| NaCl | 5.0 g |
| 蒸馏水 | 1 000 mL |

2）制法。将乳糖、磷酸氢二钾、磷酸二氢钾、NaCl 溶解于蒸馏水中，调节 pH 值为 6.9 ± 0.1。分装到有玻璃小导管的试管中，每管 8 mL。121 ℃高压灭菌 15 min。

### 4.6 鉴定培养基

（1）三糖铁（TSI）琼脂。

1）成分。

| | |
|---|---|
| 蛋白胨 | 20 g |
| 牛肉膏 | 5 g |
| 乳糖 | 10 g |
| 蔗糖 | 10 g |
| 葡萄糖 | 1 g |
| NaCl | 5 g |
| 硫酸亚铁铵［$Fe(NH_4)_2(SO_4)_2 \cdot 6H_2O$］ | 0.2 g |
| 硫代硫酸钠 | 0.2 g |
| 琼脂 | 12 g |
| 酚红 | 0.025 g |

蒸馏水　　1 000 mL

2）制法。将除琼脂和酚红外的各成分溶解于蒸馏水中，校正 pH 值为 7.4。加入琼脂，加热煮沸，以溶化琼脂。加入 0.2% 酚红水溶液 12.5 mL，振摇均匀。分装试管，装量宜多些，以便得到较高的底层。121 ℃高压灭菌 15 min，放置高层斜面备用。

（2）尿素琼脂。

1）成分。

| | |
|---|---|
| 蛋白胨 | 1 g |
| NaCl | 5 g |
| 葡萄糖 | 1 g |
| 磷酸二氢钾 | 2 g |
| 0.4% 酚红溶液 | 3 mL |
| 琼脂 | 20 g |
| 蒸馏水 | 1 000 mL |
| 20% 尿素溶液 | 100 mL |

2）制法。将除尿素和琼脂以外的成分配好并校正 pH 值为 7.2 ± 0.1，加入琼脂，加热溶化并分装烧瓶。121 ℃高压灭菌 15 min。冷却至 50 ～ 55 ℃，加入经除菌过滤的尿素溶液。尿素的最终浓度为 2%，最终 pH 值应为 7.2 ± 0.1。分装于灭菌试管内，放成斜面备用。

（3）3% NaCl 三糖铁琼脂（TSI）斜面。

1）成分。

| | |
|---|---|
| 蛋白胨 | 15.0 g |
| 胰蛋白胨 | 5.0 g |
| 牛肉粉 | 3.0 g |
| 酵母粉 | 3.0 g |
| NaCl | 30.0 g |
| 乳糖 | 10.0 g |
| 蔗糖 | 10.0 g |
| 葡萄糖 | 1.0 g |
| 硫酸亚铁（$Fe_2SO_4$） | 0.2 g |
| 酚红 | 0.024 g |
| 硫代硫酸钠（$Na_2S_2O_3$） | 0.3 g |
| 琼脂 | 12.0 g |
| 蒸馏水 | 1 000 mL |

2）制法。将蛋白胨、胰蛋白胨、牛肉粉、酵母粉、NaCl、乳糖、蔗糖、葡萄糖、硫酸亚铁、酚红、硫代硫酸钠、琼脂溶于蒸馏水中，用 1 mol/L 盐酸溶液和 1 mol/L 氢氧化钠溶液调节 pH 值至 7.4 ± 0.2。121 ℃高压灭菌 15 min 后分装于试管中，制成斜面长为 4 ～ 5 cm、深度为 2 ～ 3 cm 的高层斜面备用。

（4）改良克氏双糖培养基。

1）成分。

蛋白胨　　20 g

| | |
|---|---|
| 牛肉膏 | 3 g |
| 酵母膏 | 3 g |
| 山梨醇 | 20 g |
| 葡萄糖 | 1 g |
| NaCl | 5 g |
| 柠檬酸铁铵 | 0.5 g |
| 硫代硫酸钠 | 0.5 g |
| 琼脂 | 12 g |
| 酚红 | 0.025 g |
| 蒸馏水 | 1 000 mL |

2）制法。将蛋白胨、牛肉膏、酵母膏、山梨醇、葡萄糖、NaCl、柠檬酸铁铵、硫代硫酸钠溶解于蒸馏水中，校正 pH 值为 7.4。加入 0.02% 酚红水溶液 12.5 mL，振摇均匀。分装试管，装量宜多些，以便得到比较高的底层。121 ℃高压灭菌 15 min，放置高层斜面备用。

（5）蛋白胨水（靛基质试验）。

1）成分。

| | |
|---|---|
| 蛋白胨（或胰蛋白胨） | 20 g |
| NaCl | 5 g |
| 蒸馏水 | 1 000 mL |
| pH 值 | 7.4 |

2）制法。将蛋白胨（或胰蛋白胨）、NaCl 溶解于蒸馏水中，分装小试管，121 ℃高压灭菌 15 min。

3）靛基质试剂。

①柯凡克试剂：将 5 g 对二甲氨基甲醛溶解于 75 mL 戊醇中，再缓慢加入浓盐酸 25 mL。

②欧－波试剂：将 1 g 对二甲氨基苯甲醛溶解于 95 mL 95% 酒精内，再缓慢加入浓盐酸 20 mL。

（6）氰化钾（KCN）培养基。

1）成分。

| | |
|---|---|
| 蛋白胨 | 10 g |
| NaCl | 5 g |
| 磷酸二氢钾 | 0.225 g |
| 磷酸氢二钠 | 5.64 g |
| 蒸馏水 | 1 000 mL |
| 0.5% 氰化钾溶液 | 20 mL |
| pH 值 | 7.6 |

2）制法。将除氰化钾以外的成分配好后分装烧瓶，121 ℃高压灭菌 15 min。放在冰箱内使其充分冷却。每 100 mL 培养基加入 0.5% 氰化钾溶液 2.0 mL（最后浓度为 1：10 000），分装于 12 mm × 100 mm 灭菌试管，每管约 4 mL，立刻用灭菌橡皮塞塞紧，放在 4 ℃冰箱内，至少可保存 2 个月。同时，还要将不加氰化钾的培养基作为对照培养基，分装试管

备用。

（7）葡萄糖铵培养基。

1）成分。

| | |
|---|---|
| NaCl | 5 g |
| 硫酸镁（$MgSO_4 \cdot 7H_2O$） | 0.2 g |
| 磷酸二氢铵 | 1 g |
| 磷酸氢二钾 | 1 g |
| 葡萄糖 | 2 g |
| 琼脂 | 20 g |
| 蒸馏水 | 1 000 mL |
| 0.2% 溴麝香草酚蓝溶液 | 40 mL |

2）制法。先将盐类和糖溶解于水内，校正 pH 值 6.8，再加入琼脂，加热溶化，然后加入指示剂，混合均匀后分装试管，121 ℃高压灭菌 15 min 并放成斜面。

（8）缓冲葡萄糖蛋白胨水［甲基红（MR）和 V–P 试验］。

1）成分。

| | |
|---|---|
| 磷酸氢二钾 | 5 g |
| 多胨 | 7 g |
| 葡萄糖 | 5 g |
| 蒸馏水 | 1 000 mL |

2）制法。溶化后校正 pH 值 7.0，分装在试管中，每管 1 mL，121 ℃高压灭菌 15 min。

①甲基红（MR）试验：自琼脂斜面挑取少量培养物接种本培养基中，置于（36 ± 1）℃培养 2 ～ 5 d，哈夫尼亚菌则应在 22 ～ 25 ℃培养。滴加甲基红试剂一滴，立即观察结果。鲜红色为阳性，黄色为阴性。甲基红试剂配法：10 mg 甲基红溶于 30 mL 95% 酒精中，然后加入 20 mL 蒸馏水。

② V–P 试验：用琼脂培养物接种本培养基中，置于（36 ± 1）℃培养 2 ～ 4 d。哈夫尼亚菌则应在 22 ～ 25 ℃培养。加入 6% α– 萘酚 – 酒精溶液 0.5 mL 和 40% 氢氧化钾溶液 0.2 mL，充分振摇试管，观察结果。阳性反应立刻或于数分钟内出现红色，如为阴性，应放在（36 ± 1）℃培养 4 h 再观察。

（9）糖发酵管。

1）成分。

| | |
|---|---|
| 牛肉膏 | 5 g |
| 蛋白胨 | 10 g |
| NaCl | 3g |
| 磷酸氢二钠（$Na_2HPO_4 \cdot 12H_2O$） | 2 g |
| 0.2% 溴麝香草酚蓝溶液 | 12 mL |
| 蒸馏水 | 1 000 mL |
| pH 值 | 7.4 |

2）制法。葡萄糖发酵管按上述成分配制好后，按 0.5% 加入葡萄糖，分装于有一个倒置小管的小试管内，121 ℃高压灭菌 15 min。

其他各种糖发酵管可按上述成分配制好后，分装每瓶 100 mL，121 ℃高压灭菌 15 min。另将各种糖类分别配制好 10% 溶液并同时进行高压灭菌。将 5 mL 糖溶液加入 100 mL 培养基，以无菌操作分装小试管。

注：蔗糖不纯，加热后会自行水解者，应采用过滤法除菌。

（10）乳糖发酵管。

1）成分。

| | |
|---|---|
| 蛋白胨 | 20 g |
| 乳糖 | 10 g |
| 0.04% 溴甲酚紫水溶液 | 25 mL |
| 蒸馏水 | 1 000 mL |

2）制法。将蛋白胨及乳糖溶于蒸馏水中，校正 pH 值为 7.4，加入指示剂，按检验要求分装 30 mL、10 mL 或 3 mL，并放入一个小倒管，115 ℃高压灭菌 15 min。

注：双料乳糖发酵管除蒸馏水外，其他成分加倍；30 mL 和 10 mL 乳糖发酵管专供酱油及酱类检验用，3 mL 乳糖发酵管供大肠菌群证实试验用。

（11）5% 乳糖发酵管。

1）成分。

| | |
|---|---|
| 蛋白胨 | 0.2 g |
| NaCl | 0.5 g |
| 乳糖 | 5 g |
| 2% 溴麝香草酚蓝水溶液 | 1.2 mL |
| 蒸馏水 | 100 mL |

2）制法。将蛋白胨、NaCl、2% 溴麝香草酚蓝水溶液溶解于 50 mL 蒸馏水内，校正 pH 值为 7.4。将乳糖溶解于另外 50 mL 蒸馏水内，分别灭菌 121 ℃ 15 min，将两液混合，以无菌操作分装于灭菌小试管内。

注：在此培养基内，大部分乳糖迟缓发酵的细菌可于 1 d 内发酵。

（12）乳酸杆菌糖发酵管。

1）成分。

| | |
|---|---|
| 牛肉膏 | 5.0 g |
| 蛋白胨 | 5.0 g |
| 酵母浸膏 | 5.0 g |
| 吐温 80 | 0.5 mL |
| 琼脂 | 1.5 g |
| 1.6% 溴甲酚紫酒精溶液 | 1.4 mL |
| 蒸馏水 | 1 000 mL |

2）制法。按 0.5% 加入所需糖类并分装在小试管中，121 ℃高压灭菌 15 ～ 20 min。

（13）L– 赖氨酸脱羧酶培养基。

1）成分。

| | |
|---|---|
| L– 赖氨酸盐酸盐<br>（L–lysinemonohydrochloride） | 5.0 g |

| | |
|---|---|
| 酵母浸膏 | 3.0 g |
| 葡萄糖 | 1.0 g |
| 溴甲酚紫 | 0.015 g |
| 蒸馏水 | 1 000 mL |

2）制法。将L-赖氨酸盐酸盐、酵母浸膏、葡萄糖、溴甲酚紫溶于水中，加热溶解，必要时调节pH值至6.8±0.2。每管分装5 mL，121 ℃高压15 min。

（14）3% NaCl赖氨酸脱羧酶试验培养基。

1）成分。

| | |
|---|---|
| 蛋白胨 | 5.0 g |
| 酵母粉 | 3.0 g |
| 葡萄糖 | 1.0 g |
| 溴甲酚紫 | 0.02 g |
| L-赖氨酸 | 5.0 g |
| NaCl | 30.0 g |
| 蒸馏水 | 1 000 mL |

2）制法。将上述除赖氨酸外的其他成分溶解于蒸馏水中，用1 mol/L盐酸溶液和1 mol/L氢氧化钠溶液调节pH值至6.8±0.2，再加入赖氨酸，使其最终浓度达0.5%（对照培养基不加赖氨酸），分装在小试管，每管0.5 mL。121 ℃高压灭菌15 min。

（15）L-鸟氨酸脱羧酶培养基。

1）成分。

| | |
|---|---|
| L-鸟氨酸盐酸盐 | 5.0 g |
| （L-ornithinemonohydrochloride） | |
| 酵母浸膏 | 3.0 g |
| 葡萄糖 | 1.0 g |
| 溴甲酚紫 | 0.015 g |
| 蒸馏水 | 1 000 mL |

2）制法。将L-鸟氨酸盐酸盐、酵母浸膏、葡萄糖、溴甲酚紫加热溶解，必要时调节pH值至6.8±0.2。每管分装5 mL，121 ℃高压15 min。

（16）氨基酸脱羧酶试验培养基。

1）成分。

| | |
|---|---|
| 蛋白胨 | 5 g |
| 酵母浸膏 | 3 g |
| 葡萄糖 | 1 g |
| 蒸馏水 | 1 000 mL |
| 1.6%溴甲酚紫-酒精溶液 | 1 mL |
| L-氨基酸或DL-氨基酸 | 0.5或1 g/100 mL |

2）制法。除氨基酸外的成分加热溶解后，分装每瓶100 mL，分别加入各种氨基酸：赖氨酸、精氨酸和鸟氨酸。L-氨基酸按0.5%加入，DL-氨基酸按1%加入。再行校正pH值至6.8。对照培养基不加氨基酸。分装于灭菌的小试管内，每管0.5 mL，在上面滴加1层

液体石蜡。115 ℃高压灭菌 10 min。

（17）L- 精氨酸双水解酶培养基。

1）成分。

| | |
|---|---|
| L- 精氨酸盐酸盐（L-argininemonohydrochloride） | 5.0 g |
| 酵母浸膏 | 3.0 g |
| 葡萄糖 | 1.0 g |
| 溴甲酚紫 | 0.015 g |
| 蒸馏水 | 1 000 mL |

2）制法。将 L- 精氨酸盐酸盐、酵母浸膏、葡萄糖、溴甲酚紫加热溶解，必要时调节 pH 值至 6.8 ± 0.2。每管分装 5 mL，121 ℃高压灭菌 15 min。

（18）硝酸盐肉汤。

1）成分。

| | |
|---|---|
| 蛋白胨 | 5.0 g |
| 硝酸钾 | 0.2 g |
| 蒸馏水 | 1 000 mL |

2）制法。将各成分溶解于蒸馏水，校正 pH 值至 7.4。每管分装 5 mL，121 ℃高压灭菌 15 min。

（19）葡萄糖半固体发酵管。

1）成分。

| | |
|---|---|
| 蛋白胨 | 1 g |
| 牛肉膏 | 0.3 g |
| NaCl | 0.5 g |
| 1.6% 溴甲酚紫酒精溶液 | 0.1 mL |
| 葡萄糖 | 1 g |
| 琼脂 | 0.3 g |
| 蒸馏水 | 100 mL |

2）制法。将蛋白胨、牛肉膏和 NaCl 加入蒸馏水中，校正 pH 值 7.4 后加入琼脂加热溶解，再加入指示剂和葡萄糖，分装小试管，灭菌 121 ℃ 15 min。

（20）含铁牛乳培养基。

1）成分。

| | |
|---|---|
| 新鲜全脂牛奶 | 1 000 mL |
| 硫酸亚铁 | 1 g |
| 蒸馏水 | 50 mL |

2）制法。将硫酸亚铁溶解于蒸馏水中，不断搅拌，缓慢加入 1 000 mL 牛奶，混合均匀。分装在试管中，每管 10 mL，121 ℃高压灭菌 15 min。本培养基必须新鲜制备。

（21）3.0% NaCl MR-VP 培养基。

1）成分。

| | |
|---|---|
| 多价蛋白胨 | 7.0 g |

| | |
|---|---|
| 葡萄糖 | 5.0 g |
| 磷酸氢二钾（$K_2HPO_4$） | 5.0 g |
| NaCl | 30.0 g |
| 蒸馏水 | 1 000 mL |

2）制法。将多价蛋白胨、葡萄糖、磷酸氢二钾、NaCl溶解于蒸馏水中，用1 mol/L盐酸溶液和1 mol/L氢氧化钠溶液调节pH值至6.9 ± 0.2，分装在试管中，121 ℃高压灭菌15 min。

（22）SIM动力培养基。

1）成分。

| | |
|---|---|
| 胰胨 | 20.0 g |
| 多价胨 | 6.0 g |
| 硫酸铁铵 | 0.2 g |
| 硫代硫酸钠 | 0.2 g |
| 琼脂 | 3.5 g |
| 蒸馏水 | 1 000 mL |

2）制法。将上述成分加热混合，校正pH值至7.2 ± 0.2，分装小试管，121 ℃灭菌15 min，备用。

（23）动力培养基。

1）成分。

| | |
|---|---|
| 胰酪胨（或酪蛋白胨） | 10.0 g |
| 酵母粉 | 2.5 g |
| 葡萄糖 | 5.0 g |
| 无水磷酸氢二钠 | 2.5 g |
| 琼脂粉 | 3.0 ～ 5.0 g |
| 蒸馏水 | 1 000 mL |

2）制法。将上述成分溶解于蒸馏水中，校正pH值至7.2 ± 0.2，加热溶解。分装每管2 ～ 3 mL。115 ℃高压灭菌20 min，备用。

（24）明胶培养基。

1）成分。

| | |
|---|---|
| 蛋白胨 | 5 g |
| 牛肉膏 | 3 g |
| 明胶 | 120 g |
| 蒸馏水 | 1 000 mL |

2）制法。将上述成分混合，置于流动蒸气灭菌器内，加热溶解，校正pH值至7.0 ～ 7.2，用绒布过滤。分装试管，121 ℃灭菌15 min，备用。

（25）兔血浆。取柠檬酸钠3.8 g，加入蒸馏水100 mL，溶解后过滤，装瓶，121 ℃高压灭菌15 min。兔血浆制备：取3.8%柠檬酸钠溶液一份，加兔全血4份，混合后静置（或以3 000 r/min离心30 min），使血液细胞下降，即可得血浆。

（26）酪蛋白琼脂。

1）成分。

| | |
|---|---|
| 酪蛋白 | 10 g |
| 牛肉膏 | 3 g |
| 磷酸氢二钠 | 2 g |
| NaCl | 5 g |
| 琼脂 | 15 g |
| 蒸馏水 | 1 000 mL |
| 0.4% 溴麝香草酚蓝溶液 | 12.5 mL |

2）制法。将酪蛋白、牛肉膏、磷酸氢二钠、NaCl、琼脂混合并加热溶解（酪蛋白不溶解），校正 pH 值为 7.4。加入指示剂，分装烧瓶，121 ℃高压灭菌 15 min。临用时加热溶化琼脂，冷却至 50 ℃，倾注平板。

注：将菌株划线接种于平板上，如沿菌落周围有透明圈形成，即为能水解酪蛋白。

（27）动力－硝酸盐培养基（A 法）。

1）成分。

| | |
|---|---|
| 蛋白胨 | 5 g |
| 牛肉膏 | 3 g |
| 硝酸钾 | 1 g |
| 琼脂 | 3 g |
| 蒸馏水 | 1 000 mL |

2）制法。加热溶解，校正 pH 值为 7.0。分装在试管中，每管 10 mL，121 ℃高压灭菌 15 min。

（28）动力－硝酸盐培养基（B 法）。

1）成分。

| | |
|---|---|
| 蛋白胨 | 5 g |
| 牛肉膏 | 3 g |
| 硝酸钾 | 5 g |
| 磷酸氢二钠 | 2.5 g |
| 半乳糖 | 5 g |
| 甘油 | 5 g |
| 琼脂 | 3 g |
| 蒸馏水 | 1 000 mL |

2）制法。将上述各成分混合，加热溶解，校正 pH 值为 7.4。分装试管，121 ℃高压灭菌 15 min。

（29）血琼脂平板。

1）成分。

| | |
|---|---|
| 蛋白胨 | 1.0 g |
| 牛肉膏 | 0.3 g |

| | |
|---|---|
| NaCl | 0.5 g |
| 琼脂 | 1.5 g |
| 蒸馏水 | 100 mL |
| 脱纤维羊血 | 5 ～ 8 mL |

2）制法。将除新鲜脱纤维羊血外的成分加热溶化上述各组分，121 ℃高压灭菌 15 min，冷却至 50 ℃，以无菌操作加入新鲜脱纤维羊血，振摇均匀，倾注平板。

（30）我妻氏血琼脂。

1）成分。

| | |
|---|---|
| 酵母浸膏 | 3.0 g |
| 蛋白胨 | 10.0 g |
| NaCl | 70.0 g |
| 磷酸氢二钾（$K_2HPO_4$） | 5.0 g |
| 甘露醇 | 10.0 g |
| 结晶紫 | 0.001 g |
| 琼脂 | 15.0 g |
| 蒸馏水 | 1 000 mL |

2）制法。将上述各成分溶解于蒸馏水中，校正 pH 值至 8.0 ± 0.2，加热至 100 ℃，保持 30 min，冷却至 45 ～ 50 ℃，与 50 mL 预先洗涤的新鲜人或兔红细胞（含抗凝血剂）混合，倾注平板。干燥平板，尽快使用。

（31）察氏培养基。

1）成分。

| | |
|---|---|
| 硝酸钠 | 3 g |
| 磷酸氢二钾 | 1 g |
| 硫酸镁（$MgSO_4 \cdot 7H_2O$） | 0.5 g |
| 氯化钾 | 0.5 g |
| 硫酸亚铁 | 0.01 g |
| 蔗糖 | 30 g |
| 琼脂 | 20 g |
| 蒸馏水 | 1 000 mL |

2）制法。加热溶解，分装后 121 ℃灭菌 20 min。

3）用途。青霉、曲霉鉴定及保存菌种用。

（32）马铃薯琼脂。

1）成分。

| | |
|---|---|
| 马铃薯（去皮切块） | 200 g |
| 琼脂 | 20 g |
| 蒸馏水 | 1 000 mL |

2）制法。同马铃薯葡萄糖琼脂。

3）用途。鉴定霉菌用。

（33）玉米粉琼脂。

1）成分。

| | |
|---|---|
| 玉米粉 | 60 g |
| 琼脂 | 15 ～ 18 g |
| 蒸馏水 | 1 000 mL |

2）制法。将玉米粉加入蒸馏水中并搅拌均匀，文火煮沸 1 h，纱布过滤，加入琼脂后加热溶化，补足水量至 1 000 mL。分装，121 ℃灭菌 20 min。

3）用途。鉴定假丝酵母及霉菌。

（34）EB 增菌液。

1）成分

| | |
|---|---|
| 胰胨 | 17 g |
| 多价胨 | 3 g |
| 酵母膏 | 6 g |
| NaCl | 5 g |
| 磷酸氢二钾 | 2.5 g |
| 葡萄糖 | 2.5 g |
| 蒸馏水 | 1 000 ml |
| 盐酸吖啶黄 | 15 mg/L |
| 萘啶酮酸 | 40 mg/L |

2）制法。除盐酸吖啶黄和萘啶酮酸外，其余成分加热混合调 pH 值至 7.2 ～ 7.4，121 ℃ 15 min 高压灭菌。使用前加入盐酸吖啶黄溶液 15 mg/L 和萘啶酮酸浴液 40 mg/L。这两种成分要无菌配制或过滤除菌。

3）用途。用于乳与乳制品中单增李斯特菌的选择性增菌。

# 参考文献


［1］国家卫生和计划生育委员会，国家食品药品监督管理总局．GB 4789.1—2016 食品安全国家标准　食品微生物学检验　总则［S］．北京：中国标准出版社，2017.

［2］中华人民共和国国家质量监督检验检疫总局，中国国家标准化管理委员会．GB 19489—2008 实验室　生物安全通用要求［S］．北京：中国标准出版社，2009.

［3］国家卫生健康委员会，国家市场监督管理总局．GB 4789.28—2024 食品安全国家标准　食品微生物学检验　培养基和试剂的质量要求［S］．北京：中国标准出版社，2024.

［4］段鸿斌．食品微生物检验技术［M］．重庆：重庆大学出版社，2015.

［5］李志芬，刘锐萍，杜伟，等．微生物检测用培养基、试剂质量控制方法研究［J］．中国微生态学杂志，2013，25（05）：596-599.

［6］王芳．食品微生物检验用培养基和试剂的质量控制［J］．现代食品，2020（11）：24-26.

［7］刘用成．食品微生物检验技术［M］．北京：中国轻工业出版社，2012.

［8］李双石．微生物实用技能训练［M］．北京：中国轻工业出版社，2014.

［9］宁喜斌．食品微生物检验学［M］．北京：中国轻工业出版社，2019.

［10］国家市场监督管理总局，国家标准化管理委员会．GB 1351—2023 小麦［S］．北京：中国标准出版社，2023.

［11］张敏，周凤英．粮食储藏学［M］．北京：科学出版社，2010.